高等工科学校教材

机械 CAD/CAM 技术与应用

主　编　金　鑫　岳　勇
副主编　谢建华　史　勇　杜　静
参　编　任一东　程　鹏　陈易明
主　审　江桂云

机　械　工　业　出　版　社

本书重点讲述机械设计、制造中 CAD/CAE/CAM 的基础技术、关键技术和应用技术。内容包括绪论、计算机辅助设计（CAD）、基于 UG 的 CAD 应用、计算机辅助工程（CAE）、基于 ANSYS 的 CAE 分析应用、计算机辅助工艺过程（CAPP）设计、计算机辅助制造（CAM）等。考虑到 CAD/CAE/CAM 技术的迅速发展及工业应用日益广泛，本书编写中除注意内容安排的系统性和完整性之外，还注意介绍方法和思路的多样性及实用性，并体现技术的最新发展趋势。

本书可作为机械工程及自动化专业的本科生和研究生教材，也可作为广大从事 CAD/CAM 技术研究的工程技术人员的参考资料或培训教材。

图书在版编目（CIP）数据

机械 CAD/CAM 技术与应用/金鑫，岳勇主编. —北京：机械工业出版社，2023.8

高等工科学校教材

ISBN 978-7-111-73553-3

Ⅰ.①机… Ⅱ.①金… ②岳… Ⅲ.①机械设计-计算机辅助设计-高等学校-教材 ②机械制造-计算机辅助制造-高等学校-教材 Ⅳ.①TH122 ②TH164

中国国家版本馆 CIP 数据核字（2023）第 135592 号

机械工业出版社（北京市百万庄大街 22 号　邮政编码 100037）

策划编辑：余　皞　　　　　　责任编辑：余　皞　赵晓峰
责任校对：牟丽英　张　薇　　封面设计：王　旭
责任印制：常天培

北京机工印刷厂有限公司印刷

2023 年 12 月第 1 版第 1 次印刷

184mm×260mm · 17.25 印张 · 427 千字

标准书号：ISBN 978-7-111-73553-3

定价：59.00 元

电话服务　　　　　　　　　网络服务

客服电话：010-88361066　　机　工　官　网：www.cmpbook.com
　　　　　010-88379833　　机　工　官　博：weibo.com/cmp1952
　　　　　010-68326294　　金　书　网：www.golden-book.com
封底无防伪标均为盗版　机工教育服务网：www.cmpedu.com

前　　言

　　机械 CAD/CAM 技术是一门综合性的应用技术，是计算机技术与机械设计制造技术的结合与渗透，是当前科技和工业领域的前沿课题，涵盖计算机技术、机械设计、优化设计、有限元、制造工艺、数控编程等知识内容。

　　本书主要编者拥有多年 CAD、CAE、CAM 教学经验，熟悉教学内容特点。本书在编写时注重理论与实践相结合，内容深入浅出，使学生在掌握必要理论知识的同时，加强对主流应用软件的实践。同时介绍机械 CAD/CAM 新技术及其应用，扩大读者视野。全书运用当前主流的工程软件，将实际的设计、分析、编程等工程问题融入其中，适应岗位能力的需求。

　　本书由重庆大学金鑫、新疆农业大学岳勇担任主编，新疆农业大学谢建华、史勇，重庆大学杜静担任副主编。具体编写分工如下：第 1、3 章由谢建华、岳勇、程鹏编写；第 2、4、5 章由金鑫、杜静、任一东编写；第 6、7 章由史勇、岳勇、陈易明编写。本书由重庆大学江桂云教授担任主审。

　　本书教学资源齐全，书中图片、表格、案例丰富。

　　本书在编写过程中得到了许多高等院校和研究所的教授专家、老师以及企业技术人员的指导与帮助，也参阅了计算机辅助设计与制造方面的一些文献和网络资源，在此表示衷心的感谢。

　　由于编者水平所限，书中难免存在错误和不妥之处，欢迎广大读者批评指正。

编　者

目　　录

第 **1** 章

hapter

绪　论

机械 CAD/CAM（Computer Aided Design and Computer Aided Manufacturing，计算机辅助设计与计算机辅助制造）是一种利用计算机帮助人们进行机械产品设计与制造的现代技术。传统的机械设计与机械制造被认为是两个彼此相分离的任务，现在通过计算机有机地结合到一起，作为一个整体进行规划和开发，实现机械 CAD/CAM 信息处理的高度一体化。

当前，在全球科技信息高速发展的背景下，用户对产品的设计周期、设计可靠性、生产制造质量与成本、产品更新换代的速度等都提出了更高的要求。企业为了适应瞬息万变的市场，就需要其产品向着高效率、中小批量、多品种方向发展，需要生产制造更具柔性。计算机辅助设计（CAD）与计算机辅助制造（CAM）就是为了满足这种新的要求而产生和发展的现代技术手段。本章主要介绍 CAD/CAM 的基本知识、发展历史、支撑环境和发展趋势。

1.1　CAD/CAM 的基本知识

传统产品生产过程是指从原材料投入到成品出产的全过程，通常包括产品设计、工程分析、工艺设计、加工装配和产品物流等环节，最后形成用户所需要的产品，如图 1-1 所示。

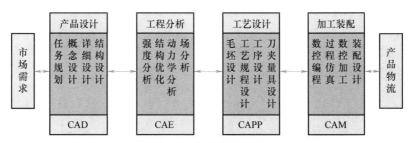

图 1-1　产品生产过程

借助计算机来完成产品设计阶段的任务规划、概念设计、详细设计和结构设计等任务，称为计算机辅助设计（CAD）。为了保证设计的合理性，对初步设计阶段的结构进行预加载荷强度分析、结构优化设计、工程仿真或设计优化等，称为计算机辅助工程（CAE）分析。在工艺设计阶段，借助计算机完成毛坯设计、工艺规程设计和工序设计等任务，称为计算机辅助工艺过程（CAPP）设计。在生产加工阶段，使用计算机来完成数控编程、加工过程仿真、数控加工、质量检验和产品装配等工作，就称为计算机辅助制造（CAM）。使用计算机信息集成技术，将 CAD、CAE、CAPP、CAM 等从计算机辅助设计至生产制造完成的整个过程的设计数据有机地集成起来，就形成了 CAD/CAM 集成系统。

为了利用计算机辅助产品及其零部件的设计、工程分析、工艺设计和制造加工等，首先需要对其进行数字化定义，即建立其模型。模型（Model）是所描述对象（Object）的数据组合及数据间的关系，由数据和程序过程混合组成，并按一定的数据结构存储在数据库中。几何模型是所描述对象的形状、大小、位置等几何和拓扑信息的组合。建立对象几何模型的过程称为几何造型，也称为几何建模。

1.1.1 CAD/CAM 的基本内容

1. CAD（Computer Aided Design）

广义的 CAD 包括设计和分析两个方面。设计是指构造零件的几何形状，选择零件的材料，以及为保证整个设计的统一性而对零件提出的功能要求和技术要求等。分析是指运用数学建模技术，如有限元、优化设计技术等，从理论上对产品的性能进行模拟、分析和测试，以保证产品设计的可靠性。

狭义的 CAD 是指以计算机为辅助手段来完成整个产品的设计过程。产品设计过程是从接受产品的任务规划开始，到完成产品的材料信息、结构形状、精度要求和技术要求等，并且最终得到以零件图、装配图为表现形式的文件结果。本书所指的 CAD 都是狭义的 CAD。

2. CAE（Computer Aided Engineering）

CAE 是用计算机辅助进行复杂工程和产品结构强度、刚度、稳定性、动力响应、热传导、多体接触、工作场等力学性能分析计算以及结构性能优化设计的一种近似数值分析方法。随着对设计结果可靠性要求的提高，工程分析成为设计的重要环节，其研究广度和深度不断增加，使 CAE 成为 CAD/CAM 技术中非常重要的一个环节。目前，随着 CAE 软件的商品化发展，其理论和算法日趋成熟，已成为航空、航天、机械、土木结构等领域工程和产品结构分析必不可少的数值计算工具，同时也是分析连续过程各类问题的一种重要手段。

3. CAPP（Computer Aided Process Planning）

CAPP 利用计算机来制定零件加工工艺过程，把毛坯加工成工程图样上所要求的零件。它是通过向计算机输入被加工零件的几何信息（形状、尺寸等）和工艺信息（材料、热处理、批量等），由计算机自动输出零件的工艺路线和工序内容等工艺文件。借助于 CAPP 系统，可以解决手工工艺设计效率低、一致性差、质量不稳定、不易优化等问题。

4. CAM（Computer Aided Manufacturing）

CAM 是指利用计算机系统，通过计算机与生产设备联系，规划、设计、管理和控制产品的生产制造过程。狭义的 CAM 是指从产品设计到加工制造之间的一切生产准备活动，它包括 CAPP、NC 编程、工时定额的计算、生产计划的制订、资源需求计划的制订等。广义的 CAM 除了包括上述狭义的 CAM 包含的所有内容外，还包括制造过程仿真

（MPS）、自动化装配（FA）、车间生产计划、制造过程检测和故障诊断、产品装配与检测等。

5. CAD/CAM 集成的概念

人们在生产中发现，随着 CAD/CAM 软件技术的逐步应用，CAD 产生的信息（如二维绘图信息）不能直接被 CAPP 和 CAM 所利用，来进行零件分析或者制造工艺及数控加工等的整体设计，还需要人工将 CAD 的图样数据转换为 CAE、CAPP 或 CAM 所需要的数据格式。这样不仅影响工作效率，而且人工转换难免会出错。如果 CAD 产生的图样能直接被 CAE、CAPP、CAM 及计算机集成制造系统（Computer Integrated Manufacturing Systems，CIMS）所利用，就是 CAD/CAM 各模块的集成。CAD/CAM 系统的集成就是将 CAD、CAE、CAPP、CAM 及 CAQ（Computer Aided Quality，计算机辅助质量管理）等各种功能不同的模块化软件有机地结合起来组织各种信息的提取、交换、共享和处理，以保证系统内信息的畅通。即它是将产品设计、生产制造、质量控制等有机地集成在一起，通过生产数据采集和信息流形成的一个闭环系统。

1.1.2 CAD/CAM 的功能与任务

CAD/CAM 系统需要对产品设计、制造全过程的信息进行处理，包括设计及制造中的数值计算、设计分析、绘图、工程数据库的管理、工艺设计和加工仿真等。因此，CAD/CAM 系统必须完成以下主要任务。

1. 几何建模

几何建模技术是 CAD/CAM 系统的核心，它为产品的设计、制造提供基本数据，同时也为其他模块提供原始的信息。计算机辅助设计的基础任务就是利用计算机及相应三维造型软件，构造产品的三维几何模型，利用计算机来记录产品的三维模型数据，并在计算机屏幕上显示出真实的三维形状效果。几何建模包括两部分内容：零件建模，即在计算机中构造每个零件的三维几何结构模型；装配建模，即在计算机中构造部件的三维几何结构模型。常用的建模方法包括：线框模型，即用零件的边框线来表示零件的三维结构；曲面模型，即用零件的表面来表示零件的三维结构；实体模型，即全面记录零件的边框、表面以及由面所组成的体的信息，并记录材料属性以及其他加工属性。

2. 计算分析

CAD/CAM 系统构造了产品的形状模型之后，一方面要能够根据产品几何形状计算出相应的体积、表面积、质量、重心位置、转动惯量等几何特性和物理特性，为系统进行工程分析和数值计算提供必要的基本参数；另一方面，CAD/CAM 中的结构分析还要进行应力、温度、位移等计算，图形处理中变换矩阵的计算，体素之间的交、并、差计算，工艺规程设计中的工艺参数计算等。因此，不仅要求 CAD/CAM 系统对各类计算分析的算法正确、全面，还要求其有较高的计算精度。

3. 工程绘图

产品设计的结果往往是通过机械图样的形式表达的，CAD/CAM 中的某些中间结果是通过图形表达的。CAD/CAM 系统一方面应具备从几何造型的三维图形直接向二维图形转换的功能，另一方面还需有处理二维图形的能力，包括基本图元的生成、尺寸标注、图形的编辑（比例变换、平移图形、图形复制、图形删除等），以及显示控制、附加技术条件等功能，确保得到既合乎生产实际要求，又符合国家标准规定的机械工程图，如图1-2所示。

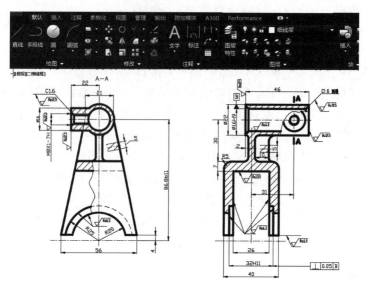

图 1-2　二维工程图

4. 特征造型

特征造型是以实体模型为基础，用具有一定设计或加工功能的特征作为造型的基本单元建立零件几何模型的方法。特征具有形状特征和功能特征两种属性，具有特定的几何形状、拓扑关系、典型功能、绘图表示方法、制造技术和公差要求等。基本的特征属性包括尺寸属性、精度属性、装配属性、工艺属性和管理属性。这种面向设计和制造过程的特征造型系统，不仅含有产品的几何形状信息，而且将公差、表面粗糙度、孔、槽等工艺信息包含在特征模型中，有利于CAD/CAPP的集成。特征造型方法是目前三维商业软件的主流，但特征库仍在研究之中。一个零件的特征如图1-3所示。

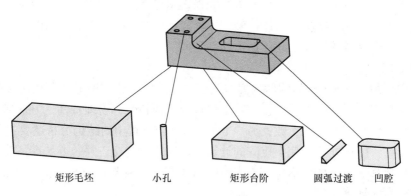

矩形毛坯　　　小孔　　　矩形台阶　　　圆弧过渡　　凹腔

图 1-3　一个零件的特征

5. 结构分析

CAD/CAM系统中常用有限元法做结构分析。有限元法是一种离散逼近近似解的方法，用来进行结构形状比较复杂零件的静态特性、动态特性、强度、振动、热变形、磁场、温度场和应力分布状态等的分析计算。在进行静态特性、动态特性分析计算之前，系统根据产品结构特点，划分网格，标出单元号、节点号，并将划分的结果显示在屏幕上。进行分析计算之后，其将计算结果以图形、文件的形式输出，如应力分布云图、温度场分布云图、位移变形曲线等，这种显示可使用户方便、直观地看到分析计算的结果，如图1-4所示。

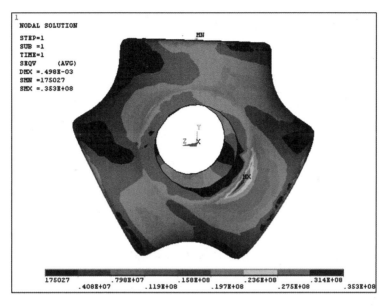

图 1-4   有限元静力学分析

6. 优化设计

为了追求产品的性能，不仅希望设计的产品方案是可行的，而且希望设计的产品是最优的，如体积最小、重量最轻、成本最低及寿命最长等。CAD/CAM 系统应具有优化分析的功能，也就是在某些条件下，可使产品或工程设计中的预定指标达到最优。优化包括总体方案的优化、产品零件结构的优化、工艺参数的优化等。优化设计是现代设计方法学中的一个重要组成部分。

7. 计算机辅助工艺过程（CAPP）设计

设计的目的是加工制造，而工艺设计是为产品的加工制造提供指导性的文件。因此，CAPP 是 CAD 与 CAM 的中间环节。CAPP 系统应当根据建模后生成的产品信息及制造要求，由推理机决策出加工该产品所采用的加工方法、加工步骤、加工设备及加工参数。CAPP 的设计结果一方面能被生产实际所用，生成工艺卡片文件；另一方面能直接输出一些信息，被 CAM 中的 NC 自动编程系统接收、识别，直接转换为刀位文件，如图1-5所示。

8. NC 自动编程

在分析零件图和制订出零件的数控加工方案之后，采用专门的数控加工语言（如 APT 语言）或自动编程软件输出仿真验证后的程序，然后输入计算机。其基本步骤通常包括：

1）手工编程或计算机辅助编程，生成源程序。

2）前置处理。将源程序翻译成可执行的计算机指令，经计算，求出刀位文件。

3）后置处理。将刀位文件转换成零件的数控加工程序，经过后置处理并输出程序，或者直接将程序输入数控机床。

6

图 1-5　计算机辅助工艺过程设计

9. 模拟仿真

模拟仿真是在 CAD/CAM 系统内部，建立一个工程设计的实际系统模型，如机构、机械手、机器人等。通过运行仿真软件，代替、模拟真实系统的运行，预测产品的性能、产品的制造过程和产品的可制造性，用户可以在未加工之前看到未来加工时的状况。如数控加工仿真系统，在软件上可实现零件试切的加工模拟，避免现场调试带来的人力、物力的投入以及加工设备损坏的风险，从而减少制造费用，缩短产品设计周期。通常可以模拟加工轨迹仿真，机构运动学仿真，机器人仿真，工件、刀具、机床的碰撞和干涉检验等。仿真数控加工如图 1-6 所示。

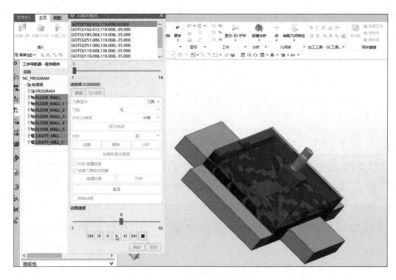

图 1-6　仿真数控加工

10. 工程数据管理

CAD/CAM 系统中的数据量大、数据种类繁多，数据结构也相当复杂。根据不同的分类方式，CAD/CAM 系统中的数据可以分为几何图形数据和属性语义数据；或者是产品定义数据和生产控制数据；也可分为静态标准数据和动态过程数据。因此，CAD/CAM 系统应能提供有效的管理手段，支持工程设计与制造全过程的信息流动与交换。通常，CAD/CAM 系统采用工程数据库系统作为统一的数据环境，实现各种工程数据的管理。

1.2 CAD/CAM 的发展历史

1.2.1 发展阶段

综观 CAD/CAM 技术的发展历程，主要经历了以下主要发展阶段。

（1）20 世纪 50 年代　美国麻省理工学院（MIT）在旋风 I 号计算机上采用阴极射线管（CRT）作为图形终端，并能被动显示图形。其后出现了光笔，开始了交互式计算机图形学的研究，为 CAD/CAM 技术的出现和发展铺平了道路。1952 年 MIT 首次试制成功了数控铣床，通过数控程序对零件进行加工，研制开发了自动编程语言（APT），通过描述走刀轨迹的方法来实现计算机辅助编程，标志着 CAM 技术的开端。1956 年首次尝试将现代有限单元法用于分析飞机结构。20 世纪 50 年代末，出现了平板式绘图仪和滚筒式绘图仪，开始了计算机绘图的历史。此间 CAD 技术处于酝酿、准备阶段。

（2）20 世纪 60 年代　1963 年，MIT 的学者 I. E. Sutherland 发表了《人机对话图形通信系统》博士论文，推出了二维 SKETCHPAD 系统，允许设计者操作光笔和键盘，在图形显示器上进行图形的选择、定位等交互作业，对符号和图形的存储采用分层的数据结构。这项研究为交互式计算机图形学及 CAD 技术奠定了基础，也标志着 CAD 技术的诞生。此后，出现了交互式图形显示器、鼠标器和软盘等硬件设备及文件系统和高级语言等软件，并陆续出现了许多商品化的 CAD 系统和设备。例如，1964 年美国通用汽车公司研制了用于汽车设计的 DAC-1 系统，1965 年美国洛克希德飞机公司开发了 CADAM 系统，贝尔电话公司也推出了 GRAPHIC-1 系统等。此间 CAD 技术的应用以二维绘图为主。

在制造领域中，1962 年研制成功了世界上第一台机器人，可实现物料搬运自动化，1965 年产生了计算机数控机床（CNC）系统，1966 年以后出现了采用通用计算机直接控制多台数控机床的生产系统以及英国莫林公司研制的由计算机集中控制的自动化制造系统。20 世纪 60 年代末，挪威开始了 CAPP 技术的研究，并于 1969 年正式推出第一个 CAPP 系统 AutoPros。

（3）20 世纪 70 年代　计算机图形学理论及计算机绘图技术日趋成熟，并得到了广泛应用。以小型、超小型计算机为主机的 CAD/CAM 系统进入市场并形成主流，这些系统的特点是硬件和软件配套齐全、价格便宜、使用方便，形成所谓的交钥匙系统（Turnkey System）。

三维几何建模软件相继发展起来，出现了面向中小企业的 CAD/CAM 商品化系统，法国达索公司率先开发出以表面模型为特点的三维曲面建模系统 CATIA。20 世纪 70 年代中期开始进行 CAPP 系统的研究与开发。1976 年由 CAM-I 公司开发出了 CAPP 系统——CAM-I Automated Process Planning。

在制造方面，美国辛辛那提公司研制出了一条柔性制造系统（FMS），将 CAD/CAM 技术推向了新的阶段。这一时期各种计算机辅助技术的功能模块已基本形成，但数据结构尚不统一，集成性差，应用主要集中在二维绘图、三维线框建模及有限元分析方面。

（4）20 世纪 80 年代　计算机硬件成本大幅下降，计算机外围设备（彩色高分辨率图形显示器、大型数字化仪、自动绘图机、彩色打印机等）逐渐形成系列产品，网络技术也得到应用。CAD 与 CAM 相结合，形成了 CAD/CAM 集成技术，促使新理论、新算法大量涌现。

在软件方面，不仅实现了工程和产品的设计计算及绘图，而且实现了工程造型、自由曲面设计、机构分析与仿真等工程应用，特别是实体建模、特征建模、参数化设计等理论的发展和应用，推动 CAD 技术由表面模型到实体建模，再到参数化建模发展，并出现了许多成熟的 CAD 软件。

在此期间，为满足数据交换要求，相继推出了有关标准（如 CGI、GKS、IGES 及 STEP 等）。20 世纪 80 年代后期，人们认识到计算机集成制造（CIM）的重要性，开始强调信息集成，出现了 CIMS，将 CAD/CAM 技术推向了更高的层次。

（5）20 世纪 90 年代　CAD/CAE/CAM 技术更加强调信息集成和资源共享，出现了产品数据管理技术，CAD 建模技术日益完善，出现了许多成熟的 CAD/CAE/CAM 集成化的商业软件，如采用变量化技术的 I-DEAS、应用复合建模技术的 UG 等。随着世界市场的多变与激烈竞争，各种先进设计理论和先进制造模式不断出现，高档微机、操作系统和编程软件相继诞生，特别是网络技术的迅速发展，使 CAD/CAE/CAM 技术正在经历着前所未有的发展机遇与挑战，并向集成化、网络化、智能化和标准化方向跃进。

（6）21 世纪　21 世纪以后，随着人们对 CAD/CAM 各模块数据集成的要求越来越高，许多本身含有多模块的大型软件迅速发展起来。例如，美国 CNC 公司逐渐将 Mastercam 发展为一个完整的 CAD/CAM 软件包，包含平面与三维 CAD/CAM 数控加工自动模拟、加工切屑验证、加工干涉检查等功能。UG（Unigraphics NX）是 Siemens PLM Software 公司出品的一款将产品设计及加工过程集成的数字造型和验证手段 CAD/CAM 软件。另外，CAD/CAM 集成技术及其与其他生产管理系统的逐渐结合，在生产中发挥着重要的数据流通与过程管理的作用。

1.2.2　我国 CAD/CAM 的发展现状

自 20 世纪 80 年代，我国的 CAD/CAM 技术开始发展，国家提供了大量资金用于开展 CAD/CAM 的研究，许多工厂、研究所、高校引进了相关 CAD/CAM 系统，在引进的基础上，通过消化吸收，开发不同的接口软件和前后置处理程序等。随后结合各行业的不同需要二次开发了一些有关典型零件、典型产品的软件，并且应用到了生产实际中。许多高校和研究所也在消化的基础上，开始开发自主版权的软件。

第一汽车制造厂、第二汽车制造厂和天津内燃机研究所完成了"建立汽车计算机辅助设计和辅助制造系统"项目。该项目的重点是汽车车身的 CAD/CAM 开发及应用、汽车结构的有限元分析和内燃机的 CAD 技术。原洛阳拖拉机厂开发了轮式拖拉机的计算机辅助设计系统，该系统可以进行拖拉机的总体布置、机组匹配、性能预估，可对传动系统、液压悬架、行驶系统、转向系统及驾驶室等主要部件进行计算机辅助设计，还可以进行有限元分析，并配有工程数据库。原杭州汽轮机厂开发的 CAD/CAM 系统可以大大提高工厂的市场订单式生产能力，采用 CAD/CAM 系统使其产品的设计周期缩短，生产成本大幅降低。

国内的高校和研究所在 CAD 支撑和应用软件的开发上担任了极其重要的角色。在优化设计方面，华中理工大学（现华中科技大学）的 OPB 及机械部分的优化设计程序早在 20 世纪 80 年代就在工厂中得到了推广。典型的二维自主版权软件有华中科技大学的开目 CAD、KMCAPP、凯图 CAD，北京航空航天大学的 CAXA 软件，PANDA 软件。在集成方面，清华大学和华中科技大学共同研制的 CADMIS 系统，实现了参数化特征造型、曲面造型、数控加工、有限元分析的集成。在数控方面，南京航空航天大学的超人 CAD/CAM 和华中科技大学的 GHNC 均实现了复杂曲面的造型及数控程序的自动生成功能。在工程数据库方面，有华中科技大学的 GHEDBMS 和浙江大学的 OSCAR。

随着 CAD/CAM 软件系统的不断完善，我国企业在 CAD/CAM 应用方面发展迅速，大量的大型进口软件被企业采购，企业设计、生产过程由原来的传统设计方式过渡到先进设计技术、先进制造技术的层次。但是，仍存在软件的效能及集成程度还不高的问题，多数企业的 CAD/CAM 软件只应用在局部设计过程中，或者各个模块的设计数据独立开发，共享程度差。主要表现为：一方面，技术人员已有的设计习惯依然是不容易打破的壁垒，使软件的强大功能没有得到有效发挥；另一方面，软件之间的集成程度不够，设计部门的数据与工艺部门和生产部门的数据还没有做到共享，使软件的功能得不到发挥。

1.3 CAD/CAM 的支撑环境

如图 1-7 所示，CAD/CAM 的支撑环境由硬件和软件两部分组成。

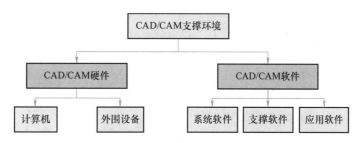

图 1-7 CAD/CAM 支撑环境的组成

1.3.1 CAD/CAM 的硬件

CAD/CAM 系统的硬件主要由计算机主机、外存储器、输入设备、输出设备、网络互联设备和自动化生产装备等组成。有专门的输入及输出设备来处理图形的交互输入与输出问题，是 CAD/CAM/CAE 系统与一般计算机系统的明显区别。

（1）计算机主机 主机是 CAD/CAM 系统的硬件核心，主要由中央处理器（CPU）及内存储器（也称为内存）组成。CPU 包括控制器和运算器，控制器按照从内存中取出的指令，指挥和协调整个计算机的工作，运算器负责执行程序指令所要求的数值计算和逻辑运算。CPU 性能决定计算机的数据处理能力、运算精度和速度。内存储器是 CPU 可以直接访问的存储单元，用来存放常驻的控制程序、用户指令、数据及运算结果。衡量主机性能的指标主要有两项：CPU 性能和内存容量。按照主机性能等级的不同，可将计算机分为大中型机、小型机、工作站和微型机等不同档次。

（2）外存储器 外存储器简称外存，用来存放暂时不用或等待调用的程序、数据等信息。当使用这些信息时，由操作系统根据命令调入内存。外存储器的特点是容量大，经常达到数百 MB、数十 GB 或更多，但存取速度慢。常见的有磁带、软盘、硬盘和光盘等。随着存储技术的发展，移动硬盘、U 盘等移动存储设备成为外存储器的重要组成部分。

（3）输入设备　输入设备是指通过人机交互作用将各种外部数据转换成计算机能识别的电子脉冲信号的装置，主要分为键盘输入类（如键盘）、点位输入类（如鼠标）、图形输入类（如数字化仪）、图像输入类（如扫描仪、数码相机）、语音输入类等。

（4）输出设备　将计算机处理后的数据转换成用户所需的形式，实现这一功能的装置称为输出设备。输出设备能将计算机运行的中间或最终结果、过程，通过文字、图形、影像、语音等形式表现出来，实现与外界的直接交流与沟通。常用的输出方式包括显示输出（如图形显示器）、打印输出（如打印机）、绘图输出（如自动绘图仪）及影像输出、语音输出等。

（5）网络互联设备　网络互联设备包括网络适配器（也称为网卡）、中继器、集线器、网桥、路由器、网关及调制解调器等装置，通过传输介质连接到网络上以实现资源共享。网络的连接方式即拓扑结构可分为星形、总线型、环形、树形以及星形和环形的组合等形式。先进的 CAD/CAM 系统都是以网络的形式出现的。

1.3.2　CAD/CAM 的软件

CAD/CAM 的软件一般包括系统软件、支撑软件和应用软件。

（1）系统软件　系统软件主要负责管理硬件资源和各种软件资源，是计算机的公共性底层管理软件，即系统开发平台，它是用户与计算机连接的纽带。系统软件既是支撑软件和应用软件的基础，又要保证不同领域的用户都可以使用它们，因此，它具有通用性和基础性两个特点。系统软件主要包括管理和操作程序、维护程序、用户服务程序三部分。

目前，CAD/CAM 系统中比较流行的操作系统有工作站上用的 UNIX、VMS 和微机上用的 MS-DOS、PC-DOS、Windows 等。

（2）支撑软件　支撑软件是建立在系统软件之上的，是实现 CAD/CAM 各种功能通用的应用基础软件，是 CAD/CAM 系统专业性应用软件的开发平台。它不针对具体的设计对象，而是为用户提供工作环境或开发环境。支撑软件依赖一定的操作系统。CAD/CAM 的支撑软件一般包含以下几种类型：

1）绘图软件，如 AutoCAD 绘图软件。

2）几何建模软件，如 Creo、UG 软件。

3）有限元分析软件，如 ANSYS、ABAQUS、SAP 软件。

4）优化方法软件，如 OPB 软件。

5）数据库系统软件，如 Oracle、SQL Server 数据库系统软件。

6）系统运动学/动力学仿真软件，如 ADAMS 机械动力学自动分析软件。

7）计算机辅助工程软件。

（3）应用软件　应用软件是用户为了解决某个实际问题在支撑软件的基础上二次开发出来的软件。它是在系统软件的基础上，用高级语言，或基于某种支撑软件，针对某一个特定的设计问题而研制的。目前，许多工厂都根据本厂的产品特点，设计一些专用的应用软件。计算机硬件与系统软件、支撑软件及应用软件的关系如图 1-8 所示。

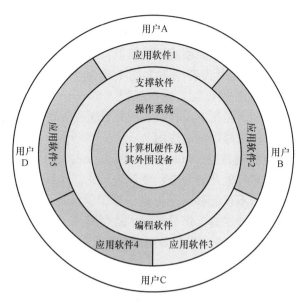

图 1-8 计算机硬件与系统软件、支撑软件及应用软件的关系

1.4 CAD/CAM 的发展趋势

21 世纪，制造业的基本特征是高度集成化、智能化、柔性化和网络化，追求的目标是提高产品质量及生产率，缩短设计周期及制造周期，降低生产成本，最大限度地提高模具制造业的应变能力，满足用户需求。具体表现出以下几个特征。

（1）标准化 CAD/CAM 系统可建立标准零件数据库、非标准零件数据库和模具参数数据库。标准零件数据库中的零件在 CAD 设计中可以随时调用，并采用 GT（成组技术）生产。非标准零件数据库中存放的零件，虽然与设计所需结构不尽相同，但利用系统自身的建模技术可以方便地进行修改，从而加快设计过程。模具参数数据库是在参数化设计的基础上实现的，按用户要求对相似模具结构进行修改，即可生成所需要的结构。

（2）集成化技术 现代模具设计制造系统不仅强调信息的集成，更应该强调技术、人和管理的集成。在开发模具制造系统时强调"多集成"的概念，即信息集成、智能集成、串并行工作机制集成及人员集成，这更适合未来制造系统的需求。

（3）智能化技术 应用人工智能技术实现产品生命周期（包括产品设计、制造、使用）各个环节的智能化，实现生产过程（包括组织、管理、计划、调度、控制等）各个环节的智能化，以及模具设备的智能化，且实现人与系统的融合及人在其中智能的充分发挥。

（4）网络技术的应用 网络技术包括硬件与软件的集成实现，各种通信协议及制造自动化协议、信息通信接口、系统操作控制策略等，是实现各种制造系统自动化的基础。目前早已出现了通过 Internet 实现跨国界模具设计的成功例子。

（5）多学科多功能综合产品设计技术 未来产品的开发设计不仅用到机械科学的理论与知识，而且用到电磁学、光学、控制理论等知识。产品的开发要进行多目标全性能的优化设计，以追求模具产品动静态特性、效率、精度、使用寿命、可靠性、制造成本与制造周期的最佳组合。

（6）逆向工程技术的应用　在许多情况下，一些产品并非来自设计概念，而是起源于另外一些产品或实物，要在只有产品原型或实物模型，而没有产品图样的条件下进行模具的设计和制造以便制造出产品。此时需要通过实物的测量，然后利用测量数据进行实物的CAD 几何模型的重新构造，这种过程就是逆向工程（Reverse Engineering，RE）。逆向工程能够缩短从设计到制造的周期，是帮助设计者实现并行工程等现代设计概念的一种强有力的工具，目前在工程上正得到越来越广泛的应用。

（7）增材制造技术　增材制造（Additive Manufacturing，AM）技术是基于层制造原理，迅速制造出产品原型，而与零件的几何复杂程度丝毫无关，尤其在具有复杂曲面形状的产品制造中更能显示其优越性。它不仅能够迅速提供出原型供设计评估、装配校验、功能试验，而且可以通过形状复制快速高效制造出产品模具，从而避免了传统减材制造的费时、高成本的 NC 加工，因而 AM 技术在制造业中发挥着越来越重要的作用。

习　题

1. 什么是 CAD/CAM 集成？CAD/CAM 集成的意义何在？
2. CAD/CAM 的硬件有哪些？各有什么特点？
3. CAD/CAM 的软件由哪些部分组成？各组成部分在系统中起什么作用？
4. CAD/CAM 系统的基本功能和主要任务是什么？

第**2**章

Chapter

计算机辅助设计（CAD）

2.1 几何模型

2.1.1 几何模型的概念

为了利用计算机辅助机械产品及其零部件的设计、工程分析、工艺设计和制造加工等，首先需要对其进行数字化定义，即建立其模型。模型是所描述对象的数据组合及数据间的关系，由数据和程序过程混合组成，并按一定的数据结构存储在数据库中。几何模型是所描述对象的形状、大小、位置等几何和拓扑信息的组合。建立对象几何模型的过程称为几何造型，也称为几何建模。具体地说，几何造型就是通过点、线、面和立体等几何元素的定义、几何变换、集合运算等方法构建客观存在或想象中的形体的几何模型，是确定形体形状和其他几何特征方法的总称，它包括三个方面：①表示（Representation），对实际存在的形体进行数学描述；②设计（Design），创建一个新的形体，调整变量满足既定目标；③图形显示（Graphic Display），直观形象地表示出所建模型的图形。人们把定义、描述、生成几何模型，并能进行交互编辑的系统称为几何造型系统，目前世界上比较流行的几何造型系统有美国 Spatial Technology 公司的 ACIS、英国 Electronic Data Systems 公司的 PARASOLID、法国 Metra Datavision 公司的 CAS. CADE 等。以上述几何造型系统为基础开发的 CAD 软件有 UG、Pro/E、CATIA、SolidWorks、SolidEdge、AutoCAD 等。

对客观世界或想象的事物进行完整、精确、快速的几何造型是几何造型技术一直不懈追求的目标，从 20 世纪 70 年代初第一个几何造型系统问世以来，几何造型技术获得了长足进步，但仍有不少问题还没有解决或没有很好地解决，例如，如何快速准确地录入几何模型的几何信息、拓扑信息和其他特征属性，如何使几何造型过程更加符合使用者的设计过程，如何更好地支持不同软件环境下几何造型的数据共享与协同设计，如何支持创新设计等。

2.1.2 表示形体的坐标系

几何元素和形体的定义、图形和图像的显示都需要使用某种坐标系作为参考，对于不同类型的形体、图形，在输入输出的不同阶段需要采用不同的坐标系，以利于图形操作和处理，提高效率和便于使用者理解。常用的坐标系如图 2-1 所示。

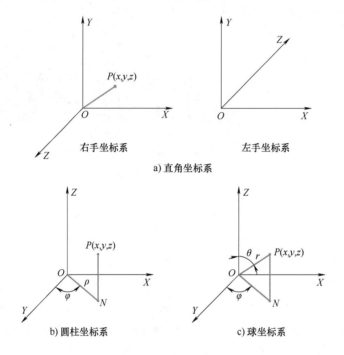

图 2-1　常用的坐标系

1. 世界坐标系（WCS：World Coordinate System）

为了描述设计对象的形状、大小、位置等几何信息，要在对象所在的空间中定义一个坐标系，这个坐标系的长度单位和坐标轴的方向要适合对被处理对象进行描述，这个坐标系通常就称为世界坐标系。世界坐标系一般采用右手三维直角坐标系，用于定义整体或最高层形体结构，各种子结构、基本几何元素在造型坐标系中定义，经调用后都放在世界坐标系中的适当位置。

直角坐标系分左手直角坐标系和右手直角坐标系两种。空间任一点 *P* 的位置可表示成矢量 ***OP*** =*xi*+*yj*+*zk*，*i*、*j*、*k* 是相互垂直的单位矢量，又称为基底。在直角坐标系中，任何矢量都可用 *i*、*j*、*k* 的线性组合表示。

2. 用户坐标系（UCS：User Coordinate System）

用户坐标系又称为造型坐标系，是一种右手三维直角坐标系，用来定义基本形体或图素，对于定义的每一个形体和图素都有各自的坐标原点和长度单位，可以方便形体和图素的定义。这里定义的形体和图素经调用可放在世界坐标系中的指定位置。因此，造型坐标系又可看作是局部坐标系（Local Coordinate System，LCS），而世界坐标系可看作是整体坐标系（或全局坐标系）。用户坐标系可以使用直角坐标系、圆柱坐标系、球坐标系和极坐标系。

3. 观察坐标系（VCS：Viewing Coordinate System）

观察坐标系是一种左手三维直角坐标系，用来产生形体的视图，可在世界坐标系的任何位置、任何方向定义。它主要有两个用途，一是用于指定裁剪空间（窗口），确定形体的哪一部分要显示输出；二是通过定义观察面（即投影平面），把三维形体的用户坐标变换成规格化的设备坐标。如图 2-2 所示，观察面 $O_sX_sY_s$ 是在观察坐标系中定义的，其法向量 N 一般与 Z_e 重合。

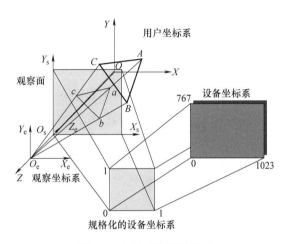

图 2-2　坐标系之间的关系

4. 规格化的设备坐标系（NDCS：Normalized Device Coordinate System）

为了使图形处理过程做到与设备无关，通常采用一种虚拟设备的方法来处理，也就是图形处理的结果是按照一种虚拟设备的坐标规定来输出的。这种设备坐标规定为 $0 \leqslant X \leqslant 1$，$0 \leqslant Y \leqslant 1$，这种坐标系称为规格化的设备坐标系。规格化的设备坐标系用来定义视图区。用户图形数据转换成规格化的设备坐标系中的值，可提高应用程序的可移植性。规格化的设备坐标系与其他坐标系之间的关系如图 2-2 所示。

5. 设备坐标系（DCS：Device Coordinate System）

设备坐标系是与图形设备相关联的坐标系。例如：显示器以分辨率确定坐标单位，原点在左下角或左上角；绘图机以绘图机步距作为坐标单位，原点一般在左下角。设备坐标系与其他坐标系之间的关系如图 2-2 所示。

2.1.3　基本几何元素

在几何造型中，形体是由基本几何元素构成的，基本几何元素主要有点、边、环、面、体素和壳等。

1. 点

点是形体最基本的几何元素，用计算机存储、处理、输出形体的实质就是对点集及其连接关系的处理。

点是 0 维几何元素。分端点、交点、切点等，自由曲线、曲面及其他几何形体均可用有序点集表示。

在自由曲线、曲面的描述中，常用以下三种类型的点：

（1）控制点　用来确定曲线、曲面的形状和位置，而相应曲线、曲面不一定经过的点。

（2）型值点　用来确定曲线、曲面的形状和位置，而相应曲线、曲面一定经过的点。

（3）插值点　为提高曲线、曲面的输出精度，在型值点之间插入的一系列点。

一维空间中的点用一元组 $\{t\}$ 表示，二维空间中的点用二元组 $\{x,y\}$ 或 $\{x(t),y(t)\}$ 表示，三维空间中的点用三元组 $\{x,y,z\}$ 或 $\{x(t),y(t),z(t)\}$ 表示。

2. 边

边是一维几何元素，是两个邻面（正则形体）或多个邻面（非正则形体）的交界。直线边由其端点（起点和终点）定界；曲线边由一系列型值点或控制点表示，也可用显式、隐式方程表示。

3. 环

由有序、有向边（直线段或曲线段）组成的面的封闭边界称为环。环有内外之分，外环确定面的最大外边界，其边按逆时针方向排序；内环确定面中孔或凸台的边界，其边按顺时针方向排序，如图 2-3 所示。因此在面上沿一个环前进，面的内部始终在走向的右侧。环中的边不能相交，相邻两条边共享一个端点。

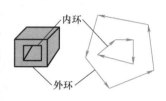

图 2-3　外环与内环

4. 面

面是二维几何元素，是形体上一个有限、非零的区域，由一个外环和若干个内环界定其范围。一个面可以无内环，但必须有一个且只有一个外环。面有方向性，一般用其外法矢量方向作为该面的正向。若一个面的外法矢量向外，此面为正向面；反之，为反向面。区分正向面和反向面在面面求交、交线分类以及真实图形显示等方面都很重要。

几何造型中常用的面包括平面、二次面、双三次参数曲面等。

5. 体素

由有限个尺寸参数定义、简单并且连续的立体称为体素，如四棱柱、圆柱体、圆锥体、球体等。一般而言，体素有以下两种定义形式：

1）从实际形体中选择出来的一组单元实体，如棱柱、圆柱体等。

2）由参数定义的一条（或一组）截面轮廓线沿一条（或一组）空间参数曲线做扫描运动而产生的形体。

6. 壳

在几何造型中还有一类几何元素——壳（Shell），也称为外壳，是一些点、边、环、面的集合，它既可以是一个实际形体的表面集合，也可以是一个或若干个面的集合。

形体通常是由以上几何元素按六个层次构成的，如图 2-4 所示。

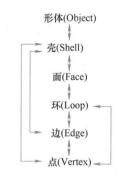

图 2-4　形体的层次结构

2.1.4 表示形体的模型

在计算机中，形体常用线框模型、表面模型和实体模型来表示。

1. 线框模型

线框模型是 CAD/CAE 领域中应用最早，也是最简单的一种形体表示方法。它采用三维空间的线段表达三维形体的棱边，可以产生任意方向的二维视图，而且能生成任意观察方向的透视图及轴测图。图 2-5 所示为采用线框模型表示的四棱柱、四棱锥和圆柱。

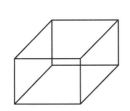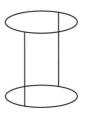

图 2-5　四棱柱、四棱锥和圆柱的线框模型

采用线框模型描述形体所需信息最少，数据运算简单，所占的存储空间也比较小；对硬件的要求也不高，容易掌握，处理时间较短。但线框模型只有离散的边，而没有边与边的关系，即没有构成面的信息，由于信息表达不完整，不具备自动消隐的功能。在许多情况下，会对物体形状的判断产生多义性，引起理解上的混淆，也给形体的几何特性、物理特性的计算带来困难。

尽管如此，在现代三维实体造型系统中，仍然需要引入线框模型以协助实体模型的建立，它普遍被用作虚体特征，参与整个形体的交互式设计过程，成为建立实体特征时的参考；另外，线框模型通常还用来表示二维图形信息，例如工厂或车间布局、运动机构的模拟、干涉检验以及有限元网格划分后的显示等，也可以在其他的过程中，快速显示某些中间结果。

2. 表面模型

表面模型仅用空间形体的表面来对空间形体进行描述，是在线框模型的基础上，增加有关面、边信息以及表面特征、棱边连接方向等内容逐步形成的。20 世纪 60 年代初期，人们就试图用数学方法来表示诸如飞机、船舶、汽车等具有复杂曲面外形的形体，产生了 Coons、Ferguson、Bezier 等方法，其理论基于矢量积的参数多项式与分析参数多项式描述曲面。20 世纪 80 年代后期，非均匀有理 B 样条（NURBS）方法用于曲线曲面的描述。它把非有理 Bezier 和非有理 B 样条曲线曲面都统一在 NURBS 标准形式之中，现已将 NURBS 作为定义工业产品几何形状的唯一数学方法。

表面模型采用有向棱边围成的部分来定义形体表面，由面的集合来定义形体。几何造型时，先将复杂的外表面分解成若干个组成面，然后定义出一块块的基本面素，基本面素可以是平面或二次曲面，如圆柱面、圆锥面、圆环面、球面等；通过各面素的连接构成了组成面，各组成面的拼接就围成了所构造的模型表面。表面模型在线框模型的基础上增加了表面信息，能够以消隐、小平面着色、平滑明暗、颜色和纹理等方式显示形体，如图 2-6 所示，因而具有很好的显示特性，在很多图形仿真或模拟软件中被广泛采用。

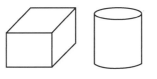

a) 模型消隐后的效果　　　　　　　　b) 模型着色后的效果

图 2-6　四棱柱和圆柱的表面模型

由于增加了有关面的信息，在提供三维形体信息的完整性、严密性方面，表面模型比线框模型进了一步，它克服了线框模型的许多缺点，能够比较完整地定义三维立体的表面，所能描述的零件范围广，特别是像汽车车身、飞机机翼等难于用简单的数学模型表达的形体，均可以采用表面模型，而且利用表面模型能在图形终端上生成逼真的彩色图像，以便用户直观地从事产品的外形设计。另外，表面模型可以为 CAD/CAM 中的其他场合提供数据，如有限元分析中的网格划分，就可以直接利用表面模型。

表面模型也有其局限性。由于所描述的仅是形体的外表面，不能切开形体而展示其内部结构，也就无法表示设计对象的体积、重心、转动惯量等几何特性；物体的实心部分在边界的哪一侧是不明确的，使设计者对物体缺乏整体的概念等。

在三维实体造型系统中，一般都要引入表面模型来协助完成具有复杂而且光滑的实体表面的造型，因此表面模型仍然占据着重要的位置。

3. 实体模型

实体模型是在表面模型的基础上定义了表面的哪侧存在形体。

实体模型表示的几何形体有严密的数学理论，可通过拓扑关系来检查形体的拓扑一致性，保证实体模型的合法性。

实体模型能够表示几何体的大小、外形、色泽、体积、重心、转动惯量等，是现代设计系统中设计对象的主要表达形式。通过实体模型获得的几何属性，可以在其他的软件模块中进行应力、应变、稳定性、振动等分析，所以实体模型是机械设计自动化的基础。实际上，目前实体模型已在建筑设计、广告设计以及大部分机械类零件设计等领域获得了很大成功。

实体模型的局限性是无法准确地描述和控制形体的外部形状；只能产生正则形体；不能描述具有工程语义的实际形体，如具有实际工程意义的加工孔、槽等；不能为其后续系统（CAM/CAPP 等）提供非几何信息，如材料、公差等。

线框模型、表面模型和实体模型的优缺点及应用范围见表 2-1。为了克服某种造型的局限性，在实用化的几何造型系统中，常常统一使用线框模型、表面模型和实体模型，以相互取长补短。

表 2-1　三种模型的比较

模型类型	优点	局限性	应用范围
线框模型	结构简单、易于理解、运行速度快	无法观察参数的变化，不可能产生有实际意义的形体，图形会产生多义性	画二维线框图（工程图）、三维线框图
表面模型	完整定义形体表面，为其他场合提供表面数据	不能表示形体	艺术图形，形体表面的显示，数控加工
实体模型	定义了实际形体	只能产生正则形体，抽象形体的层次较低	物性计算，有限元分析，用集合运算构造形体

2.2　常用的几何造型方法

2.2.1　常用造型方法

前面介绍的表示形体的线框模型、表面模型和实体模型是一种广义的概念，并不反映形体在计算机内部或对最终用户而言所用的具体表示方式。从用户角度看，形体表示以特征表示和构造实体几何（CSG）表示较为方便；从计算机对形体的存储管理和操作运算角度看，以边界表示（BRep）最为实用。为了适合某些特定的应用要求，形体还有一些辅助表示方式，如单元分解表示和扫描表示。比较常用的造型方法有以下几种：

1. 基本体素表示法

基本体素表示法用一组参数来定义一簇形状类似但大小不同的物体。例如，一个正 n 棱柱可用参数组 (n, R, H) 定义，其中 R、H 分别表示相应外接圆柱体的半径和高。这种方法通过对已有的形体做线性变换来产生形体，是最直接的方法。线性变换只影响形体的几何性质，不影响形体的拓扑性质，如图 2-7 所示。

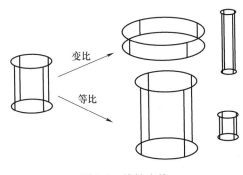

图 2-7　线性变换

基本体素表示法适用于表示工业上已定型的标准件，标准件的具体参数值可存入数据库备查，根据体素的特定形状编制程序计算它的各种几何性质。由于每一组基本体素都必须分别处理，且通常的形体调用并不能产生比较复杂的形体，因此基本体素表示法具有很大的局限性。

2. 边界表示法

边界表示（Boundary Representation Scheme）法用顶点、棱边、表面等边界信息来表示一个实体，简称 BRep 法。

3. 扫描表示法

扫描表示法是根据二维或三维形体沿某一曲线（通常为直线或圆弧）推移时的外轮廓的轨迹来定义形体。扫描表示法易于理解和执行，特别适用于生成工业上常用的柱面体和旋转体，它在实体造型系统中常用作简单的造型输入手段。扫描表示法需要两个分量：一个是被扫描的形体，称之为基体；另一个是形体运动的路径。基体可以是曲线、表面、立体；路径可以由解析表达式来定义。

4. 构造实体几何法

构造实体几何（Constructive Solid Geometry）法采用基本体素的并、交、差来表示实体，简称 CSG 法。

5. 特征表示法

特征表示法是用户从应用层来定义物体，以具有一定设计语义、制造语义等的几何形状作为几何形体的造型基础，如各种形状的槽、凸台、凹坑、倒角、圆孔等。这些特征元素对于设计者来说是比较熟悉的，因而可以较好地表达其设计意图，为制造、加工提供了完整的信息。

选择哪种表示法，必须考虑以下两点：①该表示法的覆盖率，即用这种表示法所能定义的形体范围的大小和造型能力的强弱；②该表示法蕴含信息的完整性，即由这种表示法所决定的数据结构是否唯一地描述了三维形体，能否为后续工作 CAE/CAPP/CAM 等提供需要的信息。

下面就边界表示法、扫描表示法、构造实体几何法分别予以介绍。

2.2.2 边界表示法

前面介绍了形体的边界就是形体内部点与外部点的分界面，边界表示法是通过描述形体的边界来表示一个形体，将形体的边界分成有限个"面"（faces）或"片"（patches），并使每个"面"或"片"由一组边和顶点来确定边界，如图 2-8 所示。

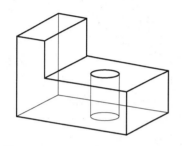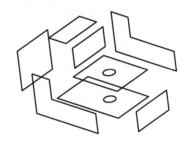

图 2-8　边界表示形体模型的基本组成

边界表示法的构形方式是输入两个点，即可通过这两点连接一条线，若干条首尾相接的线段形成一个闭合的环，一个或多个环就确定了一个面的边界，最后，若干个表面闭合后围成一个形体。

边界表示法的一个重要特点是将描述形体的几何信息与拓扑信息分开表示，拓扑关系形成形体边界表示的"骨架"，而形体的几何信息则犹如附着在这一"骨架"上的肌肉。几何信息与拓扑信息分开表示有下述优点：

1）便于具体查询形体中各元素，并获取它们的有关信息。

2）容易支持对形体的各种局部操作，例如在某面开通孔，不必去修改形体的整体数据结构，只需提取与通孔相交的面、边、点的有关信息。

3）对于具有相同拓扑结构的面，只有大小、尺寸不同的一类形体，可以用统一的数据结构加以表示。

4）便于在数据结构上附加各种特征信息，如形体某表面的表面粗糙度、处理硬度等，拓宽系统的应用领域。

由于形体的点、边、面等拓扑元素是显式表示的，形体的消隐、真实感显示算法简单、速度快，便于对形体做布尔运算和局部操作。

边界表示法的缺点如下：

1）数据结构复杂，需要大量的存储空间，维护其拓扑关系一致性比较复杂。

2）对形体的整体描述能力弱，没有记录造型过程，因此修改基本体素的操作难以实现。

3）边界表示的形体做布尔运算或局部操作时，可能因几何求交的不稳定性引起其拓扑关系的不一致性，导致操作失败。

2.2.3 扫描表示法

点动成线、线动成面、面动成体，当一个面域沿某一轨迹移动时，就可以形成特定的几何形体，这种生成几何形体的方法称为扫描表示法。扫描表示法是生成形体（或零件）的基本方法。由于扫描表示法是利用简单的运动规则生成有效实体，简单易行，可以很容易地生成基本体素如圆柱、环、球等，故在各种几何造型系统中应用较为广泛，是所有的三维造型系统中最重要的造型方法之一。

采用扫描表示法生成三维几何形体需要具备两个基本要素：一是做扫描运动的基本图形，如平面多边形、圆、封闭的样条曲线、实体的断面等，二是扫描运动的方式或运动轨迹，常用的运动方式包括平移、旋转和其他对称变换。根据扫描运动方式的不同，人们也常把扫描表示法分为平移式、旋转式和广义式三种。

平移式扫描表示法是将一平面区域沿某矢量方向移动一给定的距离，产生一个柱体，如图 2-9 所示。其过程类似于用模具挤出具有各种各样截面的型材，线切割加工也能产生类似的形状，常用的立方体和圆柱体等基本体素即可用此法生成。旋转式扫描表示法是将一平面区域绕某一轴线旋转，产生一个旋转体，一个矩形如以它的一边为轴旋转后就可产生一个圆柱体。类似地，可以产生圆锥、圆台、球、圆环等，如图 2-10 所示。广义式扫描表示法是将一平面区域（该区域在移动过程中可以按一定的规则变化）沿任意的空间轨迹线移动，生成一个三维形体，如图 2-11 所示。广义式扫描表示法的造型能力很强，完全包含平移式和旋转式扫描表示法。但是由于广义式扫描表示法的几何构造算法十分复杂，因此平移式和旋转式扫描表示法仍然从广义式扫描表示法中独立出来，单独处理。

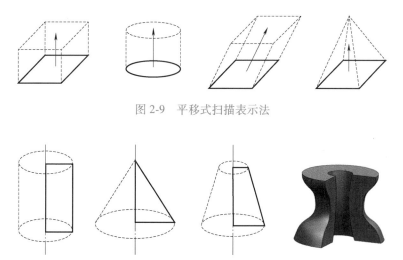

图 2-9　平移式扫描表示法

图 2-10　旋转式扫描表示法

三维形体也能在空间通过扫描变换生成新的形体，如图 2-12 所示，一个圆柱体按指定方向在长方体上运动生成新的形体，这个过程犹如长方体与运动着的圆柱体不断地做差运算操作。这种三维形体的扫描变换在实际中常用来检查机械零件之间是否存在干涉现象、模拟

图 2-11   广义式扫描表示法

刀具的运动等。采用扫描表示法也可生成维数非齐次的非正则形体，如图 2-13 所示。图 2-13a 中，平移扫描一条生成曲面的曲线，会生成两条悬边；图 2-13b 中，生成的两个二维区域只有一条直线连接；图 2-13c、d 中，采用非齐次的母线来生成实体，会导致无效三维形体及二义性；图 2-13e、f 中，通过旋转轴线的母线旋转扫描，也会产生奇异的曲面或无效形体。在很多场合，这些情况会产生不可接受的结果，但有时候，这些结果有可能是预期的，甚至是理想的，如对计算机艺术（Computer Art）的造型系统来说就是如此。

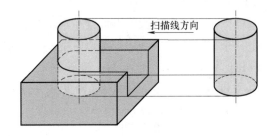

图 2-12   三维形体的扫描变换

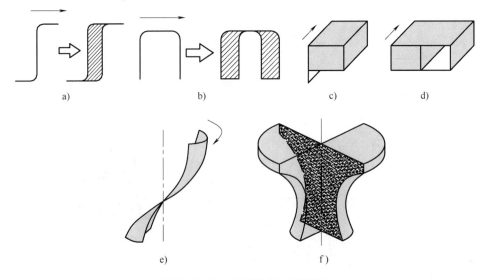

图 2-13   非齐次形体的扫描表示

由于扫描表示法程序简单可靠，使用方便、直观，因此是实体造型系统最常用的输入手段，适合作为图形的输入手段，广义式扫描表示法还可用于形体外形的局部修改，如生成形体表面的局部凹腔或凸台等。

2.2.4 构造实体几何法

将简单的形体经过正则集合运算构成复杂形体的方法称为构造实体几何法。通常采用正则集合运算构造复杂形体时，中间过程可配合执行有关的几何变换。一个复杂形体的 CSG 表示可以看成是一棵有序的二叉树，树的根节点为整个复杂形体，终端节点（叶节点）可以是体素（如立方体、圆柱、圆锥），也可以是形体运动的变换参数。非终端节点（中间节点）可以是正则集合运算，也可以是形体的几何变换（平移、旋转或缩放操作），这种运算或变换只对其相邻的子节点（子树）起作用，这棵树就称为 CSG 树，如图 2-14 所示。

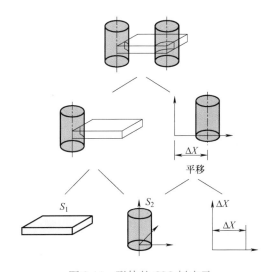

图 2-14 形体的 CSG 树表示

CSG 树的形式定义为：

<CSG 树>∷=<体素叶节点>|<CSG 子树><正则集合运算节点><CSG 子树>|<CSG 子树><几何变换节点><变换参数>。

图 2-14 中，体素 S_1、S_2 和平移变换 ΔX 作为 3 个叶节点，S_1-S_2 和 S_2 平移 ΔX 的操作结果作为两个中间节点，最终的形体 $(S_1-S_2)-S_2(\Delta X)$ 作为根节点。可以看出，体素和中间形体均是有效和有界的形体，而且变换也不只局限于刚性运动，缩放和对称映射理论上也是可能的。

一般地，采用 CSG 法构造的形体无二义性，但具体的构造过程不是唯一的，其定义域取决于所用体素及所允许的几何变换和正则集合运算算子，通常采用最简单的构造方法。如图 2-15a 所示的形体可以采用图 2-15b、c 所示的方法定义。

采用 CSG 法的几何造型系统一般由两部分组成：一部分是描述将体素通过集合运算和几何变换操作生成复杂形体的 CSG 树数据结构；另一部分是描述相应体素的大小、形状、位置和方向等几何参数，这两部分均由系统定义。

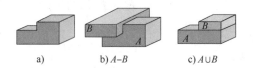

a)　　　　b) A−B　　　　c) A∪B

图 2-15　采用 CSG 法构造形体的不唯一性

图 2-16 给出了 CSG 树节点数据结构的一种组织方式。其节点的数据结构表示如下：

24

```
class CSG_Node {
        int m_operationCode;                //操作码
        class Ctransform m_matrix;          //变换矩阵
        class Cprimitive m_primitive;       //基本体素
        class CSG_Node * m_left Subtree;    //左子树
        class CSG_Node * m_rihgt Subtree;   //右子树    }
```

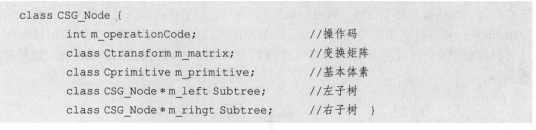

图 2-16　CSG 树节点的数据结构

　　每一节点由操作码、坐标变换、基本体素、左子树、右子树等五个域组成。除操作码外，其余域均以指针形式存储。操作码按约定方式取值，当操作码 m_operationCode 为 0 时，表示该节点为一基本体素节点，相应左子树、右子树指针取 NULL。当操作码取 1、2、3 时，分别代表左子树节点和右子树节点进行的集合运算方式为并、差、交操作，此时左右子树都不为空，基本体素域为 NULL；当操作码取 4 时，为几何变换操作，此时左子树不空而右子树为空。每一节点的坐标变换域存储该节点所表示形体在进行新的集合运算前所做坐标变换的信息。

　　从图 2-16 所示 CSG 树节点的数据结构可以看出，CSG 树只定义了它所表示形体的构造方式。它既不存储顶点、棱边、表面等体的有关边界信息，也未显示定义三维点集与所表示形体在空间的一一对应关系，所以 CSG 树表示又被称为形体的隐式模型或算法模型。由于体素表示的有效性决定了 CSG 法构造形体的有效性，因此在几何造型中必须细致定义各种体素。几何造型系统中常用的体素如图 2-17 所示，每个体素都用简单参数变量表示，这里的参数表示体素的大小、形状、位置和方向。一般的造型系统也允许用户自己定义体素，不管是谁定义的，都必须检查模型的有效性。

　　当体素的参数确定后，该体素即完全确定。

　　用 CSG 树表示一个复杂形体十分简洁。它所表示形体的有效性是由基本体素的有效性和集合运算的正则性自动保证的。由于 CSG 树提供了足够的信息，可以判定空间任一点在它所定义形体的内部、体外或体的表面上，因此它可唯一地定义一个形体，并支持对这个形体的一切几何性质的计算。CSG 法是表示三维形体最有效的方法之一，其优点如下：

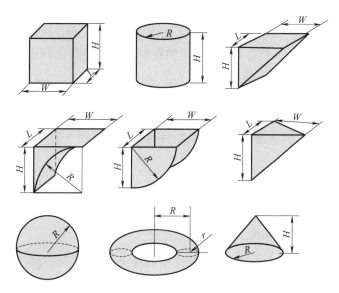

图 2-17　几何造型系统中常用的体素

1）数据结构比较简单，数据量小，用一棵二叉树来表示。

2）每个 CSG 表示都和一个实际的有效形体相对应。

3）CSG 表示可以转化为 BRep 表示，从而扩展它的应用范围。

4）很容易修改 CSG 表示形体的形状，包括操作类型和基本体素的参数。

5）CSG 记录了一个产品造型的过程，以便用户分析、调整、修改 CSG 树中的节点。

CSG 法也有如下缺点：

1）由于没有边界信息，不容易实现局部的欧拉操作。

2）操作码类型为交与差时，形体的消隐和真实感显示很困难。

由于 CSG 法不能显式地表示形体的边界，无法直接显示 CSG 树表示的形体，求取 CSG 树表示的形体的精确边界代价太大，且效率不高，为此，人们寻找到一种解决办法——光线投射（Ray-casting）算法，可以不必求取边界而能够直接快速地对形体进行光栅图形显示。

图 2-18 所示为光线投射算法示意图。光线投射算法的核心思想是从视点出发向显示屏幕（投影平面）的每一像素位置发射一光线（射线），求出射线与距离投影平面最近的可见表面的交点和交点处的表面法矢，然后根据光照模型计算出表面可见点的色彩和亮度，生成形体的光栅图形。光线投射算法的关键一步是确定光线与形体之间距离视点最近的交点，这可以通过集合成员分类算法实现。具体算法如下：

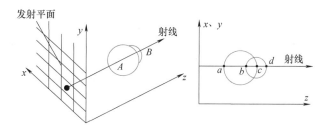

图 2-18　光线投射算法示意图（形体 $A \cup B$ 则取 ad，$A \cap B$ 则取 cb，$A-B$ 则取 ab）

1）将射线与 CSG 树中的所有基本体素求交，求出所有的交点。

2）将所有交点相对于 CSG 树表示的形体进行分类，确定形体物体边界上那部分交点。

3）对所有位于形体边界上的交点计算它们在射线上的参数值并进行排序，确定距离最近的交点，得到其所在基本体素表面的法向矢量。

光线投射算法用一维集合运算取代了 CSG 树表示形体的边界生成算法所需的三维几何运算，简单可靠。但光线投射算法是近似的，精度取决于显示屏幕的分辨率，分辨率越高，显示精度越高，计算速度就越慢。另外，光线投射算法还可用于形体的物性计算方面。

2.3 特征模型建模方法

2.3.1 特征造型法（Feature Modeling）

对于机械产品及其零部件的建模，几何模型只描述了它的形状及尺寸等几何信息，对后续的强度计算、性能仿真分析和工艺设计、制造都是不够的。20 世纪 80 年代以来，为了实现 CAD/CAE/CAM 的集成，人们一直在研究能更完整地描述机械产品及其零部件的建模技术，希望产品的模型能够考虑诸如倒角、圆角、孔、槽等加工特征，以及加工用到的各种过渡面等形状信息和工程信息，如材料、公差等，能够为其他系统如计算机辅助工程（CAE）、计算机辅助制造（CAM）系统等提供反映设计人员设计意图的非几何信息，于是特征造型技术应运而生。

特征造型的引入具有两个显著特点：第一，为设计人员提供了高层次的符合设计人员设计思维的人—机交互语言，摆脱了传统的基于几何拓扑的低层次交互设计方法，使设计人员的操作对象不再是原始的线条和体素，而是产品的功能要素，如螺纹孔、定位孔、键槽等。特征的引用体现了设计意图，从而使设计人员集中精力处理较高层次的设计问题，使得设计更加快速、方便，而且设计质量也得以保证；第二，由于特征是一个高层次的设计概念，内部包含了大量设计人员的设计意图，这些设计意图对于设计的维护以及后续的分析、综合等过程有着重要意义，对于提高 CAD 系统的自动化程度以及解决 CAD 与 CAE、CAM 在数据交换过程中存在的不连续问题也有很大的帮助。特征造型面向制造的全过程，是实现 CAD/CAE/CAM 集成的重要手段。

2.3.2 特征的分类

特征（feature）一词最早是在美国麻省理工学院 1978 年的一篇学士论文"*A feature-based representation of parts for CAD*"中提出来的，此后，经过几年的酝酿，特征造型技术的研究便蓬勃展开。1988 年，ISO 颁布的 PDES/STEP 标准将形状、公差和材料特征列为产品信息模型的构成要素，使特征造型技术的研究与应用变得更为重要。

特征是为了表达产品的完整信息而提出的一个新概念。一般来讲，特征是指具有一定工程语义或特定属性的几何形状或实体，它既包括了形体的几何信息和拓扑信息，也包括了形体的工程实际意义。由于产品在设计、分析和制造等不同生产阶段的概念模型不一致，造成了在各个阶段人们对特征的认识也不尽相同，也就形成了不同的特征分类方法。常用的特征分类见表 2-2。

表 2-2　常用的特征分类

分类方式	特征名称	分类方式	特征名称
从特征的功能与性质分	形状特征	从制造特点上分	毛坯特征
	精度特征		过渡特征
	技术特征		基本特征
	材料特征		表面特征
	装配特征		拼装特征
从产品整个生命周期发展过程分	设计特征	从设计方法上分	孔槽特征
	加工特征		挤压特征
	分析特征		拉伸特征
	公差特征		过渡特征
	检测特征		表面特征
	装配体特征		形变特征
从层次结构上分	总体特征	从复杂程度上分	基本特征
	主要特征		组合特征
	附加特征		复合特征

机械产品的特征按照其功能与性质通常可分为形状特征、精度特征、技术特征、材料特征和装配特征五种。形状特征是描述零件或产品最主要的特征，它具有特定的形状，并且对应特定功能意义的零件局部形状在整体上的布局，如孔、槽、键、凸台等；精度特征包括在工程设计和加工中使用的几何公差、尺寸公差、表面粗糙度等非几何信息，还包括检测特征；技术特征是有关工艺、加工、安装、检验的技术要求、工程分析等方面的特征；材料特征规定了材料的类型、强度、硬度、延展性、热导性、热处理方法等特性；装配特征包括装配体中各零件的位置关系、公差配合、功能关系、动力学关系等。

与造型相关的主要是设计特征或形状特征。设计特征是具有设计语义或功能语义的形状。以图 2-19 所示的零件为例，该零件由四个设计特征组成：一个基础特征、三个附加特征，其中附加特征包括一个通孔特征、一个凸台特征和一个圆角特征。从该例中不难看出，设计特征与基本体素在概念上明显不同。虽然通孔和圆角都是圆柱面，在传统实体造型中都对应于圆柱体基本体素，但由于它们的功能语义各不相同，因此从设计特征的角度出发，它们属于不同的设计特征。设计特征与基本体素的主要区别包括以下三个方面：

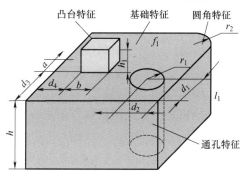

图 2-19　设计特征举例

1）设计特征具有设计语义和功能语义，而基本体素不具有固定的设计语义。

2）基本体素的类型是固定的，是有限的几种或十几种，但设计特征的类型却可以是无限的，只要是设计人员感兴趣的形状，大到整个零件，小到单个面都可以定义为设计特征。

3）设计特征是设计人员所熟悉和习惯使用的设计单元，而基本体素只是低层次的三维几何形状构造单元。

2.3.3 特征的参数化

参数化设计是指设计对象的结构形状比较固定，可以用一组参数来约定尺寸关系，参数与设计对象的控制尺寸有显式的对应，设计结果的修改受到尺寸驱动。其核心内容是设计对象的参数化建模和参数化模型的实例化方法。参数化设计允许人们基于已有设计，通过变动尺寸值生成新的设计。参数化设计可以分为二维参数化设计和三维参数化设计两类。参数化设计为设计和修改系列化、标准化零件提供了方便。

参数化设计在 CAD 中是通过尺寸驱动实现的，尺寸驱动的几何模型由几何元素、尺寸约束和拓扑约束三部分组成。当修改某一尺寸时，系统自动检索该尺寸在尺寸链中的位置，找到它的起始几何元素和终止几何元素，使它们按照新尺寸值调整，得到新的几何模型。图 2-20a 所示为驱动前的参数化图形，尺寸参数为 A、B、C，图 2-20b 所示是修改尺寸 C 为 C' 后的图形，图形修改前后的拓扑关系保持不变。

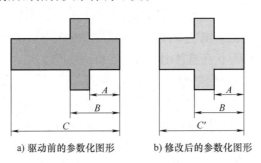

a) 驱动前的参数化图形　　b) 修改后的参数化图形

图 2-20　图形的尺寸驱动

为了方便特征的设计修改，特征一般采用参数化设计方法。采用参数化定义的形状特征，设计人员只需输入少数几何参数，就可自动生成特征的大量几何信息，还可以方便地修改形状、尺寸、公差、表面粗糙度等信息，满足人们的设计需要。事实上，参数化设计是特征造型的必备功能。

2.3.4 特征的表示

特征的表示主要有两方面的内容：一是几何形状信息，即设计特征或形状特征；二是属性或非几何信息，即其他特征。根据几何形状信息和属性在数据结构中的关系，特征的表示可分为集成表示模式和分离表示模式两种。集成表示模式是将属性信息与几何形状信息集成地表示在同一内部数据结构中；分离表示模式则将属性信息表示在与几何形状信息相分离的外部结构中。

集成表示模式的优点如下：

1）可以避免分离表示模式中内部实体模型数据与外部数据的不一致和冗余。

2）可以同时对几何模型和非几何模型进行多种操作，因而用户界面友好。

3）可以方便地对多种抽象层次的数据进行存取和通信，从而满足不同应用的需要。但是，对于集成表示模式，传统的实体模型不能很好地满足特征模型表达的要求，需要从头开始设计和实施全新的基于特征的表达方案，工作量大。

分离表示模式则是在传统的实体模型数据结构的基础上附加非几何信息，虽然易于实现，但效率不高。

根据表示方式所描述的内容，形状特征的表示有显式表示和隐式表示之分。显式表示是有确定的几何、拓扑信息的描述，隐式表示是特征生成过程的描述。如图 2-21 所示的一个外圆柱体，显式表示含有圆柱面、两底面及边界细节，而隐式表示则用中心线、高度和直径来描述。

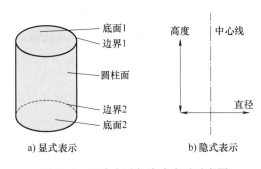

图 2-21　显式表示与隐式表示示意图

显式表示的特点如下：

1）能够更准确地定义特征形状的几何、拓扑信息，更适合于表示特征的低级信息，能为后续的应用（NC 仿真与检验）提供准确的低级信息。

2）能够表示形状复杂而又不便于隐式表示的几何形状（如自由曲面）和拓扑结构。

隐式表示的特点如下：

1）采用少量的信息定义形状，简单明了，并可为后续的应用（如 CAE、CAM 系统）提供丰富的信息。

2）便于将基于特征的产品模型与实体模型集成。

3）能够自动表达在显式表示中不便或不能表达的信息。

无论是显式表示还是隐式表示，单一的表示方式都不能很好地适应特征信息表示的要求，因此，显式与隐式混合表示模式是一种能结合各自优点的特征几何形状表示模式。

特征的表示有多种数据结构，形状特征常用混合式 CSG/BRep 结构和基于约束的 BRep 结构等数据结构表示。混合式 CSG/BRep 结构中，采用 CSG 法易于实施特征删除、特征编辑、特征符号表示和特征模型参数化，BRep 法则能很好地支持图形显示、尺寸和公差标注、特征有效性和干涉检查、特征识别和转换、特征交互操作及需要表面信息的其他应用，因此，很多系统采用混合式 CSG/BRep 结构辅之以特征描述的方式来表示形状特征，图 2-22 所示是图 2-19 所示特征形体的特征描述树。关于特征表示的数据结构，限于篇幅，这里不展开介绍。

特征类型：拉伸类基础特征
CSG节点指针：长方体体素1
特征属性值：截面尺寸、拉伸高度h
特征定位信息：按截面线定位

特征类型：附加凸台特征
CSG节点指针：长方体体素2
特征属性值：截面尺寸a、b、拉伸高度h_1
特征定位信息：按截面线定位于f_1表面、d_3、d_4

特征类型：附加通孔特征
CSG节点指针：圆柱
特征属性值：孔半径r_1、深度h
特征定位信息：按孔轴线定位于f_1表面、d_1、d_2

特征类型：附加圆角特征
CSG节点指针：圆柱
特征属性值：半径r_2、高度h
特征定位信息：按轴线定位于l_1棱线、r_2

图 2-22　零件的特征描述树

特征具有明显的层次结构，适合于采用面向对象的方法进行表示。设计特征一般被定义为一个类，主要包括以下属性和方法：

（1）几何形状　指特征的边界表示或所对应的基本体素以及特征的正负特性。

（2）尺寸参数　分为用户输入参数和导出参数两种。其中导出参数是指由该特征所依附的另一特征决定的参数，如图 2-19 中通孔特征的长度 h 就是导出参数，而通孔的半径 r_1 则是用户输入参数。用户输入参数附有默认值。

（3）定位参数　指特征局部坐标系的 6 个参数（3 个轴向尺寸和 3 个绕轴的旋转尺寸），可默认。

（4）几何约束　包括特征的定形约束、定位约束以及尺寸之间的代数约束。

（5）公差　指特征组成面应满足的公差。

（6）非几何属性　指特征的材料、热处理等属性。

（7）实体模型构造方法　指生成特征实体模型的方法。

（8）继承规则　指确定导出参数的方法。

（9）有效性规则　指为了保证特征具备特定工程语义，其尺寸参数、边界元素所必须满足的条件，如图 2-23 所示。

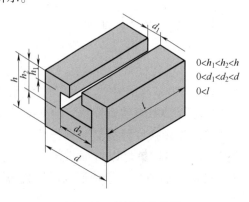

$0 < h_1 < h_2 < h$
$0 < d_1 < d_2 < d$
$0 < l$

图 2-23　特征的有效性

从特征的上述表示不难看出，特征不仅包含基本体素所具有的定形、定位参数，也包含了参数化设计所需要的定形、定位约束信息，因此可以有效地支持实体造型和参数化设计。除此以外，由于特征还包含有效性规则，可以保证特征具有特定的语义，因此具有一定的智能性。特征所包含的公差和非几何属性则使得特征模型还可以支持形状设计以外的其他活动。当然，特征表示的复杂性也给特征库的定义和实例化带来了相当的难度。

2.3.5　特征库的建立

为了建立特征模型，进行基于特征的设计，必须有特征库的支持。特征库是基于特征的各系统得以实现的基础。

特征库应有以下功能：

1）包含足够的特征，以适应众多的零件。

2）包含完备的产品信息，既要有几何、拓扑信息，又要有各类特征信息，还要有零件的总体信息。

3）特征库的组织方式，应便于操作、管理，方便用户对特征库中的特征进行修改、增加和删除等。

特征库可以采用以下组织方式：

1）图谱方式，画出各类特征图，附以特征属性，建成表格形式。这种方式简单直观但只能查看，不能实现计算机操作。

2）采用 EXPRESS 语言对特征进行描述，建立特征的概念库。EXPRESS 语言是 PDES/STEP 推荐的一种计算机可处理的形式建模语言，用它来建立特征库，可以使那些基于特征的计算机辅助系统根据系统本身的软、硬件需要，映射为适合于自身的实现语言（如将 EX-PRESS 语言映射为 C/C++语言），从而使特征库成为这些系统的可用特征信息源。

3）采用计算机可执行的程序设计语言（如 C/C++语言）描述特征。进行产品设计和工艺设计时，直接调用特征库程序文件，建立产品信息模型。

由于设计特征的种类是无限的，所以特征造型必须具备允许用户在特征库中自定义特征的功能。库特征的定义与实例化方法目前主要有两种：过程式（procedural）方法和陈述式（declarative）方法。

过程式方法为用户提供一种解释性的过程式特征定义语言，用于定义用户所需的库特征。在过程式方法中，库特征的表示就是一个数据文件。这种方法需要用户细致地定义出特征的所有属性和方法，对特征做出非常细的分类，因此特征库很庞大。过程式方法的优点是其库特征实例化非常简单。

陈述式方法为用户提供一个基于图形交互方式定义库特征的工具。在陈述式方法中，用户首先利用实体造型操作构造一个包含新特征的简单形体，然后采用图形交互方式定义出新特征的边界，并进一步交互定义出新特征的定形、定位约束，最后由系统自动生成新特征的一般表示。与过程式方法相比，陈述式方法大大减轻了用户定义特征的复杂程度，使库特征定义变得直观、简便，但其库特征的实例化难度很大。

2.3.6　特征的形式化描述

特征的描述包括几何信息、相关的处理机制和高层次的工程语义信息。特征可以在不同的抽象层次上以各种方式进行描述。这里给出特征的一般性形式化描述。

特征可以表示为满足某些约束关系的特征元素集，其形式化描述记作：

```
<特征>::=<特征元素>|<约束>
```

特征元素是指人们考虑某一特征问题时所关心的一系列属于该特征的客观或主观形体。例如孔的一个底面，是人们可触觉的客观存在，而轴心则为人们无法触觉的主观想象。特征元素包括特征的几何拓扑元素以及其内部属性，记作：

```
<特征元素>::=<几何拓扑元素>|<特征属性>
<几何拓扑元素>::=<几何元素>|<拓扑元素>
<几何元素>::=坐标系|矢量|点|线|面|体
<拓扑元素>::=顶点|边|路径|环|面|壳|实体
<特征属性>::=(特征|<属性类型>)
<属性类型>::=在中心|在轴上|在中心线上|在面上|...
```

约束是特征元素之间必须满足的关系，分为几何约束和非几何约束。几何约束包括特征几何拓扑元素之间必须满足的一系列约束，而非几何约束是诸如功能等方面的约束，此外还包括特征应用场合，即人们处理特征时所处的应用背景及所采用的处理方式。约束可记作：

```
<约束>::=<几何约束>|<非几何约束>
<几何约束>::=(<几何约束类型>|特征元素)
<几何约束类型>::=平行|同轴|相邻|相离|偏转|...
<非几何约束>::=功能约束|应用环境|...
```

在特征的形式化描述中，一个显著的特点就是特征的层次性。特征从最基本的几何拓扑元素开始，通过增加约束形成高层次的特征，而高层次的特征则通过进一步加强约束再形成更高层次的特征。

下面讨论形状特征的形式化描述。形状特征的造型技术不再以点、线、面等低级形式的几何元素或以方块体、圆柱体等纯粹几何概念的体素辅以布尔运算作为操作对象，而是直接以孔、槽、螺纹、倒角等具有工程意义的高级形体特征作为操作基元。这样不仅具有体现模拟工程概念的人机界面，更主要的是加快了建模与修改的速度，而且为分析和加工等各个后续环节的集成奠定了基础。

基于形状特征的实体造型过程可采用如下描述：

```
<目标设计>::=<初始设计>|<特征设计>
<初始设计>::=块体|圆柱|圆锥|棱柱|棱锥|球体|圆环|曲面体
<特征设计>::=<孔设计>|<槽设计>|<螺纹设计>|<倒角设计>|<过渡设计>|<面设计>
<孔设计>::=<直孔>|<斜孔>|<孔组>
<直孔>::=<圆孔>|<方孔>
<圆孔>::=通孔|盲孔|台阶孔
......
```

考虑到修改模型的方便性，还应为用户提供自定义所需特征并对其进行相应修改操作的功能。在此，设计特征可定义为一系列面及特征的组合，记作：

```
<自定义特征>::=<面>｜<特征>｜<集合运算>
```

每个特征都有其命名编号以示区别，各自皆可单独进行修改和操作，如移动、旋转、消除、内容列表与增减、改名等，而且一个特征还可作为另一个特征的子特征。

形状特征单元是一个有形的几何实体，是一组可加工表面的集合，其 BNF 范式可定义为：

```
<形状特征单元>::=<体素>
　｜<形状特征单元><集合运算><形状特征单元>
　｜<体素><集合运算><体素>
　｜<体素><集合运算><形状特征单元>
　｜<形状特征单元><集合运算><形状特征过渡单元>

<体素>::=长方体｜圆柱体｜球体｜圆锥体｜棱锥体｜棱柱体｜棱台体｜圆环体｜楔形体｜圆角体｜...
<集合运算>::=并｜交｜差｜缩放
<形状特征过渡单元>::=外圆角｜内圆角｜倒角
```

一个零件的特征造型过程，实际上可以理解为一组相关特征实例化的过程，它包括两个过程，一是零件的特征化过程，指将零件分解为一个个具体的特征的过程，二是将这些特征按一定顺序"拼装"的过程，如图 2-24 所示。多数情况下，这两个过程交织在一起并由用户通过思考完成，再由计算机实现。在基于特征造型技术构造某一特定零件的过程中，假定组成零件的特征不变，零件实际上是被表达为这些特征的有序集合，特别是所研究的零件较为复杂时，这种顺序上的差别就更明显。

图 2-24　特征的分解与拼装

2.3.7　特征造型系统实现模式

目前特征造型系统的实现主要采用特征交互定义（Interactive Feature Definition）、特征自动识别（Automatic Feature Recognition）、特征设计（Design by Feature）等三种模式。

1. 特征交互定义

利用现有的造型系统建立产品的几何模型，通过交互的定义操作将高层的特征信息（如精度、技术要求、材料热处理等）附加到已有的几何模型之上。这种方式实现较为简单，但有很多缺陷：一是在形体设计中仍以低级的几何操作为主，设计效率较低；二是特征交互定义繁琐，而且与几何模型无必然联系，当零部件形状发生变化时，其特征交互定义工作必须重新进行。

2. 特征自动识别

所谓特征自动识别就是从产品的实体模型出发，通过一个针对特定领域的特征自动识别系统，将几何模型与预先定义的特征进行比较，自动确定特征的具体类型及其他信息，进而生成产品的特征模型。特征自动识别的一般步骤如下：

1）搜索产品的几何数据库，匹配特征的拓扑几何模型。

2）从数据库中提取已识别的特征信息。

3）确定特征的参数。

4）完成特征的几何模型。

5）组合简单特征以获得高级特征。

特征自动识别的算法有特征匹配法、CSG树识别法、体积分解法、实体生长法等。

特征自动识别避免了用户繁琐的特征交互定义工作，提高了设计的自动化程度。但是由于特征自动识别过程是一个复杂的模式匹配过程，对于复杂的零件，识别过程需花费大量的时间，对于一些复杂特征，系统还不能保证能够识别出来。

3. 特征设计

特征设计也称为基于特征的造型系统，用户直接使用特征来定义零件几何体，即将特征库中的预定义特征实例化后，以实例特征为基本单元建立产品的特征模型，从而完成产品的特征造型。特征设计大体上分为三类：特征数据库法、用特征减造型方法（Destructive Modeling with Feature）、特征合成法（Synthesis by Feature）。

特征设计大幅度提高了用户的设计效率和设计质量，同时也避免了特征的自动识别和重构，此外，在设计过程中还可方便地进行设计特征的合法性检查、特征相关性检查以及组织更复杂的特征。但是目前的特征设计只能提供产品的设计特征表示（因为设计人员只采用设计特征进行产品设计），而为了能够支持产品的整个生命周期，产品模型必须具有多种不同的特征表示，如设计特征表示、分析特征表示、加工特征表示等。为此人们提出了特征映射方法，试图直接将产品的设计特征模型映射成产品的加工、分析等的特征模型，但目前还只能对一些不太复杂的设计特征进行直接映射。

典型的基于特征的实体造型流程如图2-25所示。在基于特征的实体造型中，用户直接从设计特征库中选取所需要的特征，调用特征造型操作进行设计。特征造型操作在生成产品特征模型的同时，也负责调用相应的实体造型操作生成产品的立体模型。主要的特征造型操作包括实例化、添加、删除、修改、复制、查询等。

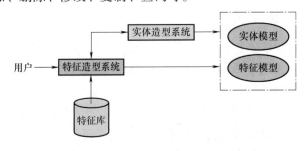

图2-25 典型的基于特征的实体造型流程

习　　题

1. 简述 CAD 的关键技术。
2. 简述机械 CAD/CAM 的基本概念。
3. 常用机械 CAD/CAM 软件有哪些？各有什么特点？
4. 基本几何元素有哪些？

第 3 章

hapter

基于UG的CAD应用

计算机辅助图形设计操作应用主要包括草绘平面图、创建实体模型、组件装配、设计零件工程图等。本章以 UG NX 12 软件为例介绍 CAD 技术的实际操作方法。

3.1 零件建模

3.1.1 实体建模概述

UG NX 12 采用基于特征和约束的复合建模技术，具有强大的参数化设计和编辑复杂实体模型的能力。其实体特征是以参数形式定义的，可方便地基于大小、形状和位置进行尺寸驱动及编辑。

1. 实体建模特点

1）UG NX 12 除可通过对满足要求的一般曲线进行拉伸、旋转及扫掠生成实体外，还可利用草图工具建立二维截面的轮廓曲线，通过拉伸、旋转及扫掠等，生成具有参数化设计特点的实体，当草图中的二维轮廓曲线改变后，实体特征将自动更新。

2）UG NX 12 特征建模提供了各种标准设计特征的数据库，可以快速创建长方体、圆柱体、圆锥体、球体等基本几何体，也可以创建管道、孔、凸台、筋板、键槽等常用特征。在建立这些特征时，只需要输入标准设计特征的参数即可得到相应的实体模型，方便快捷，大大提高了建模的速度。

3）UG NX 12 的实体模型可以直接被引用到二维工程图、装配、加工、机构分析和有限元分析当中，并能够保持原有的关联性。

4）UG NX 12 提供的实体特征的操作和编辑功能，可以对实体模型进行倒角、抽壳、螺纹、比例、裁剪、分割等，从而将复杂的实体建模过程大大简化。

5）UG NX 12 可以对所创建的实体模型进行一系列修饰和渲染，如着色、消隐，以方便用户观察模型。此外，还可从实体特征中提取几何特性和物理特性，进行几何计算和物理特性分析。

2. 实体建模方法

（1）建模方法　UG NX 12 是一种复合建模工具，它具有强大的建模功能，提供了多种建模方法。用户可以根据需要选择不同的方法建模，常用的建模方法有以下四种。

1）非参数化建模。非参数化建模是显式建模，对象是相对于模型空间建立的，彼此之间并没有相互依存的关系，对一个或多个对象所做的改变不影响其他对象或最终模型。

2）参数化建模。为了进一步编辑模型，在建模过程中将用于模型定义的参数值随模型存储，参数可以彼此引用，以建立模型各个特征间的关系，得到的模型为参数化模型。

3）基于约束的建模。模型的几何体是由尺寸约束或几何约束来驱动或求解的。其中尺寸驱动是参数驱动的基础，尺寸约束是实现尺寸驱动的前提。

4）复合建模。复合建模是上述三种建模技术的发展与选择性组合，复合建模支持传统的非参数化几何建模及基于约束的草绘和参数化特征建模，将所有工具无缝地集成在单一的建模环境内。

（2）建模过程　UG NX 12 的建模应用模块提供了一个实体建模系统，可以进行快速的概念设计。用户可以交互式地创建并编辑复杂的、实际的实体模型，可以通过直接编辑实体尺寸的方法或使用其他构造技术对实体进行更改和更新。

在实体建模时，如果所需模型是长方体、圆柱体、圆锥体、球体等基本几何体，可直接通过标准设计特征的数据库快速创建；也可以在已有实体上通过 UG 的标准设计特征的数据库创建孔、凸台、筋板、键槽等常用特征。当然，还可以对满足要求的一般曲线直接进行特征操作完成实体建模。

一般情况下实体建模的基本过程是从绘制草图开始的。

1）绘制草图。按设计要求确定草图平面，绘制草图的大致形状，进行草图的尺寸约束和几何约束，得到符合要求的精确草图。

2）创建特征。采用拉伸、旋转或扫掠的方法创建实体特征。

3）特征操作。对实体模型进行边倒圆、倒斜角、抽壳、螺纹、镜像、矩形阵列、圆形阵列、拔模、布尔运算等特征操作。如果布尔运算在创建特征阶段（如拉伸、旋转或扫掠等设计特征）不是初次进行，则布尔运算操作可根据实际情况与创建特征同时完成。

4）编辑特征。实体建模过程中或建模完成之后，可根据需要对实体特征进行特征参数、特征位置、移动特征、特征重排序、替换特征、抑制特征、取消抑制特征等方面的编辑。

以上过程在实体建模时，一般要反复多次。当实体模型比较复杂时，可能还需要结合采用曲面建模的方法，直到最终满足实体模型的要求为止。

3. 实体建模菜单工具条

UG NX 12 在操作界面上有很大的改进，各实体建模功能除了可通过如图 3-1 所示的"插入"菜单中的"设计特征""关联复制""组合""修剪""偏置/缩放"及"细节特征"等相关命令来实现外，还可以通过工具条上的图标来实现。实体建模操作命令主要通过"特征"工具条和"编辑特征"菜单来实现。

（1）"特征"工具条　"特征"工具条如图 3-2 所示。用于创建基本几何特征、常用特征、扫描特征、参考特征及用户自定义特征等。主要操作命令有布尔操作、基准操作、边倒圆、面倒圆、倒斜角、抽壳、缝合、修剪片体、分割面、偏置曲面、加厚、拔模、螺纹、提升体、阵列面、镜像特征及镜像几何体等。

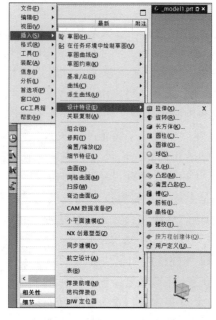

图 3-1　特征建模下拉菜单

图 3-2　"特征"工具条

齿轮、弹簧等都在标准的工具条内，如图 3-3 所示，直接按提示输入即可。

图 3-3　齿轮、弹簧等工具条

（2）"编辑特征"菜单　"编辑特征"菜单如图 3-4 所示。用于编辑特征参数、编辑位置、移动特征、特征重排序、替换特征、抑制特征、取消抑制特征、移除参数、编辑实体密度、更新模型及特征回放等。

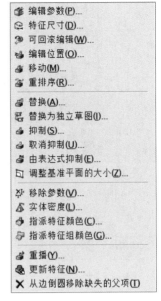

3.1.2　特征建模

特征建模用于建立基本体素和简单的实体模型，包括长方体、圆柱、圆锥、球等基本特征，还有管道、孔、圆形凸台、凸起、凸垫、键槽、割槽等常用特征。实际的实体造型都可以分解为这些简单的特征建模，因此特征建模部分是实体造型的基础。

1. 基本特征

（1）长方体　长方体是规则六面体，通过给定具体参数来创建。

选择"插入"→"设计特征"→"长方体"命令或单击"特征"工具条中的"长方体"图标，系统弹出如图 3-5 所示的"长方体"对话框。通过该对话框，选择一种长方体的创建类型，创建长方体。

图 3-4　"编辑特征"菜单

长方体创建类型有如下三种：

1）通过定义每条边的长度和顶点来创建长方体，如图 3-5 所示。

2）通过定义底面的两个对角点和高度来创建长方体，如图 3-6 所示。

图 3-5　"长方体"对话框
（定义原点和边长创建长方体）

图 3-6　定义底面两点及高度创建长方体

3）通过定义立体两个对角点来创建长方体，如图 3-7 所示。

根据设计参数选择合适的创建类型，输入长方体的边长及位置等参数信息，确定采用布尔操作的方法，完成长方体的创建，效果如图 3-8 所示。

在创建长方体时，对话框中"布尔"选项可根据具体情况选择，见表 3-1。

图 3-7 定义立体两个对角点创建长方体　　　　图 3-8 长方体创建

表 3-1　布尔操作方法及功能

图标	方法	功能
	无	创建与任何现有的实体无关的新长方体，若目前不存在任何实体，则其他选项均不可用
	合并	将新建的长方体与两个或多个目标体合并起来
	减去	从目标体上减去新建的长方体
	相交	创建包含长方体与目标体之间的共有体

（2）圆柱　"圆柱"功能主要是用来在指定位置创建不同直径和高度的圆柱。

选择"插入"→"设计特征"→"圆柱"命令或单击"特征"工具条中的"圆柱"图标，系统弹出"圆柱"对话框。在该对话框中，选择一种圆柱生成方式，创建圆柱。

圆柱创建类型有如下两种：

1）通过定义轴、直径和高度来创建圆柱。指定圆柱矢量方向及圆柱中心点，输入圆柱直径及高度，选择合适的布尔操作，如图 3-9 所示。确定后，完成圆柱的创建，效果如图 3-10 所示。

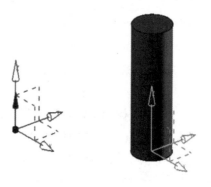

图 3-9　以轴、直径和高度方式创建圆柱　　　　图 3-10　以轴、直径和高度方式创建的圆柱

2）根据已有圆弧或圆，定义高度来创建圆柱。单击绘图区中已有的圆弧或圆，输入圆柱高度，选择合适的布尔操作，如图 3-11 所示。确定后，完成圆柱的创建，效果如图 3-12 所示。

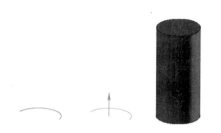

图 3-11　以圆弧和高度方式创建圆柱　　　　　图 3-12　以圆弧和高度方式创建的圆柱

（3）圆锥　"圆锥"功能主要是用来在指定位置创建各种不同直径和高度的圆锥及圆锥台。

选择"插入"→"设计特征"→"圆锥"命令或单击"特征"工具条中的"圆锥"图标，系统弹出"圆锥"对话框，进入圆锥建模操作。创建圆锥有如下五种方式：

1）用直径和高度方式创建圆锥台，如图 3-13 所示。

2）用直径和半角方式创建圆锥，如图 3-14 所示。

图 3-13　用直径和高度方式创建圆锥台　　　　　图 3-14　用直径和半角方式创建圆锥

3）用底部直径、高度和半角方式创建圆锥台，如图 3-15 所示。

4）用顶部直径、高度和半角方式创建圆锥台，如图 3-16 所示。

图 3-15　用底部直径、高度和半角方式创建圆锥台　　　图 3-16　用顶部直径、高度和半角方式创建圆锥台

5）用两个共轴的圆弧方式创建圆锥台，如图 3-17 所示。

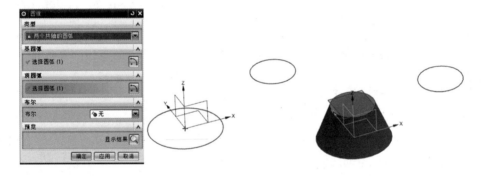

图 3-17　用两个共轴的圆弧方式创建圆锥台

创建圆锥及圆锥台时应注意以下几点：

① 半角的值只能为 0°~90°（不含 0°），-90°~0°（不含-90°）。

② 采用底部直径、高度及半角方式创建圆锥时，应防止顶部直径小于 0。

③ 采用顶部直径、高度及半角方式创建圆锥时，应防止底部直径小于 0。

④ 采用两个共轴的圆弧方式创建圆锥时，不需要两圆弧同轴，且底圆和顶圆之间沿方向矢量间的距离即为圆锥（锥台）的高度。

（4）球　通过指定方位、大小和位置创建球体。选择"插入"→"设计特征"→"球"命令或单击"特征"工具条中的"球"图标 ⚪，系统弹出如图 3-18 所示的"球"对话框，进入球建模操作。创建球有如下两种方式：

1）用中心点和直径方式创建球。在如图 3-18 所示的"球"对话框中，选择"中心点和直径"类型选项，输入球体的直径，指定球体的中心点或通过"点"对话框输入球心所在坐标，或者直接用光标在绘图区确认球心所在位置，完成球体创建。

2）用圆弧方式创建球。在如图 3-19 所示的"球"对话框中，选择"圆弧"类型选项，单击绘图区中已有的圆弧或圆，完成球体创建。

图 3-18　用中心点和直径方式创建球　　　　　图 3-19　用圆弧方式创建球

2. 拉伸特征

拉伸特征是将曲线、草图、实体边缘及面沿指定方向拉伸一段直线距离来创建实体的。

选择"插入"→"设计特征"→"拉伸"命令或单击"特征"工具条中的"拉伸"图标，系统弹出如图 3-20 所示的"拉伸"对话框，进入拉伸建模操作。

（1）选择曲线　选择已有的且要拉伸的截面曲线或单击图标，进入创建草图状态，绘制需要拉伸的草图。

（2）指定矢量方向　选择拉伸曲线后，系统会自动给定拉伸的矢量方向，也可根据需要单击"自动判断的矢量"图标右侧的下三角按钮，在打开的下拉菜单中确定一种矢量类型，如图 3-21 所示；或者单击"矢量对话框"图标，打开"矢量"对话框，如图 3-22 所示，重新构造所需要的矢量方向；单击图标，可改变矢量方向。

图 3-20　"拉伸"对话框　　　　　　图 3-21　选择矢量类型

图 3-22　"矢量"对话框

采用默认矢量方向的拉伸建模如图 3-23 所示，采用给定矢量方向的拉伸建模如图 3-24 所示。

图 3-23　采用默认矢量方向的拉伸建模　　　　图 3-24　采用给定矢量方向的拉伸建模

（3）确定拉伸距离　在"限制"选项组中，有 6 种定义拉伸开始和结束的形式，分别为：值、对称值、直至下一个、直至选定对象、直到被延伸及贯通，当选择"开始"和"结束"的类型为数值型时，需要输入开始和结束的值。此时，单击"确定"按钮，就可完成简单的拉伸建模。图 3-25 所示为通过曲线进行的简单拉伸建模，图 3-26 所示为通过草图进行的简单拉伸建模。

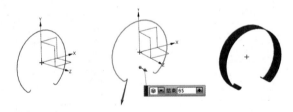

图 3-25　通过曲线进行的简单拉伸建模

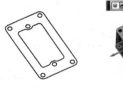

图 3-26　通过草图进行的简单拉伸建模

（4）布尔操作　布尔操作默认选项为"无"，当目前绘图区不存在任何实体时，其他选项均不可用。UG NX 12 没有直接的拉伸除（减）料命令，要通过布尔运算操作实现。图 3-27 所示为布尔求和拉伸建模，图 3-28 所示为布尔求差拉伸建模，图 3-29 所示为布尔求交拉伸建模。

图 3-27　布尔求和拉伸建模　　　　　　　　图 3-28　布尔求差拉伸建模

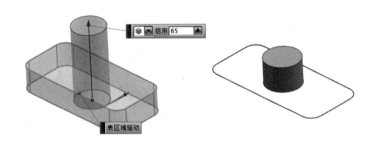

图 3-29　布尔求交拉伸建模

（5）拔模　应用拔模功能可以拉伸带角度的实体，UG NX 12 中的"拔模"选项默认为"无"。有 6 种定义拔模的形式，分别为：无、从起始限制、从截面、从截面—不对称角、从截面—对称角和从截面匹配的终止处，可根据需要选择合适的类型。图 3-30 所示为采用从截面开始的拔模形式的拉伸建模。

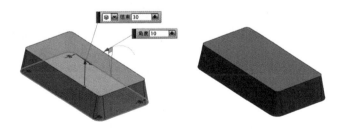

图 3-30　从截面开始的拔模形式的拉伸建模

（6）偏置　偏置功能允许用户添加偏置到拉伸特征，有"无偏置""单侧偏置""两侧偏置""对称偏置" 4 个选项，系统默认为"无偏置"。

图 3-31 所示为无偏置的拉伸建模，图 3-32 所示为单侧偏置的拉伸建模，图 3-33 所示为两侧偏置的拉伸建模，图 3-34 所示为对称偏置的拉伸建模。

图 3-31　无偏置的拉伸建模　　　　图 3-32　单侧偏置的拉伸建模

图 3-33　两侧偏置的拉伸建模　　　　图 3-34　对称偏置的拉伸建模

（7）体类型　体类型分为"实体"和"图纸页"两种，系统默认的体类型为"实体"。要获得实体，截面曲线必须为封闭轮廓截面。开放的轮廓截面会生成片体，但开放的轮廓截面带有偏置的拉伸建模还会生成实体。

图 3-35 所示为封闭的轮廓截面，在体类型默认为"实体"时，拉伸成实体，如图 3-36 所示；而体类型为"图纸页"时，拉伸成多个片体，如图 3-37 所示。

图 3-35　封闭的轮廓截面　　　图 3-36　拉伸成实体　　　图 3-37　拉伸成多个片体

3. 旋转特征

旋转特征是将曲线、草图、实体边缘及面绕指定轴旋转一个非零角度创建实体的。

选择"插入"→"设计特征"→"旋转"命令或单击"特征"工具条中的"旋转"图标，系统弹出如图 3-38 所示的"旋转"对话框，进入旋转建模操作。

（1）选择曲线　选择已有的且要旋转的截面曲线或单击图标，进入创建草图状态，绘制需要旋转的草图。

（2）指定旋转轴　单击"轴"选项组中的"指定矢量"，在绘图区单击旋转轴，也可根据需要单击"自动判断的矢量"图标右侧的下三角按钮，在打开的下拉菜单中确定

46

图 3-38 "旋转"对话框

一种矢量类型，或者单击"矢量对话框"图标![图标]，打开"矢量"对话框，重新构造所需要的矢量。

单击"指定点"，指定旋转轴的端点。若不指定端点，则采用系统默认方向。单击![图标]图标，可改变矢量方向。

指定直线为旋转轴的旋转建模如图 3-39 所示，指定基准轴为旋转轴的旋转建模如图 3-40所示。

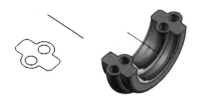

图 3-39 指定直线为旋转轴的旋转建模　　　　图 3-40 指定基准轴为旋转轴的旋转建模

（3）确定旋转角度　在"限制"选项组中，有"值"和"直至选定对象"两种定义旋转开始和结束角度的形式，当选择"开始"和"结束"的类型为数值型时，需要输入开始和结束的角度值。此时，单击"确定"按钮，就可完成简单的旋转建模。

当"开始"的角度值为"0°"和"结束"的角度值为"180°"时，得到的旋转建模分别如图 3-39、图 3-40 和图 3-41 所示。

当"开始"的角度值为"0°"和"结束"为"直至选定对象"时，得到的旋转建模如图 3-42 所示。

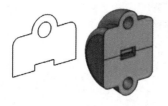

图 3-41 截面曲线中直线作为旋转轴的旋转建模　　图 3-42 "结束"为"直至选定对象"时的旋转建模

（4）布尔操作　布尔操作默认选项为"创建"，当目前绘图区不存在任何实体时，其他选项均不可用。UG NX 12 没有直接的旋转除（减）料命令，要通过布尔运算操作实现。图 3-43 所示为布尔求和旋转建模，图 3-44 所示为布尔求差旋转建模，图 3-45 所示为布尔求交旋转建模。

图 3-43 布尔求和旋转建模

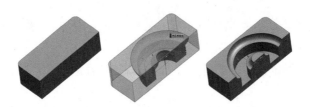

图 3-44 布尔求差旋转建模

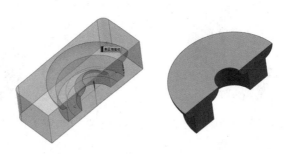

图 3-45 布尔求交旋转建模

（5）偏置　偏置功能允许用户添加偏置到旋转特征，有"无偏置"和"两侧偏置"两个选项，系统默认为"无偏置"。当截面是单一的开环或闭环时，可采用"两侧偏置"旋转建模。图 3-46 所示为无偏置旋转建模，图 3-47 所示为"开始"的角度值为"0°"和"结束"的角度值为"5°"的两侧偏置旋转建模。

图 3-46　无偏置旋转建模　　　　　图 3-47　两侧偏置旋转建模

（6）体类型　体类型分为"片体"和"实体"两种，系统默认的体类型为"实体"。要获得实体，截面曲线必须为封闭轮廓截面。开轮廓截面会生成片体，但开轮廓截面带有偏置的旋转建模还会生成实体。

体类型为"片体"时，旋转成多个片体，如图 3-48 所示。

4. 扫掠特征

沿引导线扫掠是将开放或封闭的边界草图、曲线、边缘或面，沿着一条或一系列曲线（路径）扫描来创建实体或片体。

选择"插入"→"扫掠"→"沿引导线扫掠"命令或单击"特征"工具条中的"沿引导线扫掠"图标，系统弹出如图 3-49 所示的"沿引导线扫掠"对话框，进入沿引导线扫掠建模操作。

49

图 3-48　旋转成多个片体　　　　　图 3-49　"沿引导线扫掠"对话框

（1）选择截面线　依次单击需要扫掠的截面线，即图 3-50 中的两个同心圆。

图 3-50　截面线和引导线

（2）选择引导线　拾取图 3-50 中的引导线，系统显示扫掠结果，单击"确定"按钮，

完成沿引导线扫掠，如图 3-51 所示。图 3-52 所示为引导线（路径）是封闭曲线的扫掠建模。

图 3-51　扫掠建模结果

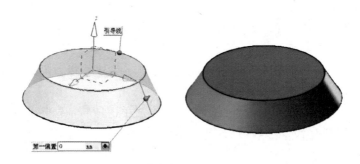

图 3-52　引导线（路径）是封闭曲线的扫掠建模

（3）扫掠偏置　偏置功能允许用户添加偏置到扫掠特征，在"沿引导线扫掠"对话框中，有"第一偏置"和"第二偏置"两个数值框，系统默认数值均为"0"，即无偏置。图 3-53 所示为无偏置的沿引导线扫掠建模，图 3-54 所示为"第一偏置"为"5"和"第二偏置"为"10"的双向偏置的沿引导线扫掠建模。

图 3-53　无偏置的沿引导线扫掠建模

图 3-54　双向偏置的沿引导线扫掠建模

（4）布尔运算　当目前绘图区已存在其他实体时，可根据实际需要选择无、求和、求差和求交布尔运算建模方式。

5. 其他特征

（1）管道　管道与沿引导线扫掠相似，管道特征就是将圆形横截面通过沿着一条或多条相切连续的曲线扫掠方式生成实体，当内径大于 0 时，生成管道。

选择"插入"→"扫掠"→"管"命令或单击"特征"工具条中的"管"图标，系统弹出如图 3-55 所示的"管"对话框，进入管道建模操作。

1）选择路径曲线。单击作为管道路径的曲线，该曲线必须是已经存在的。路径可以由多条曲线构成，但这些曲线必须是相切连续的曲线，以直线和圆弧为路径的管道建模如

图 3-56 所示。

图 3-55 "管"对话框   图 3-56 以直线和圆弧为路径的管道建模

2）输入管道横截面参数。在图 3-55 所示对话框的"横截面"选项组中，输入管道外径及内径的值。

3）布尔运算。布尔操作默认选项为"无"，当目前绘图区不存在其他实体时，其他选项均不可用。当目前绘图区存在其他实体时，根据实际需要选择创建、求和、求差或求交建模方式。

4）设置。"设置"选项组的"输出"有"多段"和"单段"两个选项，当路径为样条曲线时，如图 3-57 所示，可设为单段输出，即在整个样条路径长度上只有一个管道面，可创建精确的单段管道，如图 3-58 所示。

多段管道是用一系列圆柱和圆环面沿路径创建的管道表面，如图 3-59 所示。

图 3-57 以样条曲线为路径   图 3-58 单段输出管道建模   图 3-59 多段输出管道建模

（2）孔 孔特征就是在实体上创建深度值为正的孔。

孔特征的类型有：常规孔、钻形孔、螺钉间隙孔、螺纹孔及孔系列。

孔特征可以在非平面的面上创建孔；可以通过指定多个放置点，在单个特征中创建多个孔；可以使用草图生成器来指定孔特征的位置；也可以使用"捕捉点"和"选择意图"选项帮助选择现有的点或特征点；可以通过使用格式化的数据表为螺钉间隙孔、钻形孔和螺纹孔类型创建孔特征；根据孔特征的不同类型可选择将起始、结束或退刀槽倒斜角添加到孔特征上；还可以使用用户默认设置来定制孔特征的常规孔、钻形孔、螺钉间隙孔、螺纹孔和孔系列类型的参数。

选择"插入"→"设计特征"→"孔"命令或单击"特征"工具条中的"孔"图标 ，系统弹出如图 3-60 所示的"孔"对话框，进入孔建模操作。

常规孔的类型共有 4 种：简单孔（只有孔径、孔深和顶锥角）、沉头孔（有孔径、孔深、顶锥角及沉头孔直径和沉头孔深度）、埋头孔（有孔径、孔深、顶锥角及埋头孔直径和

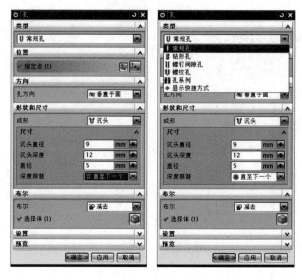

图 3-60 "孔"对话框

埋头孔角度）及已拔模孔（有孔径、孔深和拔模角）。简单孔如图 3-61 所示，沉头孔如图 3-62 所示，埋头孔如图 3-63 所示，已拔模孔如图 3-64 所示。

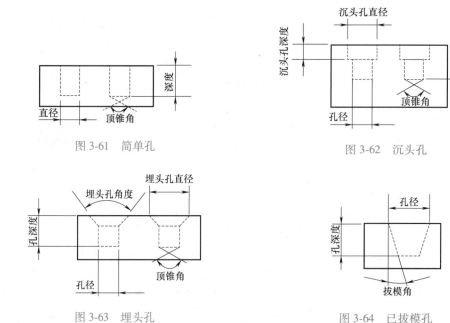

图 3-61 简单孔

图 3-62 沉头孔

图 3-63 埋头孔

图 3-64 已拔模孔

常规孔建模操作方法如下：

1）简单孔建模。在"孔"对话框中选"常规孔"类型，在"成形"下拉列表中选择"简单孔"，输入简单孔的"直径""深度"和"顶锥角"（默认 118°），其中"深度限制"选项有：值、直至选定对象、下一个以及贯通体，布尔求差，如图 3-65 所示。单击需要生成简单孔特征的实体表面，系统弹出孔定位点的对话框，拾取或输入孔定位点，也可通过捕捉方式确定孔定位点的位置，如图 3-66 所示，单击"确定"按钮后，完成孔的定位。单击完成草图，返回到"孔"对话框，单击"确定"或"应用"按钮后，完成如图 3-67 所示的带有深度和顶锥角的简单孔建模。

图 3-65　确定简单孔的参数

图 3-66　确定简单孔定位点

2）沉头孔建模。在"孔"对话框中选"常规孔"类型，在"成形"下拉列表中选择"沉头"，输入沉头孔的"沉头直径""沉头深度""直径""深度"和"顶锥角"（默认 118°），布尔求差，如图 3-68 所示。单击需要生成沉头孔特征的实体表面，系统弹出孔定位点的对话框，拾取或输入孔定位点，如图 3-69 所示，单击"确定"按钮后，完成孔的定位。单击完成草图，返回到"孔"对话框，单击"确定"或"应用"按钮后，完成如图 3-70 所示的沉头孔建模。

图 3-67　带有深度和顶锥角的简单孔建模

图 3-68　确定沉头孔的参数

图 3-69　确定沉头孔定位点

图 3-70　沉头孔建模

3）埋头孔建模。在"孔"对话框中选"常规孔"类型，在"成形"下拉列表中选择

"埋头孔"，输入埋头孔的参数，布尔求差。单击需要生成埋头孔特征的实体表面，拾取或输入孔定位点，单击"确定"按钮后，单击完成草图，返回到"孔"对话框，单击"确定"或"应用"按钮后，完成如图3-71所示的埋头孔建模。

4) 已拔模孔建模。在"孔"对话框中选"常规孔"类型，在"成形"下拉列表中选择"已拔模孔"，输入已拔模孔的参数，布尔求差。单击需要生成已拔模孔特征的实体表面，拾取或输入孔定位点，单击"确定"按钮后，单击完成草图，返回到"孔"对话框，单击"确定"或"应用"按钮后，完成如图3-72所示的已拔模孔建模。

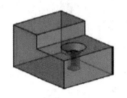

图 3-71　埋头孔建模

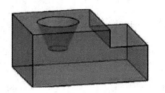

图 3-72　已拔模孔建模

3.1.3　特征操作

特征操作用于修改各种实体模型或特征，利用特征操作命令，可把简单的实体特征修改成复杂的、符合要求的模型。特征操作主要包括边特征操作、面特征操作、复制特征操作、修改特征操作及其他特征操作。

1. 边特征操作

边特征操作用于对实体模型的边缘进行倒斜角和边倒圆操作。

（1）倒斜角　选择"插入"→"细节特征"→"倒斜角"命令或单击"特征操作"工具条中的"倒斜角"图标，系统弹出"倒斜角"对话框，进入倒斜角操作。

1) 用对称偏置方式倒斜角。打开"倒斜角"对话框，依次选择要倒斜角的边，在"横截面"下拉列表中选择"对称"偏置方式，输入倒斜角的距离值，预览后单击"确定"按钮，如图3-73所示。

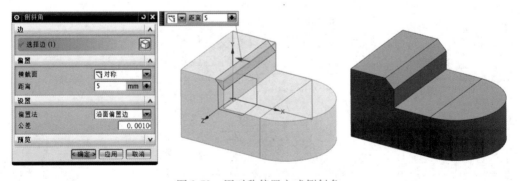

图 3-73　用对称偏置方式倒斜角

2) 用非对称偏置方式倒斜角。打开"倒斜角"对话框，依次选择要倒斜角的边，在"横截面"下拉列表中选择"非对称"偏置方式，输入斜角的两个方向的距离值。通过预览观察倒斜角的结果，可以通过图标改变倒斜角的方向，如图3-74所示。

图 3-74　用非对称偏置方式倒斜角

3）用偏置和角度方式倒斜角。打开"倒斜角"对话框，依次选择要倒斜角的边，在"横截面"下拉列表中选择"偏置和角度"方式，输入斜角距离和角度的值。通过预览观察倒斜角的结果，可以通过 ⊠ 图标改变倒斜角的方向，如图 3-75 所示。

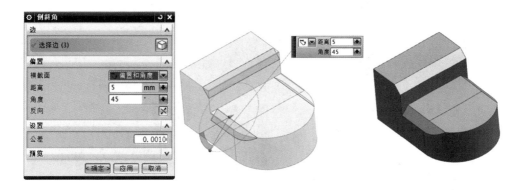

图 3-75　用偏置和角度方式倒斜角

（2）边倒圆　选择"插入"→"细节特征"→"边倒圆"命令或单击"特征操作"工具条中的"边倒圆"图标 ⬛，系统弹出"边倒圆"对话框，进入边倒圆操作。常用的边倒圆方法有恒定半径倒圆、变半径倒圆和指定长度倒圆三种。

1）恒定半径倒圆。打开"边倒圆"对话框，选择要倒圆的边，输入倒圆半径值，同一倒圆半径的边可依次选取，其他边线的不同半径倒圆可通过单击"添加新集"图标 ⬛，再选取新的边线，输入新的倒圆半径，预览后单击"确定"按钮，如图 3-76 所示，在两处边线分别进行 R2 和 R5 的倒圆。

2）变半径倒圆。打开"边倒圆"对话框，选择要倒圆的边，在"指定半径点"下拉列表中单击"自动判断的点"图标 ⚡，在需要变半径倒圆边线的一个端点上指定新的位置，输入第 1 个半径值，在另一个端点上指定新的位置，输入第 2 个半径值，预览后单击"确定"按钮，如图 3-77 所示。

3）指定长度倒圆。打开"边倒圆"对话框，选择要倒圆的边，在"拐角突然停止"选项组中，单击"选择端点"图标 ⬛，在"限制"下拉列表中选择"距离"，在需要倒圆边

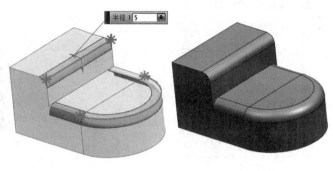

图 3-76　恒定半径倒圆

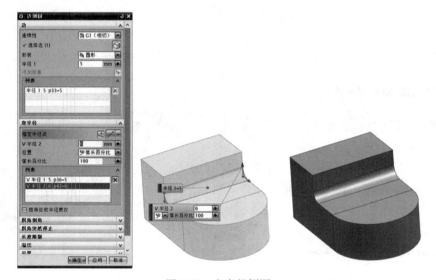

图 3-77　变半径倒圆

线的一个端点上单击，输入圆弧长的值（或%圆弧长），再次单击"选择端点"图标☑，单击需要倒圆边线的另一个端点，输入圆弧长的值（或%圆弧长），也可用光标拖动两端点的绿色方块，将其拖到需要的位置，预览后单击"确定"按钮，如图 3-78 所示。

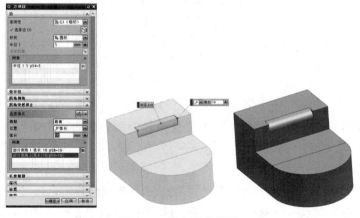

图 3-78　指定长度倒圆

2. 面特征操作

面特征操作是对实体模型表面特征进行处理的重要方法，主要有抽壳、面倒圆和软倒圆。

（1）抽壳　抽壳特征操作可把实体零件按指定的厚度变成壳体，是建立壳体零件的重要特征操作，通过抽壳操作可以建立等壁厚或不同壁厚的壳体。抽壳操作有"移除面，然后抽壳"和"对所有面抽壳"两种类型。

选择"插入"→"偏置/缩放"→"抽壳"命令或单击"特征操作"工具条中的"抽壳"图标，系统弹出如图 3-79 所示的"抽壳"（壳单元）对话框，进入抽壳操作。

1）移除面，然后抽壳。依次单击要移除的表面，输入壁厚值，如果各个壁厚不同，则在"备选厚度"选项组中指定，壳体壁厚的方向可以通过"反向"图标来改变。预览后单击"确定"按钮，完成抽壳操作。

图 3-80 所示为抽壳前的实体，图 3-81 所示为指定上表面为移除表面，图 3-82 所示为移除指定面抽壳后的实体，图 3-83 所示为移除多个表面的抽壳。

图 3-79　"抽壳"（壳单元）对话框

图 3-80　抽壳前的实体

图 3-81　指定上表面为移除表面

图 3-82　移除指定面抽壳后的实体

图 3-83　移除多个表面的抽壳

2）对所有面抽壳。采用"对所有面抽壳"时，可指定抽壳体的所有面而不移除任何面。单击要抽壳的实体，输入壳体的壁厚，预览后单击"确定"按钮，如图 3-84 所示。

（2）面倒圆　面倒圆可以创建复杂的圆角面，与两组输入面集相切，用选项来修剪并附着圆角面。

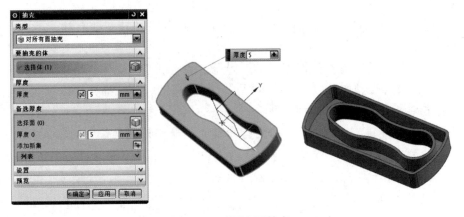

图 3-84　对所有面抽壳

选择 "插入" → "细节特征" → "面倒圆" 命令或单击 "特征操作" 工具条中的 "面倒圆" 图标，系统弹出如图 3-85 所示的 "面倒圆" 对话框，进入面倒圆操作。

对图 3-86 所示的实体进行面倒圆的操作步骤如下：

图 3-85　"面倒圆" 对话框

图 3-86　面倒圆前的实体

1）选择 "双面" 类型的面倒圆。

2）在需要面倒圆的实体表面上选择面 1、面 2。

3）在 "横截面" 选项组中，选择恒定半径为 3mm 的圆，预览后单击 "确定" 按钮，完成面倒圆操作，如图 3-87 所示。

由面倒圆的操作结果可见，系统会自动判断两面间的结构，生成随着实际结构变化的复杂倒圆。

3. 复制特征操作

复制特征操作是从已有的特征快速地建立特征引用，主要包括实例特征和镜像特征。

（1）实例特征

1）矩形阵列。选择 "插入" → "关联复制" → "阵列特征" 命令或单击 "特征操作" 工具条中的 "阵列特征" 图标，系统弹出如图 3-88 所示的 "阵列特征" 对话框，进入实例特征操作。

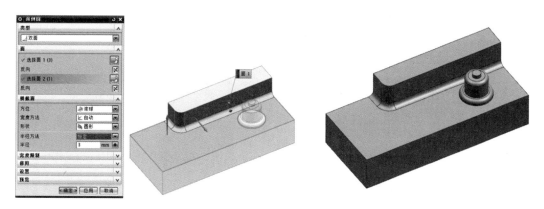

图 3-87 面倒圆操作

在弹出的"阵列特征"对话框中，特征选择"简单孔"，布局方式选择如图 3-89 所示。方向 1 选择 *X* 正向，"数量"和"节距"等参数的选择如图 3-90 所示。

图 3-88 "阵列特征"对话框

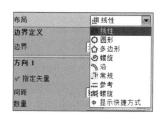

图 3-89 对零件形成图样布局

图 3-90 确认线性阵列的方向 1 参数

方向 2 选择 *Y* 正向，"数量"和"节距"等参数的选择如图 3-91 所示。

单击"确定"按钮，完成线性阵列操作，如图 3-92 所示。

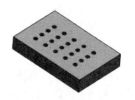

图 3-91　确认线性阵列的方向 2 参数　　　　图 3-92　完成线性阵列特征的创建

2）圆形阵列。选择"插入"→"关联复制"→"阵列特征"命令或单击"特征操作"工具条中的"阵列特征"图标，系统弹出如图 3-88 所示的"阵列特征"对话框，进入实例特征操作。

在"布局"下拉列表中，选择"圆形"选项，如图 3-93 所示。特征选择"简单孔"，如图 3-94 所示。

在"旋转轴"选项组中，"指定矢量"选择"ZC"，"指定点"输入圆形陈列的中心，如图 3-95 所示。

图 3-93　确认圆形阵列的特征　　　　　　图 3-94　输入要进行圆形阵列的特征

图 3-95　确认圆形阵列的旋转轴和指定点

在"角度方向"选项组中，输入数量和节距角，单击"确定"按钮，完成圆形阵列操作，如图 3-96 所示。

（2）镜像特征　镜像特征操作就是通过基准平面或平面，镜像对称模型中的指定特征，快速创建在一个实体内部的对称实体模型。

图 3-96　完成圆形阵列特征的操作

选择"插入"→"关联复制"→"镜像特征"命令或单击"特征操作"工具条中的"镜像特征"图标，系统弹出"镜像特征"对话框，进入镜像特征操作。

图 3-97 所示的实体是对称的实体模型，对其中的筋板特征进行镜像操作。其操作步骤如下：

1）单击筋板作为需要镜像的特征，如图 3-98 所示。

图 3-97　镜像前的实体

图 3-98　选择需要镜像的特征

2）选择"平面"下拉列表中的"现有平面"（也可采用新创建平面的方法指定镜像平面）为镜像平面，单击对称实体中的对称中心面或已有的基准面，单击"确定"按钮，完成镜像特征操作，如图 3-99 所示。

图 3-99　完成镜像特征的操作

4. 修改特征操作

修改特征操作主要用于特征建模过程中对实体模型进行修改，主要方法有修剪体和拆分体。

（1）修剪体　此选项可以使用一个实体表面或基准平面修剪一个或多个目标实体，选择要保留的体的一部分，被修剪的体具有修剪几何体的形状。

选择"插入"→"修剪"→"修剪体"命令或单击"特征操作"工具条中的"修剪体"图标，系统弹出"修剪体"对话框，进入修剪体操作。

图 3-100 所示为用椭圆曲面修剪短圆柱，选择短圆柱为目标体，选择刀具体为椭圆曲面，预览观察并调整方向，如图 3-101 所示。保留较大的月牙状实体，完成修剪体，如图 3-102 所示。

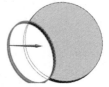

图 3-100　用椭圆曲面修剪短圆柱　　　　　　　　　图 3-101　调整修剪方向

（2）拆分体　拆分体功能与修剪体功能类似，也是使用面、基准平面或其他几何体分割一个或多个目标体，但它仍然保留拆分后的实体。

选择"插入"→"修剪"→"拆分体"命令或单击"特征操作"工具条中的"拆分体"图标，系统弹出如图 3-103 所示的"拆分体"对话框，进入拆分体操作。

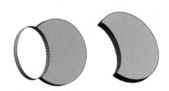

图 3-102　修剪后的月牙状实体　　　　　　　　　图 3-103　"拆分体"对话框

选择需要拆分的实体作为目标体，选择"面或平面"选项作为拆分刀具，单击已有的基准平面，如图 3-104 所示，单击"确定"按钮，完成拆分体操作。此时，目标实体已经被拆分为两个体，如图 3-105 所示。

图 3-104　选择拆分面或平面　　　　　　　　　图 3-105　拆分后的实体

5. 其他特征操作

（1）螺纹 "螺纹"选项能在具有圆柱面（内孔或外圆）的特征上创建符号螺纹或详细螺纹。

选择"插入"→"设计特征"→"螺纹"命令或单击"特征操作"工具条中的"螺纹"图标 ▋，系统弹出"螺纹"对话框，进入螺纹操作。

单击需要创建螺纹的孔或外圆表面，可以选择创建符号螺纹和详细螺纹，螺纹的参数会自动给出，可根据实际情况设置螺纹参数，确定后完成螺纹创建。图 3-106 所示为详细螺纹创建，图 3-107 所示为符号螺纹创建。

图 3-106 详细螺纹创建

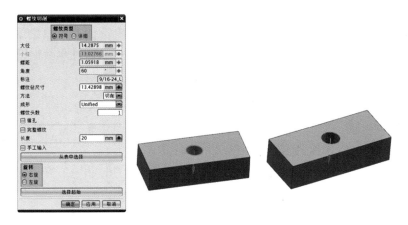

图 3-107 符号螺纹创建

（2）缩放体 "缩放体"命令可以对实体和片体进行缩放操作，根据不同的实体对象可选择"均匀""轴对称""不均匀"三种方法。

选择"插入"→"偏置/缩放"→"缩放体"命令或单击"特征操作"工具条中的"缩放体"图标 ▋，系统弹出"缩放体"对话框，进入缩放操作。

选择"不均匀"比例类型，单击要缩放的实体，输入"X 向""Y 向"和"Z 向"三个方向的比例因子分别为"0.5""0.5""2.0"，如图 3-108 所示。可见实体在 X 方向和 Y 方向缩小为原来的一半，在 Z 方向放大一倍。预览后单击"确定"按钮，完成缩放操作，结果如图 3-109 所示。

63

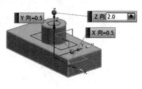

图 3-108　缩放体操作　　　　　　　　　　图 3-109　缩放后的实体

3.1.4　特征编辑

在完成特征创建后，可根据需要对特征进行编辑。特征编辑方法主要有编辑特征参数、编辑位置、特征重排序及抑制特征与取消抑制特征等，"编辑特征"菜单如图 3-4 所示。

1. 编辑特征参数

编辑特征参数就是修改已经存在的特征参数，其操作方法很多，最简单的方法就是双击要编辑参数的目标体，直接进行参数的修改。

选择"编辑"→"特征"→"编辑参数"命令或单击"编辑特征"菜单中的"编辑参数"图标，系统弹出"编辑参数"对话框，如图 3-110 所示，进入特征参数编辑操作。

图 3-110　"编辑参数"对话框

在比较复杂的模型中，其特征的类型较多，包括实体特征参数、引用特征参数、扫描特征参数和一些其他特征参数。

特征参数的编辑过程取决于所选特征的类型，大部分特征参数的编辑过程都是系统打开原特征建模对话框，重新输入参数进行编辑。有些特征参数编辑对话框可能只是其中的几个关键选项，根据设计需要和提示进行参数编辑即可。

2. 编辑位置

通过编辑特征的定位尺寸来移动特征，可以编辑特征的尺寸值、添加尺寸或删除尺寸。

选择"编辑"→"特征"→"编辑位置"命令或单击"编辑特征"菜单中的"编辑位置"图标，系统弹出"编辑位置"对话框，如图 3-111 所示，进入特征位置编辑操作。

用户可在绘图区中直接选取特征，也可在"编辑位置"对话框中的特征列表中选取需要编辑位置的特征，如图 3-112 所示。选择特征后，系统会根据特征的类型，弹出如图 3-113 所示的"编辑位置"或"定位"对话框，同时，所选特征的定位尺寸在绘图区高亮显示，用户可以利用添加尺寸、编辑尺寸值、删除尺寸及不同的定位方式来重新定位所选特征的位置。图 3-114 所示为选择"编辑尺寸值"时显示需要编辑的尺寸，图 3-115、图 3-116 所示分别为输入新的定位值以及完成特征位置编辑后的情况。

图 3-111　"编辑位置"对话框

图 3-112　选择重定位的特征

图 3-113　"编辑位置"或"定位"对话框

图 3-114　选择"编辑尺寸值"时显示需要编辑的尺寸

图 3-115　输入新的定位值

图 3-116　完成特征位置编辑后的情况

3.2　装配设计

3.2.1　装配功能概述

UG NX 12 的装配过程是在装配中建立部件之间的链接关系。它是通过产品的装配条件在部件间建立约束关系来确定部件在产品中的位置，形成产品的整体机构。在装配体中，部

件的几何体是被装配引用的，而不是复制到装配体中。因此，不管如何编辑部件以及在何处编辑部件，整个装配体与部件都保持关联性。如果某部件修改，则引用它的装配体将自动随之更新。

1. 装配概念

UG NX 12 进行装配是在装配环境下完成的。单击"开始"→"装配"命令，进入到装配环境，如图 3-117 所示。系统自动弹出"装配"工具条，如图 3-118 所示。

图 3-117　进入"装配"的位置

图 3-118　"装配"工具条

在开始进行装配时，必须合理地选取一个基础组件。基础组件应为整个装配模型中最为关键的部分。在装配过程中，各个添加组件以一定的约束关系和基础组件装配在一起。这样，各个组件和基础组件之间就形成了"父子关系"。这个基础组件将作为各个组件的装配父对象。

2. 装配方法

装配就是在零部件之间创建联系。装配部件与零部件的关系可以是引用，也可以是复制。因此，装配方式包括多零部件装配和虚拟装配两种。由于多零部件装配占用内存较大，运行速度慢，并且零部件更新时，装配文件不再自动更新，因此很少使用。而虚拟装配则正好相反，具有占用计算机内存小，运行速度快等优点，并且当零部件更新时，装配文件会自动更新。

UG NX 12 的装配方法主要包括自底向上装配设计、自顶向下装配设计，以及在自底向上和自顶向下的装配方式间来回切换的混合设计。

（1）自底向上装配设计　自底向上装配设计方法是首先创建装配体的零部件，然后把它们以组件的形式添加到装配文件中。这种装配设计方法是先创建最下层的子装配件，再把各子装配件或部件装配成更高级的装配部件，直到完成装配任务为止。因此，这种装配方法要求在进行装配设计前就已经完成零部件的设计。自底向上装配设计方法包括一个主要的装配操作过程，即添加组件。

如图 3-119 所示"添加组件"对话框，如果添加的文件已被加载，则直接选择文件；如果添加的文件没有被加载，则单击"打开"按钮选择文件。定位方式有四种，包括"绝对原点""选择原点""通过约束"和"移动"。

1）"绝对原点"方式是通过绝对坐标原点进行定位。

2）"选择原点"方式是选择点进行定位。

3）"通过约束"方式是使用装配约束定义装配中组件的位置。

4）"移动"方式是使用"移动"组件选项来移动装配中的组件，可以选择以动态方式移动组件（如使用拖动手柄），也可以创建约束来将组件移到位置上。

图 3-119　"添加组件"对话框

（2）自顶向下装配设计　自顶向下装配设计主要用于装配部件的上下文设计，上下文设计是指在装配中参照其他零部件对当前工作部件进行设计，即在装配部件的顶级向下产生子装配和零部件的装配方法。自顶向下装配设计包括两种设计方法。

1）在装配中创建几何模型，然后创建新组件，并且把几何模型加到新组件中，再进行装配约束。

2）首先在装配中建立一个新组件，它不包含任何几何对象，即"空"组件。然后，使其成为工作部件，再在其中建立几何模型。

3. 装配约束

在已有基础组件添加组件后，需要有一定的约束条件才能限定添加组件的位置。在 UG NX 12 中约束条件称为"装配约束"，选择"装配"→"组件"→"装配约束"命令或单击"装配"工具栏中的"装配约束"图标，可打开如图 3-120 所示的"装配约束"对话框，约束类型有"角度""中心""胶合""拟合""接触对齐""同心""距离""固定""平行"和"垂直"等。

（1）角度　该约束类型可在两个对象间定义角度尺寸，用于约束相配组件到正确的方位上。"角度"约束可以在两个具有方向矢量的对象间产生，角度是两个方向的夹角。这种约束允许关联不同类型的对象，如可以在面和边缘之间指定一个角度约束。

图 3-120　"装配约束"对话框

"角度"约束有两种类型："方向角度"和"3D角度"。"方向角度"约束需要一根转轴,两个对象的方向关系与其垂直,使用所选的旋转轴测量两个对象之间的角度约束。"3D角度"可在未定义旋转轴的情况下测量两个对象之间的角度约束。

(2) 中心 🔢 "中心"约束可使一对对象之间的一个或两个对象居中,或者使一对对象沿另一个对象居中。当选择"中心"约束时,要约束的几何体选项中的子类型选项有三种,分别是"1对2""2对1"和"2对2"。

1) 1对2:将相配组件中的1个对象中心定位到基础组件中的2个对象的对称中心上。

2) 2对1:将相配组件中的2个对象的对称中心定位到基础组件中的1个对象中心上。

3) 2对2:将相配组件中的2个对象与基础组件中的2个对象呈对称布置。

"中心"约束方式如图3-121所示。

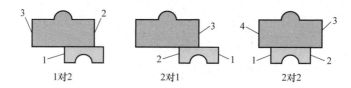

图3-121 "中心"约束方式

(3) 胶合 📷 "胶合"约束可将组件胶合(焊接)在一起,使其可以像刚体那样移动。

(4) 拟合 ═ "拟合"约束可将半径相等的两个圆柱面拟合在一起。此约束对确定孔中销或螺栓的位置很有用。如果以后两个圆柱面的半径变为不等,则该约束无效。

(5) 接触对齐 🔢 "接触对齐"约束可约束两个组件,使它们彼此接触或对齐,这是最常用的约束,如图3-122所示。

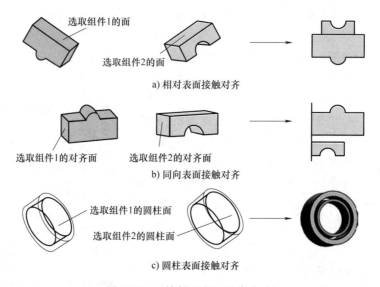

图3-122 "接触对齐"约束方式

(6) 同心 ◎ "同心"约束用于约束两个组件的圆形边界或椭圆边界,以使它们的中心重合,并使边界的面共面,如图3-123所示。如果选择接受公差曲线装配首选项,则也可选择接近圆形的对象。

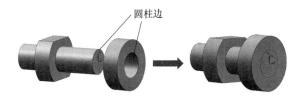

圆柱边

图 3-123 "同心"约束方式

（7）距离 该约束类型用于指定两个相关联对象间的最小三维距离，距离可以是正值也可以是负值，正负号用于确定相关联对象是在目标对象的哪一边。

（8）固定 "固定"约束可将组件固定在其当前位置。要确保组件停留在适当位置且根据其约束其他组件时，此约束很有用。

（9）平行 该约束类型用于约束两个对象的方向矢量彼此平行。

（10）垂直 该约束类型用于约束两个对象的方向矢量彼此垂直。

4. 装配导航器

装配导航器如图 3-124 所示，其列表框中罗列出了每一个组件，在某一组件上单击鼠标右键会显示如图 3-125 所示的快捷菜单，选择"设为工作部件"命令则可直接在装配中进行修改，选择"在窗口中打开"命令则可打开原部件进行修改，还可以选择"替换组件"等操作。

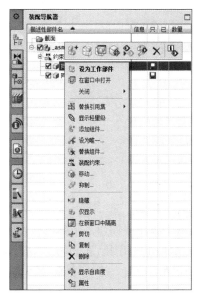

图 3-124 装配导航器　　　　图 3-125 "装配导航器"右键单击组件显示快捷菜单

5. 装配引用集

在装配中，由于各部件含有草图、基准平面及其他辅助图形数据，如果要显示装配中各部件和子装配的所有数据，一方面容易混淆图形，另一方面需要占用大量内存。因此，不利

69

于装配工作的进行。通过引用集可以减少这类混淆，提高机器的运行速度。

（1）引用集的概念　引用集是用户在零部件中定义的部分几何对象，它代表相应的零部件参与装配。引用集可包含下列数据：零部件名称、原点、方向、几何体、坐标系、基准轴、基准平面、属性等。引用集一旦产生，就可以单独装配到部件中。一个零部件可以拥有多个引用集。

（2）默认引用集　每个零部件有两个默认的引用集。

1）整个部件默认引用集。该默认引用集表示整个部件，即引用部件的全部几何数据。在添加部件到装配中时，如果不选择其他引用集，默认使用该引用集。

2）空默认引用集。该默认引用集为空的引用集。空的引用集是不含任何几何对象的引用集，当部件以空的引用集形式添加到装配中时，在装配中看不到该部件。

如果部件几何对象不需要在装配模型中显示，则可使用空的引用集，以提高显示速度。

（3）引用集操作　单击"格式"→"引用集"命令，系统将打开如图 3-126 所示的"引用集"对话框。

图 3-126　"引用集"对话框

应用"引用集"对话框中的选项，可进行引用集的建立、删除、查看指定引用集信息及编辑引用集属性等操作。下面对该对话框中的各个选项进行说明。

1）添加新的引用集。单击"添加新的引用集"图标，如果希望在创建新组件时自动将其添加到引用集，则在"设置"选项中选中"自动添加组件"复选按钮。如果不想使用默认名称，则在名称框中输入新的名称。可在图形窗口中选择（或取消选择）对象，直到选择了引用集中想要的所有对象。完成对引用集的定义之后，单击"关闭"按钮，关闭"引用集"对话框。

2）删除。该选项用于删除部件或子装配中已建立的引用集。在"引用集"对话框中选中需删除的引用集，单击"删除"图标即可将该引用集删去。

3）属性。在列表框中选中某一引用集，单击"属性"图标后，系统将打开"引用集属性"对话框，在该对话框中输入属性的名称和属性值，单击"确定"按钮即可完成该引用集属性的编辑，如图 3-127 所示。

4）信息。该选项用于查看当前零部件中已建引用集的有关信息。

在列表框中选中某一引用集后，该选项被激活，选择"信息"选项则直接弹出引用集信息窗口，列出当前工作部件中所有引用集的名称，如图 3-128 所示。

5）设为当前的。该选项用于将高亮显示的引用集设置为当前引用集。

图 3-127　"引用集属性"对话框

图 3-128　引用集信息窗口

3.2.2　装配操作

装配有自底向上的装配和自顶向下的装配两种方法。

1. 自底向上的装配

首先，需要将装配所需要的全部零部件建模完毕，才能开始自底向上的装配。下面以底座和 4 个定位销的装配为例，说明自底向上的装配过程。

1）创建装配文件。单击"装配"→"新建"命令，系统弹出如图 3-129 所示的"新建"对话框，在"新建"对话框中输入装配文件名称及保存的文件夹，单击"确定"按钮。

2）添加第一个组件。在弹出的如图 3-130 所示的"添加组件"对话框中，开始添加第一个组件底座，使用"绝对原点"的定位方式，单击要添加的组件"dizuo. prt"（或在指定路径下将其打开），单击"应用"按钮，此时，底座被添加到绘图区的坐标原点处，如图 3-131所示。

3）添加后续组件。在如图 3-132 所示的"添加组件"对话框中，选择定位方式为"通过约束"，并单击要添加的组件"dingweixiao. prt"（或在指定路径下将其打开）。此时，弹出将要添加的组件定位销（dingweixiao. prt）"组件预览"对话框，如图 3-133 所示。

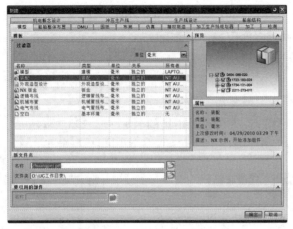

图 3-129 "新建"对话框

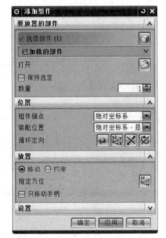

图 3-130 "添加组件"对话框（一）

图 3-131 底座

图 3-132 "添加组件"对话框（二）

图 3-133 定位销预览

4）装配约束。单击"添加组件"对话框中的"确定"或"应用"按钮后，弹出如图 3-134 所示的"装配约束"对话框，根据定位销和底座之间的配合关系，选择"接触对齐"约束方式进行约束。将定位销下部台阶的环形表面和底座上其中一个沉孔的环形表面进行接触对齐约束，如图 3-135 所示。继续按照"接触对齐"约束方式，对定位销和沉孔的中心线进行接触对齐约束，如图 3-136 所示。

图 3-134　"装配约束"对话框

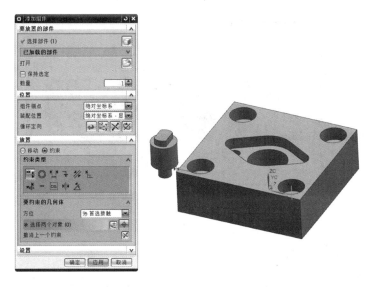

图 3-135　环形表面接触对齐约束

本装配中，只有底座和定位销两种组件。4 个相同的定位销装配一个即可，其余可用"阵列组件"方式完成。如果有多个组件，则可继续按照 3）和 4）步骤完成添加组件和约束。

5）创建定位销的阵列。"阵列组件"是一种快速生成组件的方法，同时带有对应的约束条件，阵列得到的组件与样板（底座）组件相关。

选择"装配"→"组件"→"阵列组件"命令或单击"装配"工具条中的"阵列组件"图标，系统弹出"阵列组件"对话框，将需要阵列的组件定位销选中，如图 3-137 所示。

图 3-136　定位销和沉孔中心线接触对齐约束

单击"确定"按钮，弹出如图 3-138 所示的"创建组件阵列"对话框，选择"从实例特征"阵列方式，单击"确定"按钮，完成定位销的阵列，最终完成全部装配的效果如图 3-139 所示。

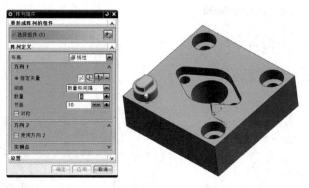

图 3-137　"阵列组件"对话框

图 3-138　"创建组件阵列"对话框

图 3-139　完成定位销阵列

2. 自顶向下的装配

下面采用在装配中创建几何模型及新组件的装配方法（以底座和 4 个定位销的装配过程为例）介绍自顶向下装配的具体操作过程。此种方法是先在装配环境中建立几何模型

（草图、曲线、实体等），然后建立新组件，并且把几何模型加入到新建组件中，再进行装配约束。

1）在装配环境下创建底座模型。单击"开始"→"装配"命令，进入到装配环境，在装配环境下创建底座模型"dizuo. prt"，如图 3-140 所示。

图 3-140　在装配环境下创建的底座模型

2）新建组件。单击"装配"→"新建组件"命令，系统弹出如图 3-141 所示的"新组件文件"对话框，设置文件名及保存的文件夹，单击"确定"按钮。系统弹出如图 3-142 所示的"新建组件"对话框，将底座模型选中作为新建组件的对象，单击"确定"按钮，完成"新建组件"创建。

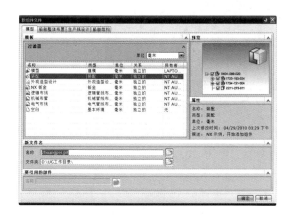

图 3-141　"新组件文件"对话框

图 3-142　"新建组件"对话框

3）在装配环境下创建定位销模型。与步骤 1）相同，在原点处创建定位销模型，如图 3-143 所示。

4）继续新建组件。与步骤 2）相同，单击"装配"→"新建组件"命令，在弹出的"新组件文件"对话框中设置文件名及保存的文件夹。单击"确定"按钮后，在弹出的"新建组件"对话框中将定位销模型选中作为新建组件的对象，单击"确定"按钮，完成"新建组件"创建。

5）装配约束。单击"装配"→"组件"→"装配约束"命令，系统弹出"装配约束"对话框，根据定位销和底座之间的配合关系，选择"接触对齐"约束方式进行约束。分别将定位销下部台阶的环形表面和底座上其中一个沉孔的环形表面、定位销和沉孔的中心线进行接触对齐约束，单击"确定"按钮完成装配约束，如图 3-144 所示。

图 3-143 创建定位销模型

图 3-144 "装配约束"对话框

6）创建定位销的阵列。选择"装配"→"组件"→"阵列组件"命令，系统弹出"阵列组件"对话框，将需要阵列的组件定位销选中，如图 3-145 所示。单击"确定"按钮，弹出如图 3-146 所示的"创建组件阵列"对话框，选择"从实例特征"阵列方式，单击"确定"按钮，完成带有约束条件的定位销的阵列，最终完成全部装配的效果如图 3-147 所示。

图 3-145 "阵列组件"对话框

图 3-146 "创建组件阵列"对话框

图 3-147 完成定位销阵列

3.2.3 装配爆炸图

完成装配操作后，用户可以创建爆炸视图来表达装配部件内部各组件之间的相互关系。爆炸视图是把零部件或子装配部件模型从装配好的状态和位置拆开成特定的状态与位置的视图，如图 3-148 所示。

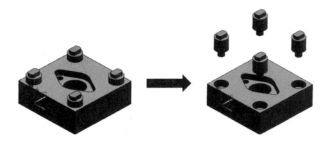

图 3-148　爆炸视图

1. 自动爆炸图

自动爆炸图的操作方法如下：

1）创建爆炸图。单击如图 3-149 所示的"爆炸图"工具条中的"新建爆炸"图标 ，或者选择"装配"→"爆炸图"→"新建爆炸"命令，系统弹出"新建爆炸"对话框，如图 3-150 所示，输入爆炸图的名称或默认，单击"确定"按钮。

图 3-149　"爆炸图"工具条

图 3-150　"新建爆炸"对话框

2）自动爆炸。选择"装配"→"爆炸图"→"自动爆炸组件"命令或单击"爆炸图"工具条中的"自动爆炸组件"图标 ，系统弹出如图 3-151 所示的"类选择"对话框，选中 4 个定位销，单击"确定"按钮，弹出如图 3-152 所示的"自动爆炸组件"对话框，输入爆炸距离后，单击"确定"按钮，完成自动爆炸后的爆炸视图。

图 3-151　"类选择"对话框

图 3-152　"自动爆炸组件"对话框

2. 编辑爆炸图

爆炸图生成后，可对爆炸图进行进一步的编辑，具体操作如下：

单击"装配"→"爆炸图"→"编辑爆炸"命令或单击"爆炸图"工具条中的"编辑爆炸"图标，打开"编辑爆炸"对话框。首先，单击"选择对象"单选按钮，选择需要编辑爆炸位置的4个定位销。然后，单击"移动对象"单选按钮，将定位销移到合适的位置，单击"确定"或"应用"按钮，完成如图3-153所示的爆炸图编辑。

图3-153　编辑爆炸图操作

3. 爆炸图的其他操作

（1）创建追踪线　爆炸图生成后，可对爆炸组件创建爆炸追踪线，具体操作如下：

单击"装配"→"爆炸图"→"追踪线"命令或单击"爆炸图"工具条中的"追踪线"图标，打开"追踪线"对话框，如图3-154a所示。选择追踪线的开始点和结束点，注意追踪线的方向要正确，单击"应用"按钮。对所有需要创建追踪线的组件依次完成创建后，得到如图3-154b所示的带有追踪线的爆炸图。

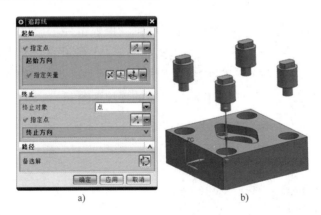

a)　　　　　　b)

图3-154　创建爆炸追踪线

（2）取消爆炸组件　爆炸图生成后，可根据需要对爆炸图进行取消爆炸组件操作。单击"装配"→"爆炸图"→"取消爆炸组件"命令或单击"爆炸图"工具条中的"取消爆炸组件"图标，系统弹出"类选择"对话框。依次选择需要取消爆炸的组件，单击"确定"按钮，爆炸组件被取消，如图3-155所示。

（3）删除爆炸图　选择"装配"→"爆炸图"→"删除爆炸"命令或单击"爆炸图"工具条中的"删除爆炸"图标，系统弹出如图3-156所示的"爆炸图"对话框，在对话框中选择需要删除的爆炸图名称，单击"确定"按钮，该爆炸图被删除。

78

图 3-155　取消爆炸组件　　　　　图 3-156　"爆炸图"对话框

3.3　实体建模实例

本节将以轴零件实体建模为例，介绍 UG NX 12.0 的基本功能及操作过程，通过该操作，加深对本章内容的理解。图 3-157 是一根轴的二维工程图。该轴建模步骤见表 3-2。

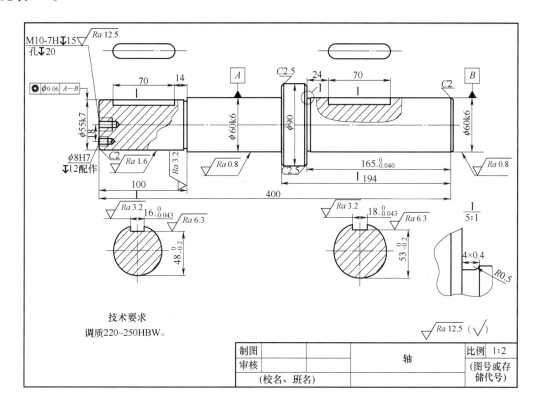

图 3-157　轴零件图

表 3-2 轴建模步骤

步骤	说明	模型	步骤	说明	模型
1	创建草图		4	创建 U 形槽	
2	创建回转体		5	创建倒角	
3	创建螺纹孔和常规孔		6	创建键槽	

1. 创建草图

单击"主页"选项卡中的"新建"按钮，系统弹出"新建"对话框，在"新建"对话框的"模型"列表框中选择模板类型为默认的"模型"，单位为默认的"毫米"，在"新文件名"文本框中选择默认的文件名称"_model1.prt"，指定文件夹路径"C:\"，单击"确定"按钮。

单击"主页"→"直接草图"→"草图"按钮，系统弹出"创建草图"对话框，选择如图 3-158 中①所示的坐标平面 XZ 作为绘制草图的平面，单击"确定"按钮，如图 3-158 中②所示，进入草图绘制界面。单击"主页"→"直接草图"→"轮廓"按钮，进行草图绘制，在"边框条"中单击"菜单"→"插入"→"草图约束"→"尺寸"→"快速尺寸"按钮，根据给出的图样进行尺寸标注，结果如图 3-158 中③所示。单击"主页"选项卡中的"完成"按钮或者按<Ctrl+Q>组合键退出草图环境。

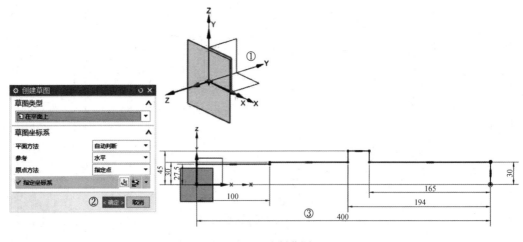

图 3-158 绘制草图

2. 创建回转体

单击"主页"→"特征"→"旋转"按钮 🛢，系统弹出"旋转"对话框，选取草图作为截面线，如图 3-159 中①所示。单击"矢量对话框"按钮 ⬙，从弹出的"矢量"对话框中选择"XC轴"，如图 3-159 中②所示。单击"点对话框"按钮 ⬙，在弹出的"点"对话框中设置坐标参数（默认绝对坐标），单击"确定"按钮，如图 3-159 中③~⑤所示。在"限制"选项组中，设置"开始"下的"角度"为 0°，"结束"下的"角度"为 360°，如图 3-159 中⑥所示。其他采用默认设置，单击"确定"按钮生成回转体，如图 3-159 中⑦、⑧所示。

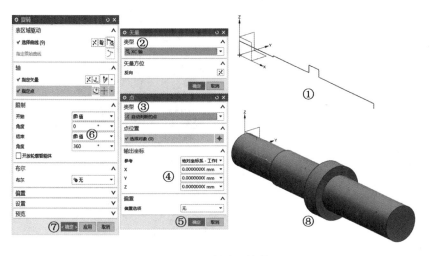

图 3-159　创建回转体

单击"主页"→"直接草图"→"草图"按钮时，系统弹出"创建草图"对话框，选择如图 3-160 中①所示的回转体端面作为"要定义平面的对象"创建基准平面，单击"确定"按钮，如图 3-160 中②所示，进入草图绘制界面。单击"主页"→"特征"→"点"按钮 ✚，系统弹出"点"对话框，根据给出的图样确定点的位置关系，然后在"输出坐标"选项组中输入点的坐标参数，进行点 1、点 2 的创建，如图 3-160 中③~⑤所示。单击"主页"选项卡中的"完成"按钮 🏁 或者按<Ctrl+O>组合键退出草图环境。

3. 创建螺纹孔

单击"主页"→"特征"→"孔"按钮，系统弹出"孔"对话框，在"类型"下拉列表中选择"螺纹孔"，如图 3-161 中①所示。指定点的位置为点 1，"孔方向"为"垂直于面"，在"形状和尺寸"选项组中，根据图样确认螺纹尺寸为"M10×1.5"，螺纹深度为 15mm，孔的深度为 20mm，深度直至圆柱底，其他选项为默认设置，单击"确定"按钮，如图 3-161 中②~⑧所示，创建的 M10 螺纹孔如图 3-161 中⑨所示。

4. 创建常规孔

单击"主页"→"特征"→"孔"按钮，系统弹出"孔"对话框，在"类型"下拉列表中选择"常规孔"，如图 3-162 中①所示。指定点的位置为点 2，"孔方向"为"垂直于面"，在"形状和尺寸"选项组中，根据图样确认"简单孔"尺寸直径为 8mm，孔的深度为 12mm，深度直至圆柱底，其他选项为默认设置，如图 3-162 中②~⑧所示，创建的 φ8mm 常规孔如图 3-162 中⑨所示。

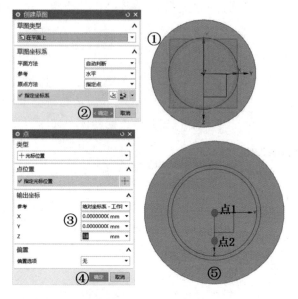

图 3-160　创建点 1 和点 2

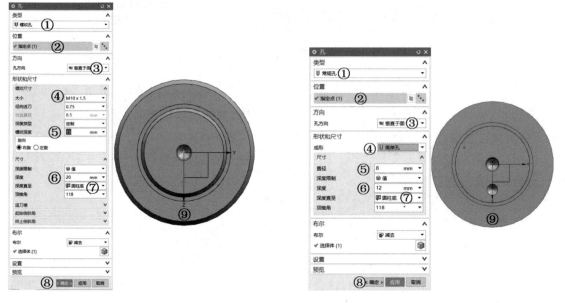

图 3-161　创建螺纹孔　　　　　　　　　　图 3-162　创建常规孔

5. 创建 U 形槽

　　单击"主页"→"特征"→"更多"下拉列表→"设计特征"→"槽"按钮，系统弹出"槽"对话框，要求选择创建沟槽的类型，单击"U 形槽"按钮，如图 3-163 中①所示。系统弹出"U 形槽"对话框，要求选择放置面，选择如图 3-163 中②所示的面作为槽放置面，并按要求输入沟槽参数，输入"槽直径"为 54.2mm，"宽度"为 4mm，"角半径"为

0.5mm，单击"确定"按钮，如图 3-163 中③、④所示。系统弹出"定位槽"对话框，选择如图 3-163 中⑤所示的边作为目标边，再选择如图 3-163 中⑥所示的边作为工具边。系统弹出"创建表达式"对话框，输入距离值"p175"为 0，单击"确定"按钮，如图 3-163 中⑦、⑧所示。结果如图 3-163 中⑨所示。单击"U 形槽"对话框中的"取消"按钮。

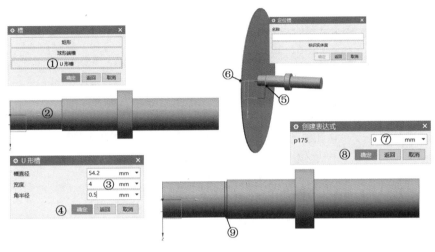

图 3-163　创建 U 形槽 I

单击"主页"→"特征"→"更多"下拉列表→"设计特征"→"槽"按钮，系统弹出"槽"对话框，要求选择创建沟槽的类型，单击"U 形槽"按钮，如图 3-164 中①所示。系统弹出"U 形槽"对话框，要求选择放置面，选择如图 3-164 中②所示的面作为槽放置面，并按要求输入沟槽参数，输入"槽直径"为 54.2mm，"宽度"为 4mm，"角半径"为 0.5mm，单击"确定"按钮，如图 3-164 中③、④所示。系统弹出"定位槽"对话框，选择如图 3-164 中⑤所示的边作为目标边，再选择如图 3-164 中⑥所示的边作为工具边。系统弹出"创建表达式"对话框，输入距离值"p179"为 0，单击"确定"按钮，如图 3-164 中⑦、⑧所示。结果如图 3-164 中⑨所示。单击"U 形槽"对话框中的"取消"按钮。

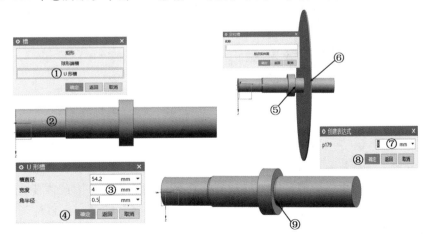

图 3-164　创建 U 形槽 II

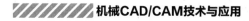
6. 创建倒角

单击"主页"→"特征"→"倒斜角"按钮![icon]，系统弹出"倒斜角"对话框。在"边"选项组中单击"选择边"，选择如图3-165中①所示的两条圆弧边。在"偏置"选项组中选择"横截面"为"对称"，输入"距离"为2mm，单击"确定"按钮，如图3-165中②~④所示。结果如图3-165中⑤所示。

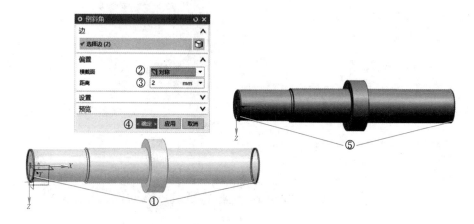

图3-165　创建斜倒角 I

单击"主页"→"特征"→"倒斜角"按钮![icon]，系统弹出"倒斜角"对话框。在"边"选项组中单击"选择边"，选择如图3-166中①所示的圆弧边。在"偏置"选项组中选择"横截面"为"对称"，输入"距离"为2.5mm，单击"确定"按钮，如图3-166中②~④所示。结果如图3-166中⑤所示。

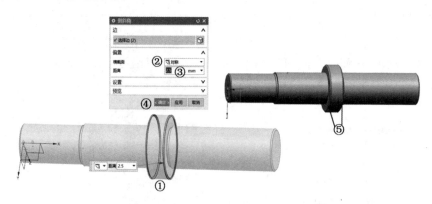

图3-166　创建斜倒角 II

7. 创建键槽

（1）创建矩形键槽 I　键槽特征不能放置在旋转体的表面上，因此需要先创建一个与轴体表面相切的平面。单击"主页"→"特征"→"基准平面"按钮![icon]，系统弹出"基准平面"对话框，在"类型"下拉列表中选择"XC-YC平面"，如图3-167中①、②所示。输入"距离"为27.5mm，如图3-167中③所示。从预览中可以看到基准平面方向的箭头，如果需要修改方向，则单击"反向"按钮![反向]来改变方向，单击"确定"按钮，如图 3-167 中④、⑤所示。完成的结果如图 3-167 中⑥所示。

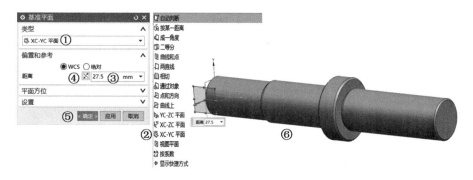

图 3-167　创建基准平面 I

在"边框条"中单击"菜单"→"插入"→"设计特征"→"键槽"按钮![键槽]，系统弹出"槽"对话框，要求选择创建键槽类型，选择"矩形槽"，单击"确定"按钮，如图 3-168 中①、②所示。系统弹出"矩形槽"对话框，要求选择键槽放置平面，单击"基准平面"按钮，弹出"选择对象"对话框，在特征树或者"工作区"选择"基准平面I"，如图 3-168 中③、④所示。系统弹出对话框要求确认键槽在放置面上的方向，如图 3-168 中⑤所示的箭头朝向实体轴，如果箭头方向符合设计要求，则单击"接受默认边"按钮；如果显示的箭头方向与设计要求相反，则单击"翻转默认侧"按钮，如图 3-168 中⑥所示。

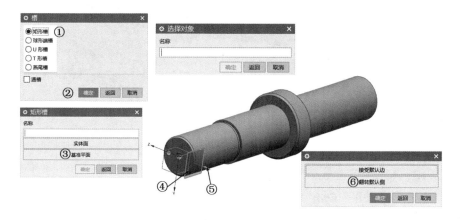

图 3-168　选择矩形键槽 I 的放置面

系统弹出对话框要求选择键槽旋转位置的参考，有水平参考和竖直参考两种选择，根据放置面和键槽的位置，选择"竖直参考"，如图 3-169 中①所示。"竖直参考"按钮是个开关，单击一次是"竖直参考"，再单击一次变成"水平参考"。选择如图 3-169 中②所示端面作为竖直参考，选择竖直参考后系统显示出键槽长度方向的箭头，如图 3-169 中③所示。系统弹出"矩形槽"对话框，按要求输入键槽参数，输入"长度"为 70mm，"宽度"为 16mm，"深度"为 6mm，单击"确定"按钮，如图 3-169 中④、⑤所示。

系统弹出"定位"对话框，单击"水平"按钮，如图 3-170 中①所示。按照设计要求选择水平定位对象，选择如图 3-170 中②所示的边为水平定位对象，系统弹出"设置圆弧的

图 3-169　输入矩形键槽Ⅰ参数

位置"对话框,单击"圆弧中心"按钮,如图 3-170 中③所示。系统弹出对话框要求选择键槽工具边,选择如图 3-170 中④所示的键槽短边,系统弹出"创建表达式"对话框,输入"p185"为49mm,如图 3-170 中⑤所示。最后单击"确定"按钮完成键槽创建,如图 3-170 中⑥、⑦所示。

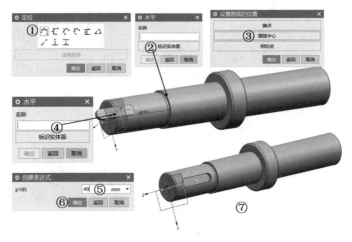

图 3-170　创建矩形键槽Ⅰ

(2) 创建矩形键槽Ⅱ　单击"主页"→"特征"→"基准平面"按钮□,系统弹出"基准平面"对话框,在"类型"下拉列表中选择"相切",如图 3-171 中①、②所示。在"参考几何体"选项组中选择φ60mm 轴体的外表面,单击"确定"按钮,如图 3-171 中③~⑤所示。创建完成的基准平面Ⅱ如图 3-171 中⑥所示。

在"边框条"中单击"菜单"→"插入"→"设计特征"→"键槽"按钮□,系统弹出"槽"对话框,要求选择创建键槽类型,选择"矩形槽",单击"确定"按钮,如图 3-172 中①、②所示。系统弹出"矩形槽"对话框,要求选择键槽放置平面,单击"基准平面"按钮,弹出"选择对象"对话框,在特征树或者"工作区"选择"基准平面Ⅱ",如图 3-172 中③、④所示。系统弹出对话框要求确认键槽在放置面上的方向,如图 3-172 中⑤所示的箭头朝向实体轴,如果箭头方向符合设计要求,则单击"接受默认边"按钮,如图 3-172 中⑥所示;如果显示的箭头方向与设计要求相反,则单击"翻转默认侧"按钮。

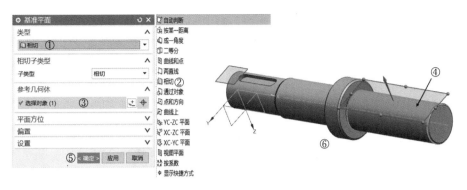

图 3-171　创建基准平面Ⅱ

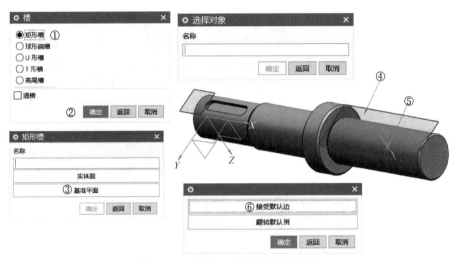

图 3-172　选择矩形键槽Ⅱ的放置面

系统弹出对话框要求选择键槽旋转位置的参考，有水平参考和竖直参考两种选择，根据放置面和键槽的位置，选择"竖直参考"，如图 3-173 中①所示。选择如图 3-173 中②所示端面作为竖直参考，选择竖直参考后系统显示出键槽长度方向的箭头，如图 3-173 中③所示。系统弹出"矩形槽"对话框，按要求输入键槽参数，输入"长度"为70mm，"宽度"为18mm，"深度"为7mm，单击"确定"按钮，如图 3-173 中④、⑤所示。

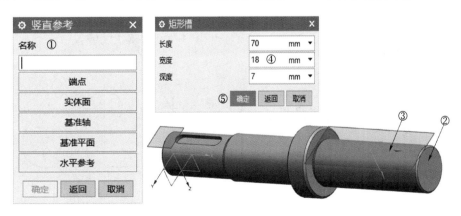

图 3-173　输入矩形键槽Ⅱ参数

系统弹出"定位"对话框，单击"水平"按钮，如图 3-174 中①所示。按照设计要求选择水平定位对象，选择如图 3-174 中②所示的边为水平定位对象，系统弹出"设置圆弧的位置"对话框，单击"圆弧中心"按钮，如图 3-174 中③所示。系统弹出对话框要求选择键槽工具边，选择如图 3-174 中④所示的键槽短边，系统弹出"创建表达式"对话框，输入"p189"为 59mm，如图 3-174 中⑤所示。最后单击"确定"按钮完成键槽创建，如图 3-174 中⑥、⑦所示。

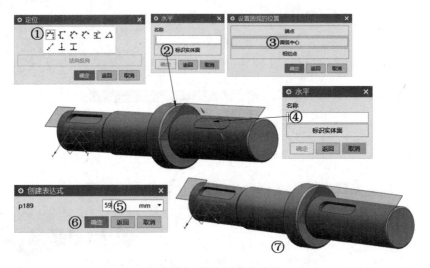

图 3-174　创建矩形键槽Ⅱ

习　　题

1. 简述实体建模的基本过程。
2. 特征建模有哪些类型？
3. 分析创建长方体的三种方法。
4. 简述不同装配约束方式所达到的装配效果。
5. 绘制图 3-175～图 3-177 所示几何图形的草图。

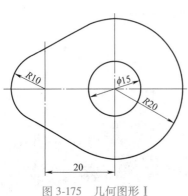

图 3-175　几何图形Ⅰ

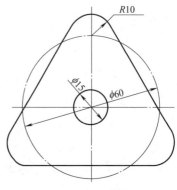

图 3-176　几何图形Ⅱ

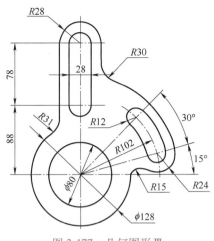

图 3-177 几何图形 Ⅲ

6. 对图 3-178 和图 3-179 所示图形进行实体建模。

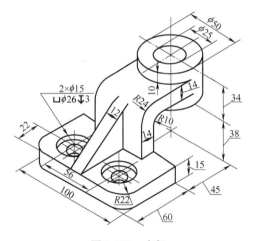

图 3-178 支架

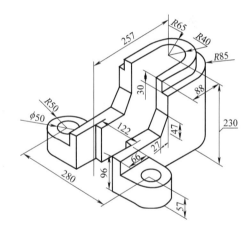

图 3-179 底座

计算机辅助工程（CAE）

4.1 CAE 基础知识

4.1.1 CAE 及其相关概念

计算机辅助工程（CAE）是用计算机辅助求解复杂工程和产品结构强度、刚度、屈曲稳定性、动力响应、热传导、三维多体接触、弹塑性等力学性能，以及结构优化设计等问题的一种近似数值分析方法。从广义上说，计算机辅助工程包括很多，从字面上讲，它可以包括工程和制造业信息化的所有方面，但是传统的 CAE 主要指用计算机对工程和产品进行性能与安全可靠性分析，对其未来的工作状态和运行行为进行模拟，及时发现设计缺陷，并验证未来工程、产品功能和性能的可用性和可靠性。制造工程协会（Society of Manufacturing Engineering，SME）将计算机辅助工程（CAE）作为计算机集成制造系统（CIMS）的技术构成，给出了如下定义：对设计做分析和运行仿真，以确定它对设计规则的遵循程度和性能特征。

CAE 分析技术是建立在计算数学、计算力学、工程学科、数字仿真技术、计算机图形学、工程数据管理等多个学科基础之上的多学科综合技术，并以成熟的 CAE 软件来实现对科学和工程问题的求解和分析。因此，CAE 软件是一种综合多学科的知识密集型的信息产品，CAE 软件可以分为两类：针对特定类型的工程或产品所开发的用于产品性能分析、预测和优化的软件，称之为专用 CAE 软件；可以对多种类型的工程和产品的物理、力学性能进行分析、模拟、预测、评价和优化，以实现产品技术创新的软件，称之为通用 CAE 软件。CAE 软件的主体是有限元分析（Finite Element Analysis，FEA）软件。

有限元分析是非常成熟且应用非常广泛的 CAE 分析技术。有限元方法的基本思想是将结构离散化，用有限个容易分析的单元来表示复杂的对象，单元之间通过有限个节点相互连接，然后根据变形协调条件综合求解。由于单元的数目是有限的，节点的数目也是有限的，所以称为有限元法。这种方法灵活性很大，只要改变单元的数目，就可以使解的精确度改

变，得到与真实情况无限接近的解。

CAE 从 20 世纪 60 年代初在工程上开始应用到今天，已经历了近 60 年的发展，其理论和算法都经历了从蓬勃发展到日趋成熟的过程，现已成为工程和产品结构分析中（如航空、航天、机械、土木结构等领域）必不可少的数值计算工具，同时也是分析连续力学各类问题的一种重要手段。CAE 技术的应用使得许多过去受条件限制无法分析计算的复杂问题，通过计算机数值模拟得到了满意的解答。同时，计算辅助分析使大量繁杂的工程分析问题简单化，使复杂的过程层次化，节省了大量的时间，避免了低水平重复的工作，使工程分析更快、更准确。总之，CAE 在产品的设计、分析、新产品的开发等方面发挥了重要作用，同时 CAE 技术的发展又推动了许多相关的基础学科和应用科学的进步。

CAE 技术在机械领域中的应用主要体现在以下几方面：①运用有限元和模态分析等方法对机械产品的结构进行强度分析、振动分析和热分析，并运用结构强度与寿命评估的理论、方法和规范，对结构的安全性、可靠性及使用寿命做出评价与估计；②运用过程优化设计方法在满足设计、工艺等约束条件下，对产品结构形状和参数、工艺参数进行优化设计，以使产品结构性能及工艺过程达到最优；③运用多体动力学的理论和虚拟样机技术对整机或机构进行运动/动力学仿真，给出运动轨迹、速度、加速度以及动反力的数值，通过对比可获得最优的设计方案，方便修改设计的缺陷。

通常应用 CAE 软件对工程或产品进行性能分析和模拟时，一般要经历前置处理、计算分析和后置处理三个主要阶段。其中，前置处理主要是建立实体模型或参数化模型，进行网格划分等，建立用于计算分析的数值模型，确定模型的边界条件和初始条件等；计算分析是对建立的数值模型进行求解，经常需要求解大型的线性方程组。该过程是 CAE 分析中计算量最大，对硬件性能要求最高的部分；后置处理则以图、表、曲线等方式对所得的计算结果进行检查和处理。

4.1.2　CAE 的发展历史及发展趋势

1. CAE 的发展历史

CAE 的理论基础起源于 20 世纪 40 年代。1943 年，数学家 R. Courant 第一次尝试用定义在三角形区域上的分片连续函数和最小势能原理来求解圣维南（St. Venant）扭转问题。1956 年，M. J. Turner 和 R. W. Clough 等采用矩阵法对飞机结构进行了受力和变形分析，应用了当时出现的数字计算机，第一次给出了用三角形单元求解复杂平面压力问题的方法。1963—1964 年，J. F. Besseling 等人证明了有限元法是基于变分原理的里兹（Ritz）法的另一种形式，从而使里兹法分析的所有理论都适应于有限元法，确立了有限元法是处理连续介质问题的一种普遍方法。随着有限元法日益广泛地应用在科学研究和工程实际中，引起了数学界的关注，20 世纪 60 至 70 年代，较多的应用数学家对有限元法的误差、解的收敛和稳定性等方面进行了卓有成效的研究，论证了有限元法的基本原理是逼近论，是偏微分方程及其变分形式和泛函分析的结合，从而巩固了有限元法的数学基础。从此，有限元的应用从弹性力学的平面问题扩展到空间问题和板壳问题，由静力学平衡问题扩展到稳定问题、动力学问题和波动问题；分析对象的材料从弹性材料扩展到塑性、黏弹性、黏塑性和复合材料等；研究领域从固体力学扩展到流体力学、传热学、电磁学以及多场耦合等学科。有限元法是 CAE 解决结构分析和性能优化的理论基础，将有限元分析技术功能由分析和校核扩展到优化设计，并结合 CAD 和 CAM 技术，便形成了 CAE 分析技术的框架。

为加快 CAE 技术的应用和解决使用效率问题，在 CAE 支撑理论日益成熟的前提下，一些学者联合研究机构或公司相继成立了 CAE 软件研发公司，致力于 CAE 软件研制和开发工作。国际上早在 20 世纪 50 年代末 60 年代初就投入了大量的人力和物力开发具有强大功能的有限元分析程序。20 世纪 60 至 70 年代，有限元技术主要针对结构分析进行研究，以解决航空航天技术中的结构强度、刚度以及模态实验和分析问题。世界上 CAE 的三大公司先后成立，致力于大型商用 CAE 软件的研究与开发。1963 年 MSC 公司成立，开发称之为 SADSAM 的结构分析软件。1965 年 MSC 参与美国国家航空和航天局（NASA）发起的计算结构分析方法研究，其程序 SADSAM 更名为 MSC/Nastran。1967 年 SDRC 公司成立，并于 1968 年发布世界上第一个动力学测试及模态分析软件包，1971 年推出商用有限元分析软件 Supertab（后并入 I-DEAS）。1970 年 SASI 公司成立，后来重组后改为 ANSYS 公司，开发了 ANSYS 软件。

20 世纪 70 至 80 年代是 CAE 技术的蓬勃发展时期，这期间许多 CAE 软件公司相继成立。如致力于开发用于高级工程分析通用有限元程序的 MARC 公司；致力于机械系统仿真软件开发的 MDI 公司；致力于大结构、流固耦合、热及噪声分析的 CSAR 公司；致力于结构、流体及流固耦合分析的 ADIND 公司等。在这个时期，CAE 发展的特点主要集中在计算精度、速度和硬件平台的匹配、计算机内存的有效利用及软盘空间的利用，有限元分析技术在结构分析和场分析领域获得了很大的成功。从力学模型开始拓展到各类物理场（如温度场、电磁场、声波场等）的分析，从线性分析向非线性分析（如材料为非线性、几何大变形导致的非线性、接触行为引起的边界条件非线性等）发展，从单一场的分析向几个场的耦合分析发展。出现了许多著名的分析软件如 Nastran、I-DEAS、ANSYS、ADIND、SAP、DYNA3D、ABAQUS 等，使用者多数为专家且集中在航空、航天、军事等几个领域。从软件结构和技术来说，这些 CAE 软件基本上是用结构化软件设计方法，采用 FORTRAN 语言开发的结构化软件，其数据管理技术尚存在一定的缺陷，运行环境仅限于当时的大型计算机和高档工作站。

进入 20 世纪 90 年代以来，CAE 开发商为满足市场需求和适应计算机硬、软件技术的迅速发展，对软件的功能、性能，特别是用户界面和前、后置处理能力进行了大幅扩充，对软件的内部结构和部分模块，特别是数据管理和图形处理部分，进行了重大改造，使得 CAE 软件在功能、性能、可用性和可靠性以及对运行环境的适应性方面基本满足了用户的需要，它们可以在超级并行计算机，分布式微机群，大、中、小、微各类计算机和各种操作系统平台上运行。

现今，CAE 技术已实现了实用化。将 CAE 与 CAD、CAM 等技术结合，使企业对现代市场产品的多样性、复杂性、可靠性和经济性等做出迅速反应，增加了企业的市场竞争力。在许多行业中，如汽车和飞机制造公司，CAE 分析已成为产品设计与制造流程中不可逾越的一种强制性的规范并加以实施，其零部件设计都必须经过多方面的 CAE 仿真分析，否则不能通过设计审查，更谈不上试制和生产。由此可见，计算机数值模拟不仅仅是科学研究的一种手段，在生产实践中也已作为必备工具而普遍应用。

21 世纪是信息和网络的时代，网络时代对 CAE 技术的发展起到不可估量的促进作用。现在许多大的软件公司采用互联网、云计算等对用户进行 CAE 技术服务，对用户在分析过

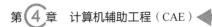

程中遇到的困难提供技术支持，使得某些技术难题，甚至是全面的 CAE 分析过程都可以得到专家的技术支持，这在进一步推广 CAE 技术应用方面将发挥极为重要的作用。

2. CAE 的发展趋势

先进化、智能化、集成化是 CAE 发展的目标。学科发展的交叉性，应用科学的突飞猛进，使得 CAE 走出了原有数值分析的框架，给工程研发带来了广度和深度上的影响。

复杂的工程和产品大都在多物理场与多相、多介质及非线性耦合状态下工作，其行为绝非是多个单问题的简单叠加。对于多物理场耦合问题、多相多介质耦合问题，目前尚没有成熟可靠的理论，还处于基础性前沿研究阶段，它们已经成为国内外科学家主攻的目标。由于其强大的工业背景，基础研究的任何突破都会被迅速纳入 CAE 软件，以支持新兴工业和产品的技术创新。

同时，CAE 软件是一个多学科交叉、综合性强的知识密集型产品，它由数百到数千个算法模块组成，其数据库存放着众多的设计方案、标准构件、行业标准及规范，以及判定设计和计算结果正确与否的知识性规则。其智能化的用户交互界面将支持用户更加高效地使用 CAE 软件系统，方便对设计和计算结果的正确性做出判断。

总之，伴随着 CAE 的全面进步和人工智能、计算机集成制造系统的实施，现代设计越来越具有高可靠性，现代企业进入了新的发展阶段。

4.2　有限元法概述

4.2.1　有限元法的基本思想

有限元法（即有限单元法）是在当今工程分析中获得最广泛应用的数值计算方法。由于它的通用性和有效性，受到工程技术界的高度重视。起初，这种方法被用来研究复杂的飞机结构中的应力问题，伴随着计算机科学和技术的快速发展，已成为计算机辅助设计（CAD）和计算机辅助制造（CAM）的重要组成部分，在许多学科领域和实际工程问题中得到了广泛的应用。

从物理和几何概念来说，有限元法是结构分析的一种计算方法，是矩阵方法在结构力学和弹性力学等领域的发展和应用，其基本思想是"先分后总"，即将连续体或结构先人为地分割成许多单元，并认为单元与单元间通过节点相连。直接作用于各单元上的外载荷必须通过等效方式转化为作用于节点上的外载荷，于是就把具有无限自由度的连续体的受力分析转化为具有有限个自由度的离散模型的力学分析，形成与实际结构近似的数学模型。在此基础上，根据分块近似的思想，在单元上，先假设一个简单函数，用节点参数来近似地表示单元内参数的真实分布和变化规律。在结构分析中，节点参数一般选取单元的节点位移，单元内的位移分布可表示为这些节点位移的函数。这个过程通常称为选择单元的位移函数。由此，首先利用力学原理（如变分原理或虚功原理等）推导建立每个单元的平衡方程组。然后再把所有单元的平衡方程组组织集成为表示整个结构力学特性的代数方程组。最后，引入边界条件求解代数方程组便可获得各个节点的位移，进而求得各个单元的应力。

综上所述，有限元法的实质是通过两次近似将具有无限多个自由度的连续体简化为只有有限个自由度的单元集合体，使问题简化为适合于数值求解的结构问题。第一次近似为单元分割，精确的边界被离散为简单的边界，连续的物体被离散为一系列只有节点相连的单元。第二次近似为真实复杂的位移分布被近似地表示为简单函数描述的分布。

在求解工程技术领域实际问题时，建立基本方程和边界条件还是相对容易的，但是由于其几何形状、材料特性和外部载荷的不规则性，使得求得解析解非常困难。因此，寻求近似解就成了解决实际问题的必由之路。常见的数值分析方法是有限差分法和有限元法。

有限差分法的特点是直接求解基本方程和相应定解条件的近似解。其基本步骤为：首先将求解域划分为网格，然后在网格的节点上用差分方程来近似微分方程。当采用较密的网格，即较多的节点时，近似解的精度可以得到改进。但对于不规则的几何形状和特殊的边界条件，差分法就难以应用了。有限元法把求解区域看作由许多小的在节点处相互连接的子域（单元）所构成，其模型给出基本方程的分片近似解。即该法不是在整个求解域上假设近似函数，而是在各个单元上分片假设近似函数。由于单元可以被分成各种形状和大小不同的尺寸，所以它能很好地适应复杂的几何形状、材料特性和边界条件，克服了在全域上假设近似函数所遇到的困难，是近代工程数值分析方法领域的重大突破。

4.2.2 有限元法分类

有限元法按求解问题的类型可分为两大类：线弹性有限元法和非线性有限元法。其中线弹性有限元法是非线性有限元法的基础。

1. 线弹性有限元法

线弹性有限元法以理想弹性体为研究对象，所考虑的变形建立在小变形假设的基础上。具体来讲，必须同时满足下面四条才为线弹性问题：①材料的应力与应变呈线性关系，满足广义胡克定理；②应变与位移的一阶导数呈线性关系；③微元体的平衡方程是线性的；④结构的边界条件是线性的。线弹性有限元问题归结为求解线性方程组问题，所需时间较少。如果采用高效的代数方程组求解方法，则有助于缩减有限元分析的时间。

线弹性有限元一般包括弹性静力学分析与线性弹性动力学分析两个主要内容。学习这些内容需具备材料力学、结构力学、弹性力学、振动力学、数值方法、矩阵代数、算法语言等方面的知识。

2. 非线性有限元法

非线性问题与线弹性问题的求解有很大不同，主要表现在以下三个方面：

1）非线性问题的方程是非线性的，一般需要迭代求解。

2）非线性问题的解不一定是唯一的，有时甚至没有解。

3）非线性问题解的收敛性事先不一定能得到保证，可能出现振荡或发散现象。

以上三方面的因素使非线性问题的求解过程比线弹性问题更加复杂、成本更高和更具有不可预知性。

有限元法所求解的非线性问题可以分为如下三类：

（1）材料非线性问题 在线弹性问题的四个条件中，不满足第①条的称为材料非线性问题。材料的非线性问题中，材料的应力和应变呈非线性关系，但当应变与位移很微小时，可以认为应变与位移呈线性关系。在工程实际中较为重要的材料非线性问题有非线性弹性（包括分段线弹性）、弹塑性、黏塑性及蠕变等。

（2）几何非线性问题 在线弹性问题的四个条件中，不满足第②、③条的称为几何非线性问题。几何非线性是由于位移之间存在非线性关系造成的。一般分两类：一类称为小变形几何非线性问题，在这类问题中应变很小，但不能忽略高阶应变，所以它可以表述为结构在加载过程中不能忽略小应变的有限转动的弹性力学问题，如薄板的大挠度问题就属于小变形几何非线性问题；另一类称为有限变形（或大应变）几何非线性问题，在这类问题中，结构将产生很大的变形和位移，变形过程已经不可能直接用未受力时的位置和形态加以描述，平衡状态的几何位置也是未知的，而且必须给出应力、应变的新定义。由此可见，有限变形（或大应变）几何非线性问题的求解有别于小变形几何非线性问题，如橡胶部件形成过程与金属塑性加工过程均为有限变形几何非线性问题。

（3）边界非线性问题　在线弹性问题的四个条件中，不满足第④条的称为边界非线性问题。边界非线性包括两个结构物的接触边界随加载和变形而改变引起的接触非线性，也包括非线性弹性地基的非线性边界条件和可动边界问题等。在加工、密封、撞击等问题中，接触和摩擦的作用不可忽视，接触边界属于高度非线性边界。齿轮啮合、冲压成形、轧制成形、橡胶减振器、紧配合装配等都是一些接触问题。当一个结构与另一个结构或外部边界相接触时通常要考虑非线性边界条件。

实际的非线性可能出现上述两种或三种非线性问题。

4.2.3　有限元法在机械中的应用

有限元法在机械中的应用主要体现在以下几个方面：

（1）静力学分析　主要分析机械结构受外部载荷作用时，不随时间变化或随时间缓慢变化的应力、应变和变形。

（2）模态分析　求解系统的某种特征值或稳定值的问题，以得到其固有频率和振型。

（3）瞬态动力学分析　求解系统所受到的外部载荷随时间变化的动力学响应问题。

（4）非结构动力学分析　主要分析机械系统的热传导（温度场）、噪声和控制问题。

（5）其他分析　如结构—流体耦合分析、结构—热和结构—噪声等多场耦合分析等。

4.2.4　有限元法分析的基本步骤

对于一个连续体的求解问题，有限元法的实质就是将具有无限多个自由度的连续体理想化为只有有限个自由度的单元集合体，单元之间仅在节点处相连接，从而使问题简化为适合于数值求解的结构型问题。因此，只要确定了单元的力学特性，就可以按结构分析的方法来进行求解。

通过以上简单的论述，本节将以结构静力学有限元分析过程为例，归纳出以下几个步骤。

1. 结构的离散化

结构的离散化是进行有限元法分析的第一步。在数学上，把将无限自由度处理成有限自由度的过程称为"离散化"。有限元法中的结构离散化过程，简单来说，就是将分析的对象划分为有限个单元体，并在单元上选定一定数量的点作为节点，各单元体之间仅在指定的节点处相连。有限元法的整个分析过程就是针对这种单元集合体来进行的。单元的划分通常需要考虑分析对象的结构、形状和受载情况。对于桁架问题，其单元的划分比较简单，因为分析对象本身就是由一系列杆件相互连接而成的，所以可直接取每根杆件作为一个单元。但

是，对于其他非杆件的机械结构物，如齿轮、轧机机架等，为了能有效地接近实际的分析对象，就必须认真考虑划分方案、选择何种类型单元以及划分的单元数目等。对于一些比较复杂的结构，有时还要采用几种不同类型的单元来进行离散化。许多大型有限元分析软件都各有多达几十种单元类型的单元库，以供分析计算人员选用。常用的主要单元有杆单元、梁单元、壳单元，平面应力单元、平面应变单元，轴对称实体单元、空间实体单元等。

2. 选择单元位移模式

本章所讨论的有限元法以节点位移为基本未知量，所以为了能用节点参数来表示单元体的位移、应变和应力，在分析求解时，必须对单元中位移的分布做出一定的假设，即选择一个简单的函数来近似地表示单元位移分量随坐标变化的分布规律，这种函数称为位移模式或位移函数。根据设定的位移模式，可以导出用单元节点位移表示单元任一点位移的关系式：

$$\{f\} = [N]\{\delta\}^e \tag{4-1}$$

式中　　$\{f\}^{\ominus}$——单元内任一点在各坐标方向的位移分量组成的位移列向量；

　　　　$\{\delta\}^e$——由单元的所有节点的位移分量组成的列向量；

　　　　$[N]$——形函数矩阵，其元素为单元任一点位置坐标的函数。

3. 通过单元力学特性分析，建立单元刚度方程

位移模式选定后，就可以进行单元力学特性分析。根据几何方程确定的应变与单元节点位移的关系为

$$\{\varepsilon\} = [B]\{\delta\}^e \tag{4-2}$$

式中　　$\{\varepsilon\}$——单元内任一点所有应变分量组成的应变列向量；

　　　　$[B]$——应变矩阵。

利用弹性力学物理方程，由式（4-2）导出用单元节点位移表示的单元内任一点应力的关系式为

$$\{\sigma\} = [D][B]\{\delta\}^e \tag{4-3}$$

式中　　$\{\sigma\}$——单元内任一点所有应力分量组成的应力列向量；

　　　　$[D]$——与单元材料相关的弹性矩阵。

在式（4-2）和式（4-3）的基础上，利用虚位移原理建立作用于单元的节点力和节点位移之间的关系式，即单元刚度方程：

$$\{R\}^e = [k]\{\delta\}^e \tag{4-4}$$

式中　　$\{R\}^e$——单元各节点所有节点力分量构成的节点力列向量；

　　　　$[k]$——单元刚度矩阵，在直角坐标系中，其表达式为

$$[k] = \iiint [B]^T [D][B] dx dy dz \tag{4-5}$$

它是一个对整个单元的积分。

4. 计算等效节点力

如前所述，结构离散化后，单元间是通过节点来传递内力和载荷的。但实际结构载荷往往作用在单元的边界表面、体内或非节点处，这就需要通过虚功等效的原则，计算出与实际载荷等效的节点力，代替实际载荷，组成等效节点力列向量。

　$\ominus$　本书为了区别标量矩阵和矢量矩阵，规定采用［　］为标量矩阵，｜｜为矢量矩阵。——编者注

5. 组装单元刚度矩阵形成整体刚度矩阵

基于整个离散结构各节点的力的平衡，利用各单元刚度方程，组成整个结构的平衡方程，也称为总刚度方程：

$$[K]\{\delta\} = \{R\} \tag{4-6}$$

式中　$[K]$——总刚度矩阵，由各单元刚度矩阵集合而成；

　　　$\{\delta\}$——整个结构所有节点位移分量集合成的节点位移列向量；

　　　$\{R\}$——由各单元等效节点力集合成的总体载荷列向量。

平衡方程式（4-6）在考虑了边界约束条件，进行适当修改后，就成为可以求解的以所有节点位移为未知量的方程组。

6. 求解未知节点位移，计算节点力

从经过约束处理的位移方程组求出各节点位移后，代入各单元，由式（4-3）即可计算出各单元应力，经过适当整理，输出所要求解的结果。

这样一分一合，通过先离散再综合的过程，就能把复杂结构或连续体的计算问题转化为简单单元的分析与综合问题。

4.3　单元形函数的构造

为了能用节点位移来表示单元体的位移、应变和应力，在分析连续体时，必须对单元中位移的分布做出一定的假定，也就是假定位移是坐标的某种简单函数，这种函数称为位移模式或位移函数。

将单元的位移场函数表示为多项式的形式，然后利用节点条件将多项式中的待定参数表示成场函数的节点值和单元几何参数的函数，从而将场函数表示成节点值插值形式的表达式，这个过程称为单元形函数的构造。形函数不仅可以用作单元的内插函数，把单元内任一点的位移用节点位移表示，而且可以作为加权余量法中的加权函数，用以处理外载荷，将分布力等效为节点上的集中力和力矩。此外，它还可用于后续等参单元的坐标变换等。

4.3.1　形函数构造的一般原理

单元的类型和形状取决于结构总体求解域的几何特点、问题类型和求解精度。单元的形状可分为一维、二维和三维单元。单元插值形函数主要取决于单元的形状、节点类型和单元的节点数目。节点的类型可以是只包含场函数的节点值，也可能包含场函数导数的节点值。

有限元形函数 N 是坐标 x、y、z 的函数，而节点位移不是 x、y、z 的函数，因此在静力学中位移对坐标微分时，只对形函数 N 作用，而在动力学中位移对时间 t 微分时，只对节点位移向量作用。

1. 一维一次二节点单元

一维一次二节点单元模型如图 4-1 所示。

设位移函数 $u(x)$ 沿 x 轴呈线性变化，即

$$u(x) = a_1 + a_2 x \tag{4-7}$$

97

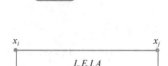

图 4-1　一维一次二节点单元模型

将式（4-7）写成向量的形式：

$$u(x) = \begin{bmatrix} 1 & x \end{bmatrix} \begin{bmatrix} a_1 \\ a_2 \end{bmatrix} \tag{4-8}$$

设两个节点的坐标分别为 x_i、x_j，两个节点的位移分别为 u_i、u_j，可以代入式（4-8），并解出 a_1、a_2 为

$$\begin{bmatrix} a_1 & a_2 \end{bmatrix} = \begin{bmatrix} 1 & x_i \\ 1 & x_j \end{bmatrix}^{-1} \begin{bmatrix} u_i \\ u_j \end{bmatrix} \tag{4-9}$$

位移函数 $u(x)$ 可记作形函数与节点参数乘积的形式，即

$$u(x) = \begin{bmatrix} 1 & x \end{bmatrix} \begin{bmatrix} 1 & x_i \\ 1 & x_j \end{bmatrix}^{-1} \begin{bmatrix} u_i \\ u_j \end{bmatrix} \tag{4-10}$$

则由此得到形函数为

$$[N] = \begin{bmatrix} 1 & x \end{bmatrix} \begin{bmatrix} 1 & x_i \\ 1 & x_j \end{bmatrix}^{-1} = \frac{1}{\begin{vmatrix} 1 & x_i \\ 1 & x_j \end{vmatrix}} \begin{bmatrix} x_j - x & x - x_i \end{bmatrix}$$

$$= \begin{bmatrix} N_i & N_j \end{bmatrix} = \begin{bmatrix} \dfrac{x_j - x}{x_j - x_i} & \dfrac{x - x_i}{x_j - x_i} \end{bmatrix} \tag{4-11}$$

在自然坐标系内进行定义，则可以得到形函数的标准化形式为

$$[N] = \begin{bmatrix} N_i & N_j \end{bmatrix} = \begin{bmatrix} \dfrac{1-\xi}{2} & \dfrac{1+\xi}{2} \end{bmatrix} \tag{4-12}$$

其中，自然坐标的变换公式为

$$L = 2, \quad L_1 = 1 + \xi, \quad L_2 = 1 - \xi$$

一维一次二节点单元的局部坐标表达如图 4-2 所示。

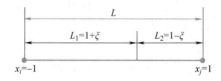

图 4-2　一维一次二节点单元的局部坐标表达

一维一次二节点单元常适用于受轴向拉伸、压缩的杆单元，求杆件轴向变形。

2. 二维一次三节点单元（平面三角形单元）

二维一次三节点单元的局部坐标表达如图 4-3 所示。

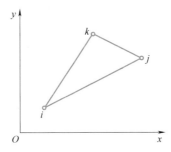

图 4-3 二维一次三节点单元的局部坐标表达

在总体坐标系下，任一点的位移为

$$u(x,y)=a_1+a_2x+a_3y \tag{4-13}$$

设三个节点的坐标分别为 (x_i,y_i)、(x_j,y_j)、(x_k,y_k)，u_i、u_j、u_k 为这三个节点在某方向上的位移，且具有如下关系：

$$u=\begin{bmatrix}1 & x & y\end{bmatrix}\begin{bmatrix}a_1\\a_2\\a_3\end{bmatrix}\Rightarrow\begin{bmatrix}a_1\\a_2\\a_3\end{bmatrix}=\begin{bmatrix}1 & x_i & y_i\\1 & x_j & y_j\\1 & x_k & y_k\end{bmatrix}^{-1}\begin{bmatrix}u_i\\u_j\\u_k\end{bmatrix} \tag{4-14}$$

则可得到形函数为

$$[N]=\begin{bmatrix}1 & x & y\end{bmatrix}\begin{bmatrix}1 & x_i & y_i\\1 & x_j & y_j\\1 & x_k & y_k\end{bmatrix}^{-1} \tag{4-15}$$

3. 三维一次四节点单元（三维四面体单元）

三维一次四节点单元的局部坐标表达如图 4-4 所示。在总体坐标系下，任一点的位移为

$$u(x,y,z)=a_1+a_2x+a_3y+a_4z \tag{4-16}$$

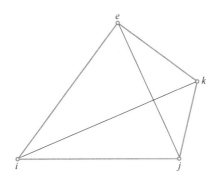

图 4-4 三维一次四节点单元的局部坐标表达

按相似的方法可以得到位移函数为

$$u=\begin{bmatrix}1 & x & y & z\end{bmatrix}\begin{bmatrix}a_1\\a_2\\a_3\\a_4\end{bmatrix}=\begin{bmatrix}1 & x & y & z\end{bmatrix}\begin{bmatrix}1 & x_i & y_i & z_i\\1 & x_j & y_j & z_j\\1 & x_k & y_k & z_k\\1 & x_e & y_e & z_e\end{bmatrix}^{-1}\begin{bmatrix}u_i\\u_j\\u_k\\u_e\end{bmatrix} \tag{4-17}$$

则形函数矩阵为

$$[N] = \begin{bmatrix} 1 & x & y & z \end{bmatrix} \begin{bmatrix} 1 & x_i & y_i & z_i \\ 1 & x_j & y_j & z_j \\ 1 & x_k & y_k & z_k \\ 1 & x_e & y_e & z_e \end{bmatrix}^{-1} \tag{4-18}$$

4. 一维二次三节点单元（高次单元）

一维二次三节点单元模型如图 4-5 所示。设其位移函数为

$$u = a_1 + a_2 x + a_3 x^2 = \begin{bmatrix} 1 & x & x^2 \end{bmatrix} \begin{bmatrix} a_1 \\ a_2 \\ a_3 \end{bmatrix} \tag{4-19}$$

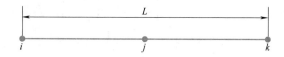

图 4-5　一维二次三节点单元模型

将节点位移 u_i、u_j、u_k 代入式（4-19），并求解 $\begin{bmatrix} a_1 & a_2 & a_3 \end{bmatrix}^{\mathrm{T}}$，可得

$$\begin{bmatrix} u_i \\ u_j \\ u_k \end{bmatrix} = \begin{bmatrix} 1 & x_i & x_i^2 \\ 1 & x_j & x_j^2 \\ 1 & x_k & x_k^2 \end{bmatrix} \begin{bmatrix} a_1 \\ a_2 \\ a_3 \end{bmatrix} \tag{4-20}$$

进一步整理得到

$$u = \begin{bmatrix} 1 & x & x^2 \end{bmatrix} \begin{bmatrix} 1 & x_i & x_i^2 \\ 1 & x_j & x_j^2 \\ 1 & x_k & x_k^2 \end{bmatrix}^{-1} \begin{bmatrix} u_i \\ u_j \\ u_k \end{bmatrix}$$

$$= \begin{bmatrix} \dfrac{(x-x_j)(x-x_k)}{(x_i-x_j)(x_i-x_k)} & \dfrac{(x-x_i)(x-x_k)}{(x_j-x_i)(x_j-x_k)} & \dfrac{(x-x_i)(x-x_j)}{(x_k-x_i)(x_k-x_j)} \end{bmatrix} \begin{bmatrix} u_i \\ u_j \\ u_k \end{bmatrix} \tag{4-21}$$

则形函数矩阵为

$$[N] = \begin{bmatrix} 1 & x & x^2 \end{bmatrix} \begin{bmatrix} 1 & x_i & x_i^2 \\ 1 & x_j & x_j^2 \\ 1 & x_k & x_k^2 \end{bmatrix}^{-1} \tag{4-22}$$

5. 一维三次四节点单元（Lagrange 型）

一维三次四节点单元模型如图 4-6 所示。其位移函数为三次方程，即

$$u = \begin{bmatrix} 1 & x & x^2 & x^3 \end{bmatrix} \begin{bmatrix} a_1 \\ a_2 \\ a_3 \\ a_4 \end{bmatrix} \qquad (4\text{-}23)$$

图 4-6　一维三次四节点单元模型

需要 4 个节点参数才能唯一地确定其中的常系数。这 4 个节点可以分别取两个端点和两个三分点。同样，可以得到如下的形函数方程：

$$u = \begin{bmatrix} 1 & x & x^2 & x^3 \end{bmatrix} \begin{bmatrix} 1 & x_i & x_i^2 & x_i^3 \\ 1 & x_j & x_j^2 & x_j^3 \\ 1 & x_k & x_k^2 & x_k^3 \\ 1 & x_l & x_l^2 & x_l^3 \end{bmatrix}^{-1} \begin{bmatrix} u_i \\ u_j \\ u_k \\ u_l \end{bmatrix}$$

$$= \begin{bmatrix} N \end{bmatrix} \begin{bmatrix} \boldsymbol{\varPhi} \end{bmatrix} = \begin{bmatrix} N_i & N_j & N_k & N_l \end{bmatrix} \begin{bmatrix} \boldsymbol{\varPhi} \end{bmatrix} \qquad (4\text{-}24)$$

其中形函数矩阵中的各个元素分别为

$$\begin{cases} N_i = \dfrac{(x-x_j)(x-x_k)(x-x_l)}{(x_i-x_j)(x_i-x_k)(x_i-x_l)}, & N_j = \dfrac{(x-x_i)(x-x_k)(x-x_l)}{(x_j-x_i)(x_j-x_k)(x_j-x_l)} \\[3mm] N_k = \dfrac{(x-x_i)(x-x_j)(x-x_l)}{(x_k-x_i)(x_k-x_j)(x_k-x_l)}, & N_l = \dfrac{(x-x_i)(x-x_j)(x-x_k)}{(x_l-x_i)(x_l-x_j)(x_l-x_k)} \end{cases} \qquad (4\text{-}25)$$

6. 一维三次二节点单元（Hermite 型）（平面梁单元）

一维三次二节点单元模型如图 4-7 所示。

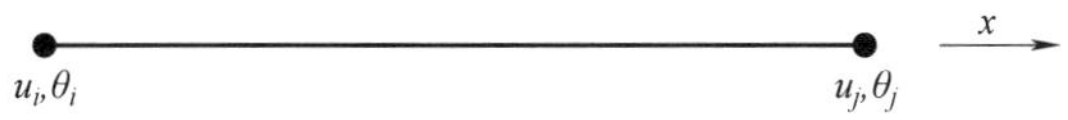

图 4-7　一维三次二节点单元模型

一维三次二节点单元适用于平面梁单元，它包含节点位移和相对节点轴的转动。该单元的位移函数为

$$u = \begin{bmatrix} 1 & x & x^2 & x^3 \end{bmatrix} \begin{bmatrix} a_1 \\ a_2 \\ a_3 \\ a_4 \end{bmatrix} \qquad (4\text{-}26)$$

其对应的转角方程为

$$\theta = \frac{\mathrm{d}u}{\mathrm{d}x} = \begin{bmatrix} 0 & 1 & 2x & 3x^2 \end{bmatrix} \begin{bmatrix} a_1 \\ a_2 \\ a_3 \\ a_4 \end{bmatrix} \qquad (4\text{-}27)$$

将节点参数 $[\varPhi] = \begin{bmatrix} u_i & u_j & \theta_i & \theta_j \end{bmatrix}^{\mathrm{T}}$ 代入式（4-27），求解 $\begin{bmatrix} a_1 & a_2 & a_3 & a_4 \end{bmatrix}^{\mathrm{T}}$ 有

$$
\begin{bmatrix} u_i \\ u_j \\ \theta_i \\ \theta_j \end{bmatrix} = \begin{bmatrix} 1 & x_i & x_i^2 & x_i^3 \\ 1 & x_j & x_j^2 & x_j^3 \\ 0 & 1 & 2x_i & 3x_i^2 \\ 0 & 1 & 2x_j & 3x_j^2 \end{bmatrix} \begin{bmatrix} a_1 \\ a_2 \\ a_3 \\ a_4 \end{bmatrix} \Rightarrow \begin{bmatrix} a_1 \\ a_2 \\ a_3 \\ a_4 \end{bmatrix} = \begin{bmatrix} 1 & x_i & x_i^2 & x_i^3 \\ 1 & x_j & x_j^2 & x_j^3 \\ 0 & 1 & 2x_i & 3x_i^2 \\ 0 & 1 & 2x_j & 3x_j^2 \end{bmatrix}^{-1} \begin{bmatrix} u_i \\ u_j \\ \theta_i \\ \theta_j \end{bmatrix} \tag{4-28}
$$

进一步整理得到

$$
u = \begin{bmatrix} 1 & x & x^2 & x^3 \end{bmatrix} \begin{bmatrix} 1 & x_i & x_i^2 & x_i^3 \\ 1 & x_j & x_j^2 & x_j^3 \\ 0 & 1 & 2x_i & 3x_i^2 \\ 0 & 1 & 2x_j & 3x_j^2 \end{bmatrix}^{-1} \begin{bmatrix} u_i \\ u_j \\ \theta_i \\ \theta_j \end{bmatrix}
$$

$$
= [N][\varPhi] = \begin{bmatrix} N_{ui} & N_{uj} & N_{\theta i} & N_{\theta j} \end{bmatrix} [\varPhi] \tag{4-29}
$$

其中形函数矩阵中的各个元素分别为

$$
\begin{cases} N_{ui} = \dfrac{-(x-x_j)^2(2x-3x_i+x_j)}{(x_i-x_j)^3}, & N_{uj} = \dfrac{(x-x_i)^2(2x-3x_j+x_i)}{(x_i-x_j)^3} \\[4mm] N_{\theta i} = \dfrac{(x-x_i)(x-x_j)^2}{(x_i-x_j)^2}, & N_{\theta j} = \dfrac{(x-x_i)^2(x-x_j)}{(x_i-x_j)^2} \end{cases} \tag{4-30}
$$

7. 二维一次四节点单元（平面四边形单元或矩形单元）

二维一次四节点单元模型如图 4-8 所示。

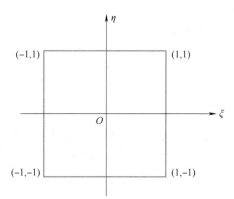

图 4-8　二维一次四节点单元模型

用形函数表达的位移方程为

$$
u = \begin{bmatrix} 1 & x & y & xy \end{bmatrix} \begin{bmatrix} a_1 \\ a_2 \\ a_3 \\ a_4 \end{bmatrix} = \begin{bmatrix} 1 & x & y & xy \end{bmatrix} \begin{bmatrix} 1 & x_i & x_i & x_iy_i \\ 1 & x_j & y_j & x_jy_j \\ 1 & x_k & y_k & x_ky_k \\ 1 & x_l & y_l & x_ly_l \end{bmatrix}^{-1} \begin{bmatrix} u_i \\ u_j \\ u_k \\ u_l \end{bmatrix}
$$

$$
= \begin{bmatrix} N_i & N_j & N_k & N_l \end{bmatrix} [\varPhi] \tag{4-31}
$$

对于平面四边形单元和矩形单元，都可用局部坐标系很好地加以解释。局部坐标的范围为 $-1 \sim +1$，4 个节点的值固定，则局部坐标系下的形函数为

$$N_i = \frac{(1-\xi)(1-\eta)}{4} \tag{4-32}$$

8. 三维一次八节点单元

在三维一次八节点单元形函数中，假设位移函数沿各坐标轴 x、y、z 呈线性变化，则 $u = u(x,y,z)$ 可写成

$$u = a_1 + a_2 x + a_3 y + a_4 z + a_5 xy + a_6 xz + a_7 yz + a_8 xyz \tag{4-33}$$

假设在 i 节点的位移值为 u_i，并将数值代入式（4-33），则 i 节点位移值为

$$u_i = a_1 + a_2 x_i + a_3 y_i + a_4 z_i + a_5 x_i y_i + a_6 x_i z_i + a_7 y_i z_i + a_8 x_i y_i z_i \tag{4-34}$$

其他各节点 j、k、l、m、n、p、q 以此类推，共有 8 个式子。

将 8 个式子联立即可求得系数：

$$
\begin{bmatrix} a_1 \\ a_2 \\ a_3 \\ a_4 \\ a_5 \\ a_6 \\ a_7 \\ a_8 \end{bmatrix}
=
\begin{bmatrix}
1 & x_i & y_i & z_i & x_i y_i & x_i z_i & y_i z_i & x_i y_i z_i \\
1 & x_j & y_j & z_j & x_j y_j & x_j z_j & y_j z_j & x_j y_j z_j \\
1 & x_k & y_k & z_k & x_k y_k & x_k z_k & y_k z_k & x_k y_k z_k \\
1 & x_l & y_l & z_l & x_l y_l & x_l z_l & y_l z_l & x_l y_l z_l \\
1 & x_m & y_m & z_m & x_m y_m & x_m z_m & y_m z_m & x_m y_m z_m \\
1 & x_n & y_n & z_n & x_n y_n & x_n z_n & y_n z_n & x_n y_n z_n \\
1 & x_p & y_p & z_p & x_p y_p & x_p z_p & y_p z_p & x_p y_p z_p \\
1 & x_q & y_q & z_q & x_q y_q & x_q z_q & y_q z_q & x_q y_q z_q
\end{bmatrix}^{-1}
\begin{bmatrix} u_i \\ u_j \\ u_k \\ u_l \\ u_m \\ u_n \\ u_p \\ u_q \end{bmatrix}
\tag{4-35}
$$

则有

$$
u = \begin{bmatrix} 1 & x & y & z & xy & xz & yz & xyz \end{bmatrix}
\begin{bmatrix} a_1 \\ a_2 \\ a_3 \\ a_4 \\ a_5 \\ a_6 \\ a_7 \\ a_8 \end{bmatrix}
\tag{4-36}
$$

得到形函数的表达式为

$$
[N] = \begin{bmatrix} 1 & x & y & z & xy & xz & yz & xyz \end{bmatrix}
\begin{bmatrix}
1 & x_i & y_i & z_i & x_i y_i & x_i z_i & y_i z_i & x_i y_i z_i \\
1 & x_j & y_j & z_j & x_j y_j & x_j z_j & y_j z_j & x_j y_j z_j \\
1 & x_k & y_k & z_k & x_k y_k & x_k z_k & y_k z_k & x_k y_k z_k \\
1 & x_l & y_l & z_l & x_l y_l & x_l z_l & y_l z_l & x_l y_l z_l \\
1 & x_m & y_m & z_m & x_m y_m & x_m z_m & y_m z_m & x_m y_m z_m \\
1 & x_n & y_n & z_n & x_n y_n & x_n z_n & y_n z_n & x_n y_n z_n \\
1 & x_p & y_p & z_p & x_p y_p & x_p z_p & y_p z_p & x_p y_p z_p \\
1 & x_q & y_q & z_q & x_q y_q & x_q z_q & y_q z_q & x_q y_q z_q
\end{bmatrix}^{-1}
\tag{4-37}
$$

4.3.2 形函数的性质

下面以平面三角形单元为例来讨论形函数的一些性质。平面三角形单元的形函数为

$$N_i = \frac{1}{2\Delta}(a_i + b_i x + c_i y) \quad (i = 1,2,3)$$

式中　　Δ——三角形单元的面积，$2\Delta = \begin{vmatrix} 1 & x_1 & y_1 \\ 1 & x_2 & y_2 \\ 1 & x_3 & y_3 \end{vmatrix}$；

a_i、b_i、c_i——与节点坐标有关的系数，它们分别等于 2Δ 公式中行列式的有关代数余子式，
即 a_1、b_1、c_1、a_2、b_2、c_2 和 a_3、b_3、c_3，其分别是行列式 2Δ 中的第一行、
第二行和第三行各元素的代数余子式。

对于任意一个行列式，其任一行（或列）的元素与其相应的代数余子式的乘积之和等于行列式的值，而任一行（或列）的元素与其他行（或列）对应元素的代数余子式的乘积之和为零。因此有：

第一，形函数在各单元节点上的值具有"本点是 1、他点为 0"的性质，即在单元节点 1 上满足：

$$N_1(x_1,y_1) = \frac{1}{2\Delta}(a_1 + b_1 x_1 + c_1 y_1) = 1$$

而在节点 2、3 上则有

$$N_1(x_2,y_2) = \frac{1}{2\Delta}(a_1 + b_1 x_2 + c_1 y_2) = 0$$

$$N_1(x_3,y_3) = \frac{1}{2\Delta}(a_1 + b_1 x_3 + c_1 y_3) = 0$$

以此类推：

$$N_2(x_1,y_1) = 0, \ N_2(x_2,y_2) = 1, \ N_2(x_3,y_3) = 0$$
$$N_3(x_1,y_1) = 0, \ N_3(x_2,y_2) = 0, \ N_3(x_3,y_3) = 1$$

第二，在单元的任一节点上，三个形函数之和等于 1，即

$$N_1(x,y) + N_2(x,y) + N_3(x,y) = \frac{1}{2\Delta}(a_1 + b_1 x + c_1 y + a_2 + b_2 x + c_2 y + a_3 + b_3 x + c_3 y)$$

$$= \frac{1}{2\Delta}\left[(a_1 + a_2 + a_3) + (b_1 + b_2 + b_3)x + (c_1 + c_2 + c_3)y\right]$$

$$= 1$$

简单记为

$$N_1 + N_2 + N_3 = 1$$

这说明三个形函数中只有两个是独立的。

第三，三角形单元任意一条边上的形函数仅与该边的两端节点坐标有关，而与其他节点坐标无关。例如，在 23 边上有：

$$N_1(x,y) = 1 - \frac{x - x_1}{x_2 - x_1}, N_2(x,y) = \frac{x - x_1}{x_2 - x_1}, N_3(x,y) = 0$$

这一点利用单元坐标的几何关系很容易证明。

根据形函数的这一性质可以证明，相邻单元的位移分别进行线性插值之后，在其公共边上将是连续的。例如，单元 123 和 124 具有公共边 12。由上式可知，在 12 边上两个单元的第三个形函数都等于 0，即

$$N_3(x,y) = N_4(x,y) = 0$$

不论按哪个单元来计算，公共边 12 上的位移均可表示为

$$u = N_1 u_1 + N_2 u_2 + 0 \times u_3$$
$$v = N_1 v_1 + N_2 v_2 + 0 \times u_4$$

可见，在公共边上的位移 u、v 将完全由公共边上的两个节点 1、2 的位移所确定，因而相邻单元的位移是保持连续的。

4.4　有限元的收敛准则

在有限元中，一旦确定了单元的形状，位移模式的选择将是非常关键的。由于载荷的移置、应力矩阵和刚度矩阵的建立都依赖于单元的位移模式，如果所选择的位移模式与真实的位移分布有很大差别，将会很难获得精确的解。为了能获得正确解，单元位移模式必须满足一定的条件，使得随着网格的逐步细分所得到的解能够收敛于问题的精确解。

为了保证解的收敛性，位移模式要满足以下三个条件：

1）位移模式必须包含单元的刚体位移。这就是说，当节点位移由某个刚体位移引起时，弹性体内将不会产生应变。所以，位移模式不但要具有描述单元本身形变的能力，而且要具有描述由于其他单元形变而通过节点位移引起单元刚体位移的能力。以平面三角形单元为例，其位移模式为

$$u = a_1 + a_2 x + a_3 y; \quad v = a_4 + a_5 x + a_6 y$$

位移模式的常数项 a_1、a_4 就是用于提供刚体位移的。

2）位移模式必须包含单元的常应变。每个单元的应变一般包含两个部分：一部分是与该单元中各点的坐标位置有关的应变，另一部分是与位置坐标无关的应变（即所谓的常应变）。从物理意义上来看，当单元尺寸无限缩小时，每个单元中的应变应趋于常量。因此，在位移模式中必须包含这些常应变，否则就不可能使数值解收敛于正确解。在平面三角形单元的位移模式中

$$\varepsilon_x = \frac{\partial u}{\partial x} = a_2, \varepsilon_y = \frac{\partial v}{\partial y} = a_6, \gamma_{xy} = \frac{\partial u}{\partial y} + \frac{\partial v}{\partial x} = a_3 + a_5$$

其中 a_2、a_3、a_5、a_6 为常数，提供单元的常应变。

3）位移模式在单元内要连续，且在相邻单元之间的位移必须协调。这是指变形后相邻单元在公共边界处的位移（变形）是连续的，即相邻单元之间既不发生"间隙"，又不"重叠"。通常，当单元交界面上的位移取决于该交界面上节点的位移时，就可以保证位移的协调性。对于上述三角形单元，由于位移函数是线性的，即单元中的一条直线变形后仍为直线，而相邻单元在两个公共点上的位移又应该是相等的（位移协调），所以协调条件得到满足，从而保证了变形后相邻单元在公共边界处的位移（变形）是连续的。

当协调条件得不到满足时，就不能收敛到精确解，但这不等于它不收敛。对有些位移函

数，尽管它不能满足协调条件，但当单元大小划分得恰当时，仍能获得很好的近似结果，这便是非协调元问题。

在有限元法中，把能够满足条件1）和2）的单元，称为完备单元；满足条件3）的单元称为协调单元或保续单元。前面讨论过的三角形单元和矩形单元，均能同时满足上述三个条件，因此都属于完备的协调单元。在某些梁、板及壳体分析中，要使单元满足条件3）会比较困难，实践中有时也会出现一些只满足条件1）和2）的单元，其收敛性往往也能够令人满意。放松条件3）的单元，即完备而不协调的单元，已获得了很多成功的应用。不协调单元的缺点主要是不能事先确定其刚度与真实刚度之间的大小关系。但不协调单元一般不像协调单元那样刚硬（即比较柔软），因此有可能会比协调单元收敛更快。

在选择多项式作为单元的位移模式时，其阶次的确定要考虑解的收敛性，即单元的完备性和协调性要求。实践证明，虽然这两项确实是需要考虑的重要因素，但并不是唯一的因素。选择多项式位移模式阶次时需要考虑的另一个因素是，所选的模式应该与局部坐标系的方位无关，这一性质称为几何各向同性。对于线性多项式，各向同性的要求通常就等价于位移模式必须包含常应变状态。对于高次位移模式，就是不应该有一个偏移的坐标方向，也就是位移形式不应该随局部坐标的更换而改变。经验证明，实现几何各向同性的一种有效方法是可以根据帕斯卡三角形来选择二维多项式的各项。在二维多项式中，如果包含对称轴一边的某一项，就必须同时包含另一边的对称项。

4.5 基于 ANSYS 的 CAE 分析概述

4.5.1 ANSYS 简介

ANSYS 软件是融合结构、热、流体、电磁、声学于一体的大型通用有限元分析软件，可广泛应用于核工业、铁道、石油化工、航空航天、机械制造、能源、汽车交通、国防军工、电子、土木工程、造船、生物医学、轻工、地矿、水利、日用家电等工业及科学研究。

ANSYS 的主要功能包括结构静力分析、结构动力学分析、结构非线性分析、动力学分析、热分析、电磁场分析、流体动力学分析、声场分析、压电分析、结构优化和疲劳分析等。结构静力分析用来求解外载荷引起的位移、应力和力。ANSYS 程序的静力分析功能不仅可以进行线性分析，还可以进行非线性分析，如塑性、蠕变、膨胀、大变形、大应变及接触分析。结构动力学分析用来求解随时间变化的载荷对结构的影响。ANSYS 程序可进行的结构动力学分析的类型包括瞬态动力学分析、模态分析、谐波响应分析及随机振动响应分析。结构非线性分析即对结构非线性导致结构的响应随外载荷发生不成比例的变化的分析。ANSYS 程序可求解静态和瞬态非线性问题，包括材料非线性、几何非线性和单元非线性。动力学分析方面，ANSYS 程序可以分析大型三维柔体运动。热分析方面，ANSYS 程序可以处理热传递的三种基本类型，即传导、对流和辐射，热传递的三种类型均可进行稳态和瞬态、线性和非线性分析。电磁场分析主要用于电磁场问题的分析，如电感、电容、磁通量密度、涡流、电场分布、磁力线分布、力、运动效应、电路和能量损失等。ANSYS 程序还具有将部分单元等效为一个独立单元的子结构功能以及将模型中的某一部分与其余部分分开重新细化网格的子模型功能。ANSYS 程序具有优化设计模块（OPT），可以进行结构的优化设计，同时 ANSYS 程序还具有参数化程序设计语言 APDL，APDL 大大地扩展了 ANSYS 程序的优化功能，这也是 ANSYS 程序与其他有限元分析软件的不同之处。

4.5.2　ANSYS 中的有关术语

1. 坐标系统及工作平面

空间任何一点通常可用笛卡儿坐标（Cartesian）、圆柱坐标（Cylindrical）或球面坐标（Spherical）来表示其坐标位置，不管哪种坐标系都需要三个参数来表示该点的正确位置。在进行有限元分析前，需要通过坐标系对所要生成的模型进行空间定位。坐标系在 ANSYS 建模、加载、求解和结果处理中都有重要的地位。ANSYS 根据不同的用途，为用户提供了多种坐标系，用户可以根据具体情况选择使用。如：

（1）整体和局部坐标系　确定几何形状参数（节点、关键点等）在空间中的位置，用来对几何体进行空间定位。

（2）节点坐标系　每一个节点都有一个附着的坐标系。节点坐标系在系统缺省时默认为笛卡儿坐标系，并且与全局笛卡儿坐标系平行。节点力和节点边界条件（约束）指的是节点坐标系的方向。

（3）单元坐标系　定义单元各材料属性、施加面载荷的方向（例如复合材料的铺层方向），这对后置处理也是很有用的，诸如提取梁和壳单元的膜力。单元坐标系的朝向在单元类型的描述中可以找到。

（4）显示坐标系　对列表圆柱和球节点坐标非常有用（例如径向、周向坐标）。屏幕上的坐标系是笛卡儿坐标系，显示坐标系为圆柱坐标系，圆弧将显示为直线，因此在以非笛卡儿坐标系列表节点坐标之后将显示坐标系恢复到总体笛卡儿坐标系。

（5）结果坐标系　节点或单元结果数据在列表或显示时所采用的特殊坐标系，默认时为整体坐标系。

每一坐标系都有确定的代号，进入 ANSYS 的默认坐标系是笛卡儿坐标系（即直角坐标系）。为方便建立模型，根据模型特点，用户可以选择 ANSYS 预定义的几种坐标系中的任意一种输入几何数据，也可以使用自己定义的（局部）坐标系。

工作平面是一个参考平面，类似于绘图板，可根据用户的需要进行移动。ANSYS 中工作平面（Working Plane）是创建几何模型的参考 (x, y) 平面，在前处理器中用来建模（几何和网格）。

2. 节点

有限元模型的建立是将机械结构转换为多节点和单元相连接，所以节点即为机械结构一个点的坐标，指定一个号码和坐标位置。在 ANSYS 中所建立的对象（坐标系、节点、几何点、线、面、体积等）都有编号。

3. 单元

当节点建立完成后，必须使用适当元素，将机械结构按照节点连接成元素，并完成其有限元模型。单元选择正确与否，将决定其最后的分析结果。ANSYS 提供了 120 多种不同性质与类别的单元，每一个单元都有其固定的编号，例如 LINK1 是第 1 号单元、SOLID45 是第 45 号单元。每个单元前的名称可判断该单元适用范围及其形状，基本上单元类别可分为一维线单元、二级平面单元及三维立体单元。一维线单元用两点连接而成，二维平面单元由三点连成三角形或四点连成四边形，三维立体单元可由八点连接成六面体、四点连接成角锥体或六点连接成三角柱体。每个单元的用法在 ANSYS 的帮助文档中都有详细的说明，可以用 HELP 命令查看。

建立单元前必须先行定义单元型号、单元材料、单元几何特性等，为了程序的协调性，一般在前置处理建立几何模型前就定义单元型号及相关参数，只要在划分单元前说明使用哪种单元即可。

4. 负载

ANSYS 中有不同的方法施加负载以达到分析的需要。负载可以分为边界条件（Boundary Condition）和实际外力（External Force）两大类。在不同的领域，负载的类型有：

（1）结构力学　位移、集中力、压力（分布力）、温度（热应力）、重力等。

（2）热学　温度、热流率、热源、对流、无限表面等。

（3）磁学　磁声、磁通量、磁源密度、无限表面等。

（4）电学　电位、电流、电荷、电荷密度等。

（5）流体力学　速度、压力等。

以特性而言，负载可以分为六大类：DOF 约束、力（集中载荷）、表面载荷、体积载荷、惯性载荷、耦合场载荷。

（1）DOF 约束　DOF 约束（DOF Constraint）将指定模型的某一约束条件。例如，结构分析中约束被指定为位移和对称边界条件，热力学分析中约束被指定为温度和热通量平行的边界条件。

（2）力（集中载荷）　力（Force）为施加于模型节点的集中载荷，如在模型中被指定的力和力矩。

（3）表面载荷　表面载荷（Surface Load）为施加于某个表面的分布载荷，如结构分析中的压力。

（4）体积载荷　体积载荷（Body Load）为体积或场载荷，如结构分析中的温度和密度。

（5）惯性载荷　惯性载荷（Inertia Load）为由物体惯性引起的载荷，如重力和加速度、角速度和角加速度。

（6）耦合场载荷　耦合场载荷（Coupled-field Load）为以上载荷的一种特殊情况，从一种分析得到的结果作为另一种分析的载荷。

4.5.3　ANSYS 2021 的启动

用交互式方式启动 ANSYS 的路径为：单击"开始"→"ANSYS 2021 R1"→"Mechanical APDL Product Launcher"即可启动。

1. 选择工作目录，设置工作文件名

启动 ANSYS 2021 软件，其界面如图 4-9 所示。在"Working Directory"栏中输入工作目录，也可以通过单击其后的"Browse"按钮选择工作文件夹。此目录一旦选定，所有 ANSYS 2021 生成的文件都将自动存放在此目录下。同时，在"Job Name"栏中输入工作文件名，也可以通过单击其后的"Browse"按钮选择工作文件名。

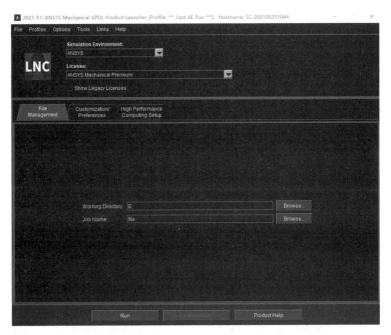

图 4-9　ANSYS 2021 交互模式对话框

2. 设置 ANSYS 2021 工作空间和数据库的大小

在"Customization/Preferences"选项卡中的"Memory"选项组中设置 ANSYS 2021 工作空间和数据库的大小，一般选择默认值即可，如图 4-10 所示。

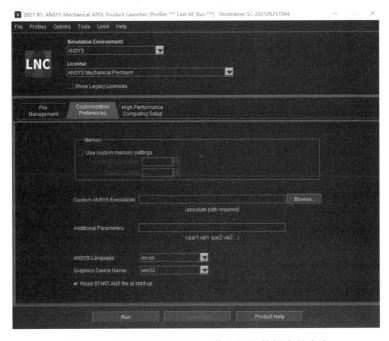

图 4-10　设置 ANSYS 2021 工作空间和数据库的大小

3. 运行 ANSYS 2021 软件

单击"Run"按钮，运行 ANSYS 2021 软件。

4.5.4 ANSYS 2021 的用户界面

ANSYS 2021 有多个窗口，借助这些窗口可以很容易地完成输入命令、检查模型的建立、观察分析结果及图形输出与打印等功能。整个窗口系统被称为图形用户界面（Graphical User Interface，GUI），如图 4-11 所示。

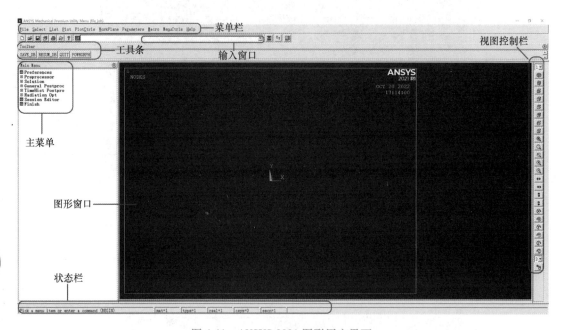

图 4-11 ANSYS 2021 图形用户界面

1. 主菜单

主菜单（Main Menu）几乎涵盖了 ANSYS 2021 软件进行分析时所用的主要工具，如建立有限元模型、施加载荷及约束、求解以及结果显示与输出等。按照 ANSYS 分析过程进行排列，依次是个性设置（Preference）、前处理器（Preprocessor）、求解器（Solution）、通用后处理器（General Postproc）、时间历程处理器（TimeHist Postproc）、进程编辑器（Session Editor）等。

2. 菜单栏

菜单栏包括了 ANSYS 应用的一般工具，分别是文件操作（File）、选择功能（Select）、数据列表（List）、图形显示（Plot）、视图环境控制（PlotCtrls）、工作平面（WorkPlane）、参数（Parameters）、宏命令（Macro）、菜单控制（MenuCtrls）和帮助（Help）10 个下拉菜单，囊括了 ANSYS 的绝大部分系统环境配置功能。在 ANSYS 运行的任何时候均可以访问该菜单。

3. 工具条

工具条是为了方便用户操作而设置的一些快捷工具，包括一些常用的 ANSYS 命令和函数，且这些快捷命令也可以根据用户需要进行编辑、修改和删除等操作，最多可设置 100 个命令按钮。

4. 输入窗口

ANSYS 提供了四种输入方式：常用的 GUI（图形用户界面）输入、命令输入、使用工具条和调用批处理文件。在这个窗口可以输入 ANSYS 的各种命令，在输入命令的过程中，ANSYS 会自动匹配待选命令的输入格式。

5. 图形窗口

该窗口是与用户直观交流的主要界面，用来显示 ANSYS 的分析模型、网格、求解收敛过程、计算结果云图、等值线、动画等图形信息。在默认状态下，窗口显示为黑色，用户可以对其显示形式进行自定义。

6. 输出窗口

输出窗口如图 4-12 所示。该窗口的主要功能在于同步显示 ANSYS 对已进行的菜单操作或已输入命令的反馈信息、用户输入命令或菜单操作的出错信息和警告信息等。若关闭此窗口，ANSYS 将强行退出。

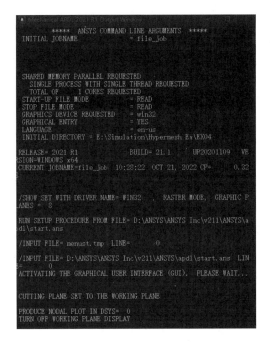

图 4-12　输出窗口

7. 视图控制栏

用户可以利用这些快捷方式方便地进行视图操作，如前视、后视、俯视、旋转任意角度、放大或缩小、移动图形等，调整到用户最佳视图角度。

8. 状态栏

状态栏用于显示 ANSYS 的一些当前信息，如当前所在的模块、材料属性、单元实体常数及系统坐标系等。

4.5.5　ANSYS 分析的基本过程

典型的 ANSYS 机械结构分析过程主要包括三个步骤：前处理（即创建有限元模型）、

加载并求解和后处理。

1. 前处理

前处理是指创建实体模型以及有限元模型。它包括创建实体模型、定义单元属性、划分有限元网格、修正模型等几项内容。现今大部分有限元模型都是用实体模型建模，类似CAD，ANSYS以数学的方式表达结构的几何形状，然后在里面划分节点和单元，还可以在几何模型边界上方便地施加载荷，但是实体模型并不参与有限元分析，所以施加在几何实体边界上的载荷或约束必须最终传递到有限元模型上（单元或节点）进行求解，这个过程通常是ANSYS程序自动完成的。可以通过以下四种途径创建ANSYS模型：

1）在ANSYS环境中创建实体模型，然后进行有限元网格划分。

2）在其他软件（如UG）中创建实体模型，然后读入到ANSYS环境，经过修正后划分有限元网格。

3）在ANSYS环境中直接创建节点和单元。

4）在其他软件中创建有限元模型，然后将节点和单元数据读入ANSYS中。

单元属性是指划分网格之前必须指定的所分析对象的特征，这些特征包括材料属性、单元类型、实常数等。需要强调的是，除了磁场分析外，用户不需要告诉ANSYS使用的是什么单位制，只需要自己决定使用何种单位制，然后确保所有输入值的单位统一，单位制影响输入的实体模型尺寸、材料属性、实常数以及载荷等。

2. 加载并求解

施加载荷及求解在求解模块（/SOLU）中进行，施加载荷进行求解包括施加载荷、边界条件及进行求解计算。ANSYS中有不同的方法来施加载荷以达到分析的需要。负载可以分为边界条件和实际外力两大类，在不同领域负载又可分为不同的类型。前面已经对负载类型做过介绍，在此不再赘述。

在求解前应先保存数据库，并将输出窗口提到最前面，以便观察求解信息，然后在"OLU"处理器下输入"SOLVE"命令即可求解。其GUI操作如下："Main Menu"→"Solution"→"Solve"→"Current LS"。

同时在求解之前应进行数据检查，包括以下内容：

1）单元类型和选项，材料性质参数，实常数以及统一的单位制。

2）单元实常数和材料类型的设置，实体模型的质量特性。

3）确保模型中没有不应存在的缝隙（特别是从CAD中输入的模型）。

4）壳单元的法向，节点坐标系。

5）集中载荷、体积载荷和面载荷的方向。

6）温度场的分布和范围，热膨胀分析的参考温度。

3. 后处理

后处理模块包括通用后处理（POST1）及时间历程后处理（POST26）。后处理模块可将计算结果以彩色等值线、梯度、矢量、粒子流迹、立体切片、透明及半透明等图形方式显示出来，也可以将计算结果以图表、曲线的形式显示或输出。

ANSYS中，POST1用于静态结构分析、屈曲分析及模态分析，将求解部分所得的如应力、应变、反力等数据，通过图形接口以各种不同表示方式显示出来。POST26用来查看模型在不同时间段或载荷步上的结果，常用来处理瞬态分析和动力分析。

习　题

1. 简述 CAE 的关键技术。
2. 举例说明常用 CAE 分析软件，并介绍各自特点。
3. 简述有限元分析的标准流程（离散化、单元描述、整体组装、问题求解），并比较各软件分析流程的差异。
4. 简述有限元分析的作用。
5. 说明有限元方法的离散计算思想。

第 **5** 章

Chapter

基于ANSYS的CAE分析应用

5.1 结构静力学分析

5.1.1 结构静力分析简介

结构分析是有限元分析方法最常用的一个应用领域。结构这个术语是一个广义的概念，它包括土木工程结构，如桥梁和建筑物；汽车结构，如车身骨架；海洋结构，如船舶结构；航空结构，如飞机机身等；同时还包括机械零部件，如活塞、传动轴等。结构分析就是对这些结构进行分析计算。

静力分析计算在固定不变的载荷作用下结构的效应，它不考虑惯性和阻尼的影响，如结构受随时间变化载荷的情况。但是，静力分析可以计算那些固定不变的惯性载荷对结构的影响（如重力和离心力），以及那些可以近似为等价静力作用的随时间变化的载荷（如通常在许多建筑规范中所定义的等价静力风载和地震载荷）。

固定不变的载荷和响应是一种假定，即假定载荷和结构的响应随时间的变化非常缓慢。静力分析所施加的载荷包括以下几项：

1）外部施加的作用力和压力。

2）稳态的惯性力（如重力和离心力）。

3）位移载荷。

4）温度载荷。

静力分析既可以是线性的也可以是非线性的。非线性静力分析包括所有的非线性类型，即大变形、塑性、蠕变、应力刚化、接触（间隙）单元、超弹性单元等。本节主要讨论线性静力分析。从结构的几何特点上讲，无论是线性的还是非线性的静力分析都可以分为平面问题、轴对称问题和周期对称问题及任意三维结构。

5.1.2　实例——联轴体的静力分析

该实例考查联轴体在工作时发生的变形和产生的应力。如图 5-1 所示，联轴体在底面的四周边界不能发生上下运动，即不能发生沿轴向的位移；在底面的两个圆周上不能发生任何方向的运动；在小轴孔的孔面上分布有 10^6Pa 的压力；在大轴孔的孔台上分布有 10^7Pa 的压力；在大轴孔的键槽的一侧受到 10^5Pa 的压力。

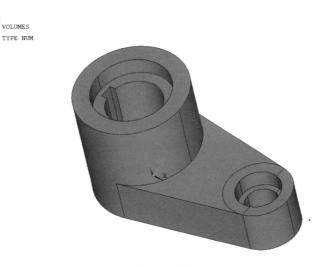

图 5-1　联轴体

1. 设置分析环境

启动 Mechanical APDL Product Launcher，弹出 "Mechanical APDL Product Launcher" 窗口。在 "Mechanical APDL Product Launcher" 窗口中，设置 "Simulation Environment" 为 "ANSYS"，"License" 为 "ANSYS Multiphysics"，在 "Working Directory" 中输入工作目录，"Job Name" 中输入项目名称 "5-1"，单击 "Run" 按钮。

在主菜单中选择 "Preferences" 命令，弹出如图 5-2 所示的 "Preferences for GUI Filtering" 对话框。选择分析类型为 "Structural"，单击 "OK" 按钮，完成分析环境设置。

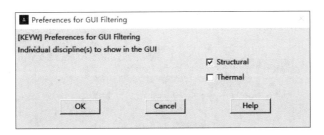

图 5-2　"Preferences for GUI Filtering" 对话框

2. 定义单元和材料属性

在 GUI 界面中，选择 "Main Menu" → "Preprocessor" → "Element Type" → "Add/Edit/Delete" 命令，弹出 "Element Types" 对话框。单击 "Add" 按钮，弹出如图 5-3 所示的

"Library of Element Types" 对话框。在 "Library of Element Types" 对话框中，选择单元类型为 "10node 187"，单击 "OK" 按钮。此时回到 "Element Types" 对话框中，即可看到添加完成的单元，如图 5-4 所示。

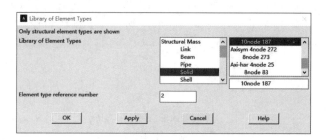

图 5-3　单元类型库对话框

在 GUI 界面中，选择 "Main Menu"→"Preprocessor"→"Material Props"→"Material Models" 命令，弹出如图 5-5 所示的 "Define Material Model Behavior" 窗口，选择 "Structural"→"Linear"→"Elastic"→"Isotropic"（即结构→线性→弹性→各向同性），弹出如图 5-6 所示的对话框。

图 5-4　单元类型对话框

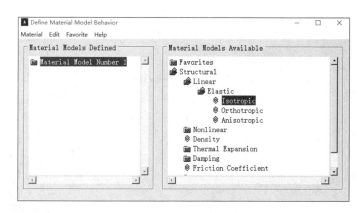

图 5-5　定义材料模型属性对话框

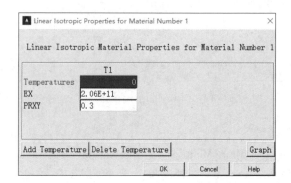

图 5-6　各向同性线弹性材料参数

在图 5-6 所示对话框中，"EX" 输入 "2.06E+11"，"PRXY" 输入 "0.3"，即设置弹性模量为 2.06×10^{11} Pa，泊松比为 0.3，单击 "OK" 按钮确定，回到 "Define Material Model Behavior" 窗口，此时窗口的左边一栏出现刚刚定义的参考号为 1 的材料属性，如此便完成了对材料模型属性的定义。

3. 建立联轴体的三维实体模型（详见 "5.1.3 命令流操作"）

4. 划分网格

本节选用 SOLID187 单元对三维实体划分自由网格。

在 GUI 界面中，选择 "Main Menu"→"Preprocessor"→"Meshing"→"MeshTool" 命令，弹出如图 5-7 所示的 "MeshTool" 对话框。单击 "Lines" 域的 "Set" 按钮，打开线选择对话框，要求选择定义单元划分的线。选择大轴孔圆周，单击 "OK" 按钮。ANSYS 会提示线划分控制的信息，在 "No. of element divisions" 文本框中输入 "10"，单击 "OK" 按钮确定，如图 5-8 所示。

在图 5-7 所示的对话框中，设置 "Mesh" 为 "Volumes"，单击 "Mesh" 按钮，打开体选择对话框，按要求选择划分的体，单击 "Pick All" 按钮，如图 5-9 所示。

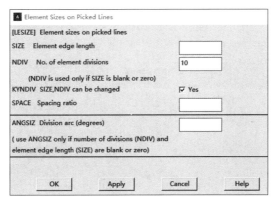

图 5-7　网格划分工具　　　　　图 5-8　控制线划分　　　　　图 5-9　选择体

ANSYS 会根据进行的线控制划分体，划分后如图 5-10 所示。

图 5-10 划分后的完整网格

5. 施加边界条件

1）对基座的底部施加位移约束。在 GUI 界面中，选择"Main Menu"→"Solution"→"Define Loads"→"Apply"→"Structural"→"Displacement"→"On Lines"命令，弹出"Apply U，ROT on Lines"对话框，拾取基座底面的所有外边界线，单击"OK"按钮，如图 5-11 所示。选择"UZ"作为约束自由度，单击"OK"按钮，如图 5-12 所示。

118

图 5-11 选择线

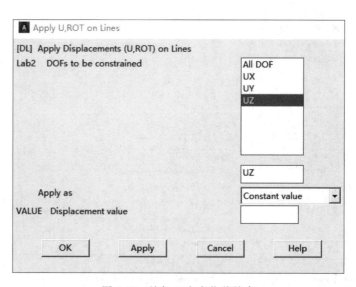

图 5-12 施加 Z 方向位移约束

在 GUI 界面中，选择"Main Menu"→"Solution"→"Define Loads"→"Apply"→"Structural"→"Displacement"→"On Lines"命令，弹出"Apply U，ROT on Lines"对话框，拾取基座底面的两个圆周线，单击"OK"按钮。选择"ALL DOF"作为约束自由度，单击"OK"按钮，结果如图 5-13 所示。

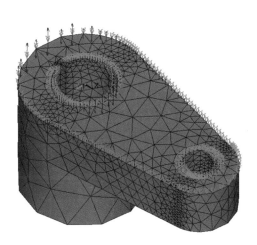

图 5-13　施加位移约束的结果

2）在小轴孔圆周面上、大轴孔孔台上和键槽的一侧施加压力载荷。在 GUI 界面中，选择"Main Menu"→"Solution"→"Define Loads"→"Apply"→"Structural"→"Pressure"→"On Areas"命令，弹出"Apply PRES on Areas"对话框，选择小轴孔的内圆周面和小轴孔的圆台，单击"OK"按钮，如图 5-14 所示。

打开"Apply PRES on areas"对话框，在"VALUE Load PRES value"文本框中输入"1e6"，如图 5-15 所示。单击"OK"按钮，所得结果如图 5-16 所示。

图 5-14　选择面　　　　图 5-15　定义压力的大小

用同样的方法，在大轴孔孔台上和键槽的一侧分别施加大小为"1e7"和"1e5"的压力载荷。

从实用菜单中选择"Utility Menu"→"PlotCtrls"→"Symbols..."命令，弹出"Symbols"对话框，设置"Show pres and convect as"（用表面上的线显示压力值）为"Face outlines"，单击"OK"按钮，如图 5-17 所示。

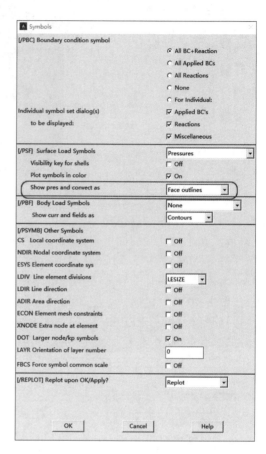

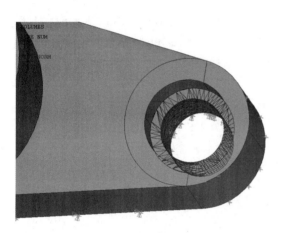

图 5-16　在小轴孔圆周面上施加压力的结果

图 5-17　显示载荷符号

从实用菜单中选择"Utility Menu"→"Plot"→"Areas"命令，结果如图 5-18 所示。

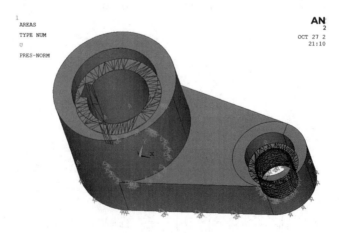

图 5-18　显示载荷

单击"SAVE-DB"按钮，保存数据库。

6. 求解

在 GUI 界面中，选择"Main Menu"→"Solution"→"Solve"→"Current LS"命令，打开一个确认对话框和状态列表，如图 5-19 所示，要求查看列出的求解选项。

查看列表中的信息，确认无误后，单击"OK"按钮，开始求解。当弹出如图 5-20 所示的"Solution is done!"提示后，求解完成。

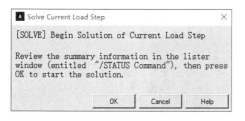

图 5-19　求解当前载荷步确认对话框

图 5-20　提示求解完成

7. 查看结果——显示位移云图

三维实体需要查看三个方向的位移和总的位移。

在 GUI 界面中，选择"Main Menu"→"General Postproc"→"Plot Results"→"Contour Plot"→"Nodal Solution"命令，弹出如图 5-21 所示的"Contour Nodal Solution Data"对话框。选择"DOF Solution"列表中的"Displacement vector sum"，设置"Undisplaced shape key"为"Deformed shape with undeformed edge"（变形后和未变形轮廓线），单击"OK"按钮，即可在工作区中看到总的位移云图，包含变形前的轮廓线，如图 5-22 所示。

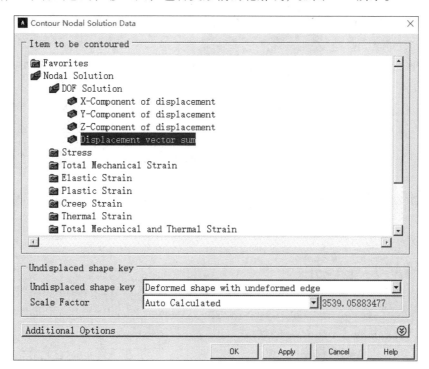

图 5-21　"Contour Nodal Solution Data"对话框（一）

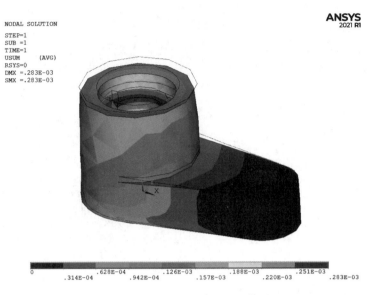

图 5-22　总的位移云图

用同样的方法可查看 X、Y、Z 方向的位移云图，如图 5-23~图 5-25 所示。

122

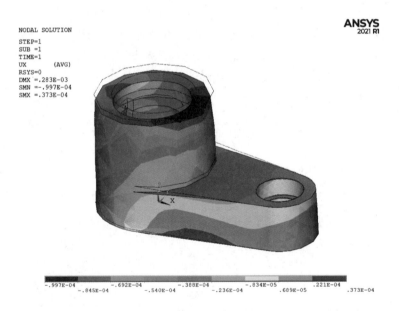

图 5-23　X 方向的位移云图

8. 查看结果——显示应力云图

在 GUI 界面中，选择 "Main Menu"→"General Postproc"→"Plot Results"→"Contour Plot"→"Nodal Solution" 命令，弹出如图 5-26 所示的 "Contour Nodal Solution Data" 对话框。选择 "Stress" 列表中的 "von Mises stress"，设置 "Undisplaced shape key" 为 "Deformed shape only"（仅显示变形后模型），单击 "OK" 按钮，即可在工作区中看到等效应力分布云图，如图 5-27 所示。

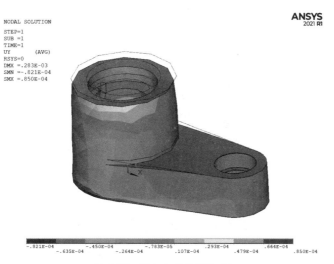

图 5-24　*Y* 方向的位移云图

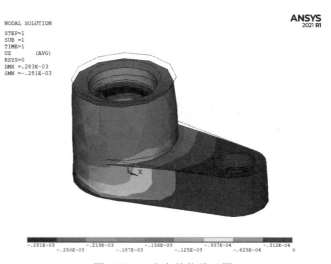

图 5-25　*Z* 方向的位移云图

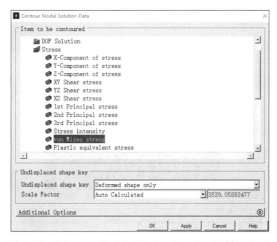

图 5-26　"Contour Nodal Solution Data" 对话框（二）

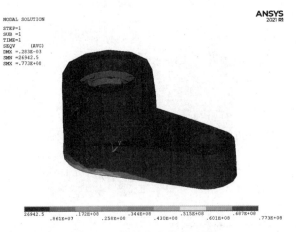

图 5-27　等效应力分布云图

用同样的方法可查看 X、Y、Z 方向的应力分布云图，如图 5-28～图 5-30 所示。

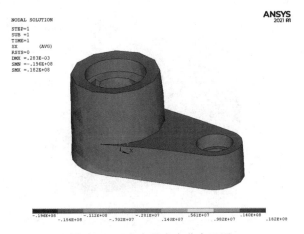

图 5-28　X 方向的应力分布云图

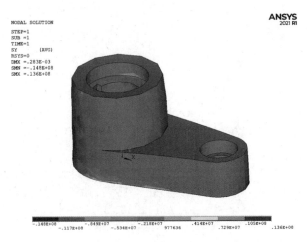

图 5-29　Y 方向的应力分布云图

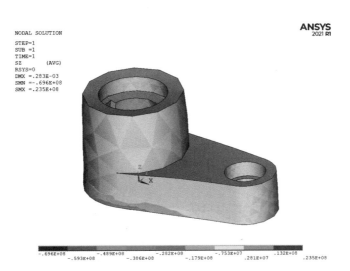

图 5-30　Z 方向的应力分布云图

9. 查看结果——查询危险点坐标

在 GUI 界面中，选择 "Main Menu" → "General Postproc" → "Plot Results" → "Contour Plot" → "Nodal Solution" 命令，弹出 "Contour Nodal Solution Data" 对话框。选择 "Stress" 列表中的 "1st Principal stress"，单击 "OK" 按钮，即可在工作区中看到第一主应力云图，如图 5-31 所示。

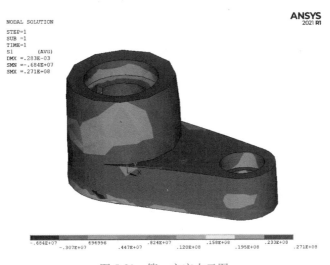

图 5-31　第一主应力云图

在 GUI 界面中，选择 "Main Menu" → "General Postproc" → "Query Results" → "Subgrid Solu" 命令，弹出如图 5-32 所示的 "Query Subgrid Solution Data" 对话框。选择 "Stress" → "1st principal S1"，单击 "OK" 按钮，弹出如图 5-33 所示的 "Query Subgrid Results" 对话框。单击 "Max" 按钮，"Query Subgrid Results" 对话框即显示应力最大的坐标及坐标信息，同时该点的应力值也在工作区中被标出，如图 5-34 所示。

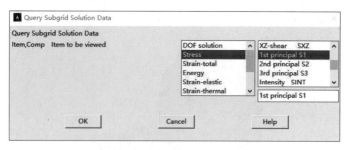

图 5-32 "Query Subgrid Solution Data" 对话框

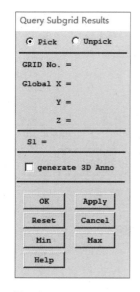

图 5-33 "Query Subgrid
Results" 对话框

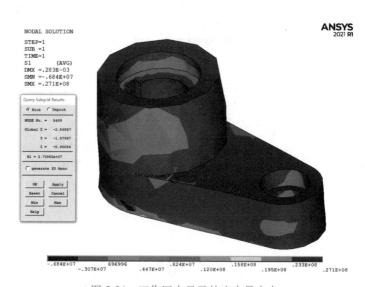

图 5-34 工作区中显示的应力最大点

10. 查看结果——应力动画

从实用菜单中选择 "Utility Menu"→"PlotCtrls"→"Animate"→"Deformed Results..." 命令,弹出 "Animate Nodal Solution Data" 对话框。选择 "Stress"→"von Mises SEQV",单击 "OK" 按钮,如图 5-35 所示。若要停止播放应力动画,则单击 "Stop" 按钮即可,如图 5-36 所示。

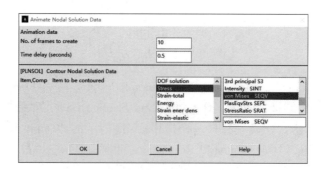

图 5-35 选择动画内容

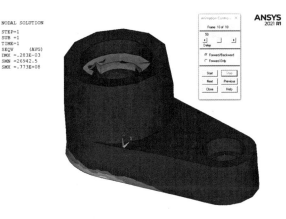

图 5-36 播放动画

5.1.3 命令流操作

该联轴体的静力学分析还可以通过如下命令流实现：

```
/FILNAME,Coupling2,0                    /PREP7
/TITLE,static ansys of a rod            ! *
              ! 设定分析作业名和标题       ET,1,SOLID187   !定义单元类型
!/REPLOT                                 ! *
! *                                      ! *
/NOPR                                    MPTEMP,,,,,,,,
/PMETH,OFF,0                             MPTEMP,1,0
KEYW,PR_SET,1                            MPDATA,EX,1,,2.06e11
KEYW,PR_STRUC,1                          MPDATA,PRXY,1,,0.3
KEYW,PR_THERM,0                          CYL4,0,0,5,,,,10
KEYW,PR_FLUID,0                          CYL4,12,0,3,,,,4
KEYW,PR_ELMAG,0                          LOCAL,11,1,0,0,0,,,,1,1,
KEYW,MAGNOD,0                                          !定义材料属性
KEYW,MAGEDG,0                            K,110,5,-80,,
KEYW,MAGHFE,0                            K,120,5,80,,
KEYW,MAGELC,0                            LOCAL,12,1,12,0,0,,,,1,1,
KEYW,PR_MULTI,0                          K,130,3,-80.83,,
KEYW,PR_CFD,0                            K,140,3,80.83,,
/GO                                     LSTR,     120,    110
! *                                      LSTR,     110,    130
!/COM,                                   LSTR,     130,    140
!/COM,Preferences for GUI filtering      LSTR,     140,    120
have been set to display:               FLST,2,4,4
!/COM,  Structural                      FITEM,2,21
! *                                      FITEM,2,22
```

```
FITEM,2,23                          FITEM,5,-8              !建立联轴体的三
FITEM,2,24                                                 维实体模型
AL,P51X                             CM,_Y,LINE
VOFFST,9,4,,                        LSEL,,,,P51X
FLST,2,1,8                          CM,_Y1,LINE
FITEM,2,0,0,8.5                     CMSEL,,_Y
WPAVE,P51X                          !*
CYL4,0,0,3.5,,,,1.5                 LESIZE,_Y1,,,10,,,,,1
CYL4,0,0,2.5,,,,-8.5                !*
FLST,2,2,6,ORDE,2                   MSHAPE,1,3D
FITEM,2,1                           MSHKEY,0
FITEM,2,3                           !*
FLST,3,2,6,ORDE,2                   CM,_Y,VOLU
FITEM,3,4                           VSEL,,,,        1
FITEM,3,-5                          CM,_Y1,VOLU
VSBV,P51X,P51X                      CHKMSH,'VOLU'
FLST,2,1,8                          CMSEL,S,_Y
FITEM,2,0,0,0                       !*
WPAVE,P51X                          VMESH,_Y1
BLOCK,0,-3,0.6,0.6,0,8.5,           !*
BLOCK,0,-3,-0.6,0.6,0,8.5,          CMDELE,_Y
VSBV,      7,       1               CMDELE,_Y1
FLST,2,1,8                          CMDELE,_Y2
FITEM,2,12,0,2.5                    !*
WPAVE,P51X                          !SAVE,Coupling2,db,  !划分网格
CYL4,0,0,2,,,,1.5                   FINISH
CYL4,0,0,1.5,,,,-2.5                /SOL
FLST,2,2,6,ORDE,2                   !/ANG,1,-30.000000,XS,1
FITEM,2,2                           !/REP,FAST
FITEM,2,6                           !/ANG,1,-30.000000,XS,1
FLST,3,2,6,ORDE,2                   !/REP,FAST
FITEM,3,1                           !/ANG,1,-30.000000,XS,1
FITEM,3,4                           !/REP,FAST
VSBV,P51X,P51X                      FLST,2,6,4,ORDE,5
FLST,2,3,6,ORDE,3                   FITEM,2,2
FITEM,2,3                           FITEM,2,-3
FITEM,2,5                           FITEM,2,22
FITEM,2,7                           FITEM,2,-24
VADD,P51X                           FITEM,2,109
!/USER, 1                           !*
FLST,5,4,4,ORDE,2                   /GO
FITEM,5,5                           DL,P51X,,UZ,
```

```
FLST,2,4,4,ORDE,4                          FITEM,2,43
FITEM,2,2                                  FITEM,2,46
FITEM,2,-3                                 /GO
FITEM,2,23                                 !*
FITEM,2,109                                SFA,P51X,1,PRES,10000000
!*                                         FLST,2,1,5,ORDE,1
/GO                                        FITEM,2,19
DL,P51X,,ALL,                              /GO
!/ANG,1,-30.000000,XS,1                    !*
!/REP,FAST                                 SFA,P51X,1,PRES,100000
!/ANG,1,-30.000000,XS,1                    !*
!/REP,FAST                                 !/PSF,PRES,NORM,2,0,1
!/ANG,1,-30.000000,XS,1                    !/PBF,DEFA,,1
!/REP,FAST                                 !/PIC,DEFA,,1
!/ANG,1,-30.000000,XS,1                    !/PSYMB,CS,1
!/REP,FAST                                 !/PSYMB,NDIR,0
!/ANG,1,-30.000000,XS,1                    !/PSYMB,ESYS,0
!/REP,FAST                                 !/PSYMB,LDIV,0
!/ANG,1,-30.000000,XS,1                    !/PSYMB,LDIR,0
!/REP,FAST                                 !/PSYMB,ADIR,0
!/ANG,1,-30.000000,XS,1                    !/PSYMB,ECON,0
!/REP,FAST                                 !/PSYMB,XNODE,0
!/ANG,1,-30.000000,YS,1                    !/PSYMB,DOT,1
!/REP,FAST                                 !/PSYMB,PCONV,
!/ANG,1,30.000000,YS,1                     !/PSYMB,LAYR,0
!/REP,FAST                                 !/PSYMB,FBCS,0
!/ANG,1,-30.000000,XS,1                    !/PBC,ALL,,1
!/REP,FAST                                 !/REP
FLST,2,8,5,ORDE,8                          !APLOT
FITEM,2,13                                 !/STATUS,SOLU
FITEM,2,15                                 SOLVE           !定义边界条件并求解
FITEM,2,25                                 FINISH
FITEM,2,-26                                /POST1
FITEM,2,41                                 !/EFACE,1
FITEM,2,-42                                AVPRIN,0,,
FITEM,2,51                                 !PLNSOL,U,X,2,1
FITEM,2,-52                                !/EFACE,1
/GO                                        AVPRIN,0,,
!*                                         !PLNSOL,U,Y,2,1
SFA,P51X,1,PRES,1e6                        !/EFAC..,E,1
FLST,2,3,5,ORDE,3                          AVPRIN,0,,
FITEM,2,34                                 !PLNSOL,U,Z,2,1  !查看变形
```

129

```
!/EFACE,1                          AVPRIN,0,,
AVPRIN,0,,                         !PLNSOL,S,Z,0,1          !查看应力
!PLNSOL,U,SUM,2,1                  !/EFACE,1
!/EFACE,1                          AVPRIN,0,,
AVPRIN,0,,                         !PLNSOL,S,EQV,0,1
!PLNSOL,S,X,0,1                    !PLNSOL,U,SUM
!/EFACE,1                          !*
AVPRIN,0,,                         ANCNTR,10,0.5           !应力动画
!PLNSOL,S,Y,0,1                    !SAVE,Coupling2,db,
!/EFACE,1
```

5.2 接触问题分析

5.2.1 接触问题分类

接触问题存在以下两个较大的难点：

1）在求解问题之前，不知道接触区域，表面之间是接触还是分开是未知的、突然变化的，这些随载荷、材料、边界条件和其他因素而定。

2）大多数接触问题需要计算摩擦，有几种摩擦和模型可供挑选，它们都是非线性的，摩擦使问题的收敛性变得困难。

接触问题分为两种基本类型，即刚体—柔体的接触和半柔体—柔体的接触。在刚体—柔体的接触问题中，接触面的一个或多个被当作刚体（与它接触的变形体相比，有大得多的刚度）。一般情况下，一种软材料和一种硬材料接触时，问题可以被假定为刚体—柔体的接触，许多金属成形问题归为此类接触。半柔体—柔体的接触是一种更普遍的类型，在这种情况下，两个接触体都是变形体（有近似的刚度）。

ANSYS 支持三种接触方式，即点—点、点—面、面—面，每种接触方式使用的接触单元适用于某一类问题。

5.2.2 接触单元

为了给接触问题建模，首先必须认识到模型中的哪些部分可能会相互接触，如果相互作用的其中之一是一点，那么模型的对应组元是一个节点。如果相互作用的其中之一是一个面，则模型的对应组元是单元，如梁单元、壳单元或实体单元。有限元模型通过指定的接触单元来识别可能的接触对，接触单元是覆盖在分析模型接触面之上的一层单元，关于ANSYS 使用的接触单元和使用过程，下面分类详述。

1. 点—点接触单元

点—点接触单元主要用于模拟点—点的接触行为。为了使用点—点的接触单元，需要预先知道接触位置。这类接触问题只能适用于接触面之间有较小相对滑动的情况（即使在几何非线性情况下）。

如果两个面上的节点一一对应，相对滑动可以忽略不计，两个面保持小量挠度（转

动），那么可以用点—点的接触单元来求解面—面的接触问题，过盈装配问题就是一个用点—点的接触单元来模拟面—面接触问题的典型例子。

2. 点—面接触单元

点—面接触单元主要用于给点—面的接触行为建模，如两根梁的相互接触。

如果通过一组节点来定义接触面，生成多个单元，那么可以通过点—面的接触单元来模拟面—面的接触问题。面既可以是刚性体，也可以是柔性体，这类接触问题的一个典型例子是插头插到插座里。使用这类接触单元，不需要预先知道确切的接触位置，接触面之间也不需要保持一致的网格，并且允许有大的变形和大的相对滑动。

Contact48 和 Contact49 都是点—面的接触单元，Contact26 用来模拟柔性点—刚性面的接触，对有不连续的刚性面的问题，不推荐采用 Contact26，因为可能导致接触的丢失，在这种情况下，Contact48 通过使用伪单元算法能提供较好的建模能力。

3. 面—面接触

ANSYS 支持刚体—柔体的面—面的接触单元，刚性面被当作"目标"面，分别用 Targe169 和 Targe170 来模拟 2D 和 3D 的"目标"面。柔性体的表面被当作"接触"面，用 Conta171、Conta172、Conta173、Conta174 来模拟。一个目标单元和一个接触单元称为一个接触对，程序通过一个共享的实常数号来识别接触对。为了建立一个接触对，应给目标单元和接触单元指定相同的实常数号。

与点—面接触单元相比，面—面接触单元具有以下几个优点：

1）支持低阶和高阶单元。

2）支持有大滑动和摩擦的大变形、协调刚度矩阵计算、不对称单元刚度矩阵的计算。

3）提供工程采用的更好的接触结果，如法向压力和摩擦应力。

4）没有刚体表面形状的限制，刚体表面的光滑性不是必需的，允许有自然的或网格离散引起的表面不连续。

5）需要较多的接触单元，因而只需较小的存储空间和较短的 CPU 时间。

6）允许多种建模控制，如绑定接触、渐变初始渗透、目标面自动移动到初始接触、平移接触面、支持单元分析、支持耦合场分析、支持磁场接触分析等。

131

5.2.3 实例——齿轮副的接触分析

本小节通过一对接触的齿轮进行接触应力分析，来介绍 ANSYS 接触问题的分析过程。本例中设置一对啮合的齿轮在工作时产生接触，分析其接触的位置、面积和接触力的大小。标准齿轮模型如图 5-37 所示，其参数见表 5-1。

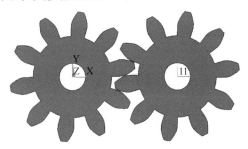

图 5-37 标准齿轮模型

表 5-1　齿轮副参数

参数名称	参数值
齿顶圆直径	48mm
齿根圆直径	30mm
齿数	10
厚度	4mm
弹性模量	2.06×10^{11} Pa
摩擦系数	0.1
中心距	40mm

1. 设置分析环境

从实用菜单中选择"Utility Menu"→"File"→"Change Jobname"命令,打开"Change Jobname"(修改文件名)对话框,如图 5-38 所示。在"Enter new jobname"(输入新的文件名)后面的文本框中输入"Gears Contact",作为本分析实例的数据库文件名。单击"OK"按钮,完成文件名的修改。

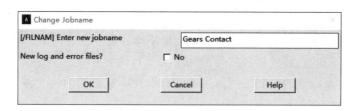

图 5-38　修改文件名对话框

从实用菜单中选择"Utility Menu"→"File"→"Change Title"命令,打开"Change Title"(修改标题)对话框,如图 5-39 所示。在"Enter new title"(输入新标题)后面的文本框中输入"contact analysis of two gears",作为本分析实例的标题名。

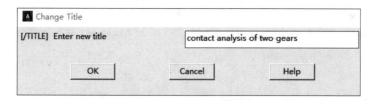

图 5-39　修改标题对话框

从实用菜单中选择"Utility Menu"→"Plot"→"Replot"命令,指定的标题"contact analysis of two gears"将显示在图形窗口的左下角。

从主菜单中选择"Main Menu"→"Preferences"命令,打开"Preferences of GUI Filtering"(菜单过滤参数选择)对话框,选中"Structural"复选按钮,单击"OK"按钮确定。

2. 定义单元类型

在进行有限元分析时，首先应根据分析问题的几何结构、分析类型和所分析的问题精度要求等，选定适合具体分析的单元类型。本例中选用四节点四边形板单元PLANE182。PLANE182不仅可用于计算平面应力问题，还可用于分析平面应变和轴对称问题。

从主菜单中选择"Main Menu"→"Preprocessor"→"Element Type"→"Add/Edit/Delete"命令，打开"Element Types"（单元类型）对话框。单击"Add"按钮，打开"Library of Element Types"（单元类型库）对话框，如图5-40所示。在左边的列表框中选择"Solid"选项，即选择实体单元类型；在右边的列表中选择"Quad 4 node 182"选项，即选择四节点四边形板单元PLANE182。单击"OK"按钮，将添加PLANE182单元，并关闭单元类型库对话框，同时返回单元类型对话框中。

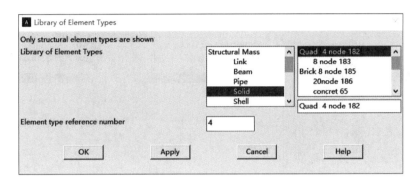

图 5-40　单元类型库对话框

单击"Options"按钮，打开如图5-41所示的"PLANE182 element type options"（单元选项设置）对话框，对PLANE182单元进行设置，使其可用于计算平面应力问题。

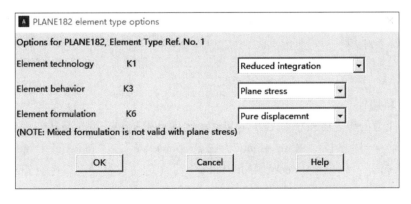

图 5-41　单元选项设置对话框

在"Element technology"后面的下拉列表框中选择"Reduced integration"选项，在"Element behavior"（单元行为方式）后面的下拉列表框中选择"Plane stress"（平面应力）选项。单击"OK"按钮，关闭单元选项设置对话框，返回单元类型对话框中。单击

"Close"按钮,关闭单元类型对话框,结束单元类型的添加。

3. 定义实常数

若要使用平面应力行为方式的PLANE182单元,则需要设置其厚度实常数。

从主菜单中选择"Main Menu"→"Preprocessor"→"Real Constants"→"Add/Edit/Delete"命令,打开如图5-42所示的"Real Constants"(实常数)对话框。单击"Add"按钮,打开如图5-43所示的"Element Type for Real Constants"(实常数单元类型)对话框,要求选择欲定义实常数的单元类型。

本例中只定义了一种单元类型,在已定义的单元类型列表中选择"Type 1 PLANE182",将为PLANE182单元类型定义实常数,在弹出的对话框中将厚度设置为"4"。单击"OK"按钮,关闭实常数单元类型对话框,打开该单元类型"Real Constant Set"(实常数设置)对话框。单击"OK"按钮,关闭实常数设置对话框,返回实常数对话框中,如图5-44所示,显示已经定义了一组实常数。

图5-42　实常数对话框　　　　图5-43　实常数单元类型对话框　　　　图5-44　已经定义的实常数

单击"Close"按钮,关闭实常数对话框。

4. 定义材料属性

在考虑惯性力的静力分析中,必须定义材料的弹性模量和密度,具体步骤如下。

1) 从主菜单中选择"Main Menu"→"Preprocessor"→"Material Props"→"Materia Model"命令,打开"Define Material Model Behavior"(定义材料模型属性)窗口,如图5-45所示。

2) 依次选择"Structural"→"Linear"→"Elastic"→"Isotropic"选项,展开材料属性的树形结构,将打开1号材料的弹性模量EX和泊松比PRXY的定义对话框,如图5-46所示。在"EX"后面的文本框中输入弹性模量"2.06E11",在"PRXY"后面的文本框中输入泊松比"0.3"。单击"OK"按钮,关闭该对话框,并返回定义材料模型属性窗口,在该窗口的左边一栏将出现刚定义的参考号为1的材料属性。

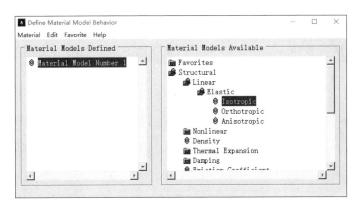

图 5-45　定义材料模型属性窗口

3）依次选择"Structural"→"Friction Coefficient"选项，打开定义摩擦系数对话框，如图 5-47 所示。在"MU"后面的文本框中输入密度数值"0.3"。单击"OK"按钮，关闭该对话框，并返回定义材料模型属性窗口，在该窗口的左边一栏参考号为 1 的材料属性下方出现摩擦系数。

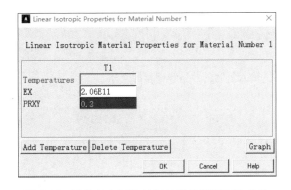

图 5-46　线性各向同性材料的弹性模量和泊松比

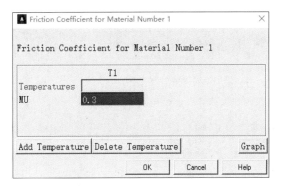

图 5-47　定义材料摩擦系数对话框

4）在"Define Material Model Behavior"窗口中，选择菜单"Material"→"Exit"命令，或者单击右上角的"关闭"按钮，退出定义材料模型属性窗口，完成对材料模型属性的定义。

5. 建立齿轮面模型

在使用 PLANE 系列单元时，要求模型必须位于全局 XY 平面内。默认的工作平面即为全局 XY 平面，因此可以直接在默认的工作平面内创建齿轮面。

建立齿轮面模型采用的方法与 5.1.2 小节中的实例一致，均使用后面的命令流（5.2.4 命令流操作）实现建模。

1）将激活的坐标系设置为总体直角坐标系。从实用菜单中选择"Utility Menu"→"WorkPlane"→"Change Active CS to"→"Global Cartesian"命令。

2）在直角坐标系下进行复制面。选择"Main Menu"→"Preprocessor"→"Modeling"→"Copy"→"Areas"命令，弹出"Copy Areas"对话框，单击"Pick All"按钮，如图 5-48 所示。

在弹出的对话框中，ANSYS 会提示复制的数量和偏移的坐标，在"Number of copies including original"后面的文本框中输入"2"，在"X-offset in active CS"后面的文本框中输入"40"，单击"OK"按钮，如图 5-49 所示。复制面的结果如图 5-50 所示。

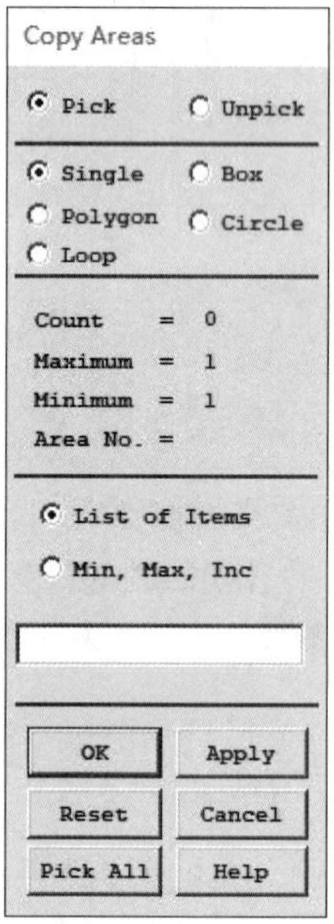

图 5-48　复制面

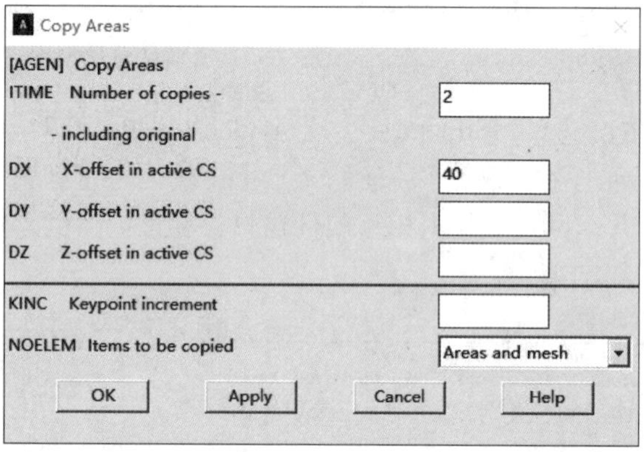

图 5-49　输入复制的数量和偏移的坐标

图 5-50　复制面的结果

3）创建局部坐标系。从实用菜单中选择"Utility Menu"→"WorkPlane"→"Local Coordinate Systems"→"Create Local CS"→"At Specified Loc"命令，弹出"Create CS at Location"对话框，在其文本框中输入"40，0，0"，单击"OK"按钮，如图 5-51 所示。弹出"Create

Local CS at Specified Location"对话框，在"KCN Ref number of new coord sys"后面的文本框中输入"11"，在"KCS Type of coordinate system"后面的下拉列表框中选择"Cylindrical 1"，在"XC，YC，ZC Origin of coord system"后面的三个文本框中分别输入"40""0""0"，单击"OK"按钮，如图 5-52 所示。

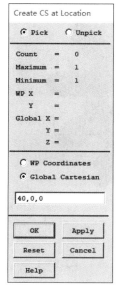

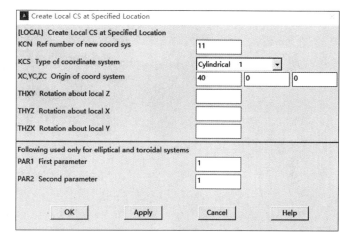

图 5-51　输入坐标　　　　　　　　　　　图 5-52　创建局部坐标系

4）将激活的坐标系设置为局部坐标系。从实用菜单中选择"Utility Menu"→"WorkPlane"→"Change Active CS to"→"Specified Coord Sys"命令，在弹出的对话框的文本框中输入"11"，如图 5-53 所示。

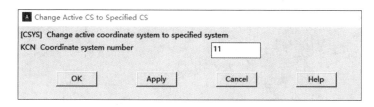

图 5-53　激活局部坐标系

5）在局部坐标系下复制面。从主菜单中选择"Main Menu"→"Preprocessor"→"Modeling"→"Copy"→"Areas"命令，弹出"Copy Areas"对话框，选择生成的第二个面，单击"OK"按钮。在弹出的对话框中，ANSYS 会提示复制的数量和偏移的坐标，在"Number of copies including original"后面的文本框中输入"2"，在"Y-offset in active CS"后面的文本框中输入"-1.8"，单击"OK"按钮，将产生第三个面。

6）删除第二个面。从主菜单中选择"Main Menu"→"Preprocessor"→"Modeling"→"Delete"→"Area and Below"命令，选择第二个面，由于第二个面和第三个面的位置接近，所以 ANSYS 会产生提示，如图 5-54 所示。单击提示对话框中的"OK"按钮，最终生成的结果如图 5-55 所示。

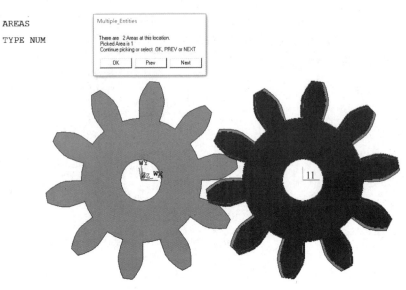

图 5-54　选择要删除的面

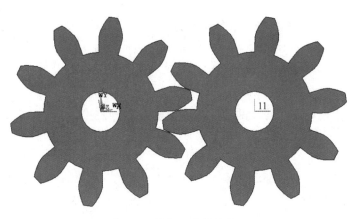

图 5-55　最终生成的结果

7）存储数据库 ANSYS。单击"SAVE-DB"按钮，保存数据库。

6. 对齿面划分网格

本节选用 PLANE182 单元对齿面划分映射网格。

从主菜单中选择"Main Menu"→"Preprocessor"→"Meshing"→"MeshTool"命令，打开"MeshTool"对话框，如图 5-56 所示。在"Mesh"后面的下拉列表框中选择"Areas"，单击"Mesh"按钮，打开面选择对话框，按要求选择划分的面，单击"Pick All"按钮，如图 5-57 所示。

ANSYS 会根据进行的线控制划分面，划分网格时会出现 ANSYS 提示对话框，单击其中的"OK"按钮。网格划分结果如图 5-58 所示。

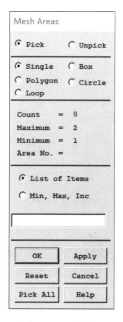

图 5-56 网格划分工具　　　　　图 5-57 选择面

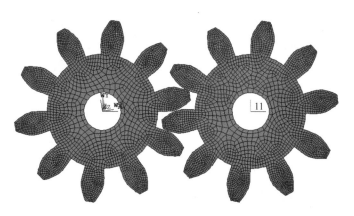

图 5-58 网格划分结果

7. 定义接触对

从实用菜单中选择"Utility Menu"→"Select"→"Entities"命令，弹出实体选择对话框，

在类型下拉列表框中选择"Lines",单击"Apply"按钮,如图 5-59 所示。打开线选择对话框,如图 5-60 所示,选择一个齿轮上可能与另一个齿轮相接触的线,单击"OK"按钮。

从实用菜单中选择"Utility Menu"→"Select"→"Entities"命令,弹出实体选择对话框,在类型下拉列表框中选择"Nodes",在选择方式下拉列表框中选择"Attached to",在单选列表中选中"Lines,all"单选按钮,如图 5-61 所示。

图 5-59　选择线控制

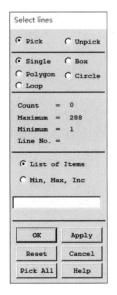
图 5-60　线选择对话框

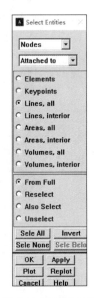
图 5-61　选择节点

从实用菜单中选择"Utility Menu"→"Select"→"Comp/Assembly"→"Create Component"命令,弹出"Create Component"对话框,在"Cname Component name"后面的文本框中输入"node 1",单击"OK"按钮,如图 5-62 所示。

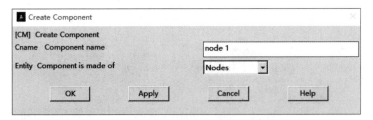
图 5-62　定义部件

从实用菜单中选择"Utility Menu"→"Select"→"Entities"命令,弹出实体选择对话框。先选择线,在类型下拉列表框中选择"Lines",在选择方式下拉列表框中选择"By Num/Pick",单击"Apply"按钮。打开线选择对话框,选择另一个齿轮上可能与前一个齿轮相接触的线,单击"OK"按钮。

从实用菜单中选择"Utility Menu"→"Select"→"Entities"命令,弹出实体选择对话框,在类型下拉列表框中选择"Nodes",在选择方式下拉列表框中选择"Attached to",在单选列表中选中"Lines,all"单选按钮。

从实用菜单中选择"Utility Menu"→"Select"→"Comp/Assembly"→"Create Component"命令，弹出"Create Component"对话框，在"Cname Component name"后面的文本框中输入"node 2"，单击"OK"按钮。这样就定义了节点集合。

从实用菜单中选择"Utility Menu"→"Select"→"Everything"命令，在弹出的工具窗口中单击接触定义向导按钮，如图5-63所示。

图 5-63　接触定义向导按钮

ANSYS将会打开"Pair Based Contact Manager"对话框，如图5-64所示。单击创建按钮会弹出第2步向导。

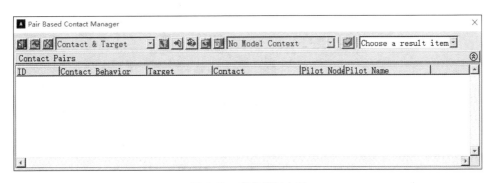

图 5-64　定义接触向导

在对话框中选择"NODE1"选项，单击"Next"按钮，如图5-65所示，会打开下一步操作的向导。

在对话框中选择"NODE2"选项，单击"Next"按钮，如图5-66所示。

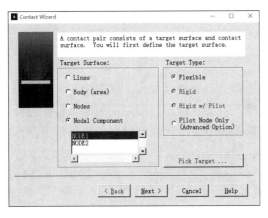

图 5-65　第2步向导

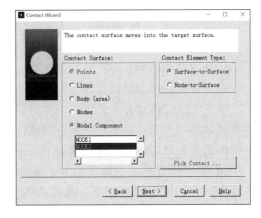

图 5-66　第3步向导

在第4步向导对话框中，单击"Create"按钮，如图5-67所示。

141

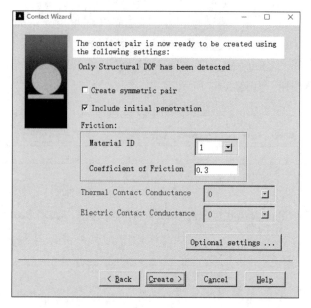

图 5-67　第 4 步向导

ANSYS 会提示接触对建立完成，在弹出的提示对话框中单击"OK"按钮，所得结果如图 5-68 所示。

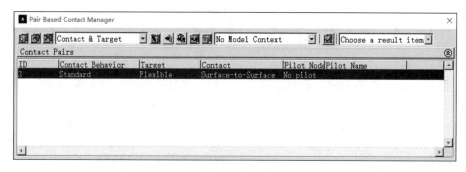

图 5-68　建立接触对的结果

8. 定义边界条件

建立有限元模型后，就需要定义分析类型和施加边界条件及载荷，然后求解。

本实例的位移边界条件为将一个齿轮内径边缘节点的径向位移固定，另一个齿轮内径边缘节点的各个方向位移固定。为施加周向位移，需要将节点坐标系旋转到柱坐标系下。给第一个齿轮施加角位移，具体步骤如下：

1) 从实用菜单中选择 "Utility Menu"→"WorkPlane"→"Change Active CS to"→"Global Cylindrical" 命令，将激活坐标系切换到柱坐标系下。

2) 从主菜单中选择 "Main Menu"→"Preprocessor"→"Modeling"→"Move/Modify"→"Rotate Node CS"→"To Active CS" 命令，打开节点选择对话框，要求选择要旋转的坐标系的节点（即第一个齿轮内径边缘节点）。

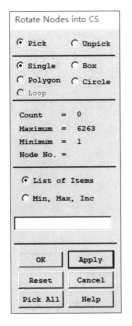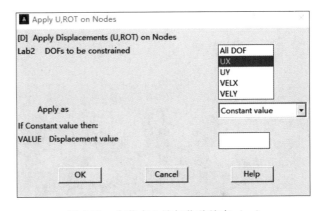

3）选择第一个齿轮内径上的所有节点，单击"Apply"按钮，节点的节点坐标系都将被旋转到当前激活坐标系，即柱坐标系下，如图5-69所示。

4）从主菜单中选择"Main Menu"→"Solution"→"Define Loads"→"Apply"→"Structural"→"Displacement"→"on Nodes"命令，打开节点选择对话框，要求选择要施加位移约束的节点（即第一个齿轮内径边缘节点）。

5）选择第一个齿轮内径上的所有节点，单击"Apply"按钮，打开"Apply U, ROT on Nodes"（在节点上施加位移约束）对话框，如图5-70所示。

图 5-69　选择节点　　　　　　图 5-70　在节点上施加位移约束（一）

6）选择"UX"（X方向位移）选项，此时节点坐标系为柱坐标系，X方向为径向，即施加径向位移约束。

7）单击"OK"按钮，ANSYS在选定节点上施加指定的位移约束。

8）从主菜单中选择"Main Menu"→"Solution"→"Define Loads"→"Apply"→"Structural"→"Displacement"→"on Nodes"命令，打开节点选择对话框，要求选择要施加位移约束的节点（即第一个齿轮内径边缘节点）。

9）选择第一个齿轮内径上的所有节点，单击"Apply"按钮，打开"Apply U, ROT on Nodes"对话框，如图5-71所示。

10）选择"UY"选项，此时节点坐标系为柱坐标系，Y方向为周向，即施加周向位移约束，在"Displacement value"后面的文本框中输入"-0.2"，单击"OK"按钮。

11）将激活的坐标系设置为总体直角坐标系。从实用菜单中选择"Utility Menu"→"WorkPlane"→"Change Active CS to"→"Global Cartesian"命令。

12）从主菜单中选择"Main Menu"→"Solution"→"Define Loads"→"Apply"→"Structural"→"Displacement"→"on Nodes"命令，打开节点选择对话框，要求选择要施加位移约束的节点。

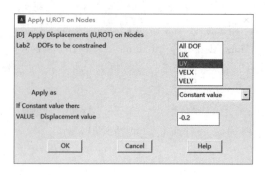

图 5-71　在节点上施加位移约束（二）

13）选择第二个齿轮内径上的所有节点，单击"Apply"按钮，打开"Apply U，ROT on Nodes"（在节点上施加位移约束）对话框。

14）选择"All DOF"（各方向位移）选项，施加各个方向位移约束，在"Displacement value"后面的文本框中输入"0"，单击"OK"按钮。所得结果如图 5-72 所示。

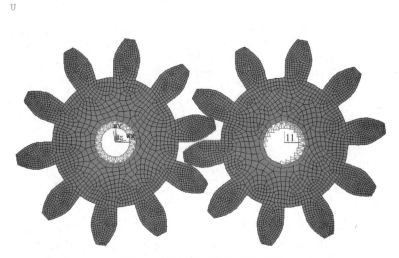

图 5-72　施加载荷和边界的结果

9. 求解

从主菜单中选择"Main Menu"→"Solution"→"Analysis Type"→"Sol'n Controls"命令，打开求解控制对话框，在"Analysis Options"下拉列表框中选择"Large Displacement Static"，在"Time at end of loadstep"文本框中输入"1"，在"Number of substeps"文本框中输入"20"，单击"OK"按钮，如图 5-73 所示。

从主菜单中选择"Main Menu"→"Solution"→"Solve"→"Current LS"命令，打开一个确认对话框，要求查看列出的求解选项。查看列表中的信息确认无误后，单击"OK"按钮，开始求解。

求解过程中会出现结果收敛与否的图形显示，如图 5-74 所示。

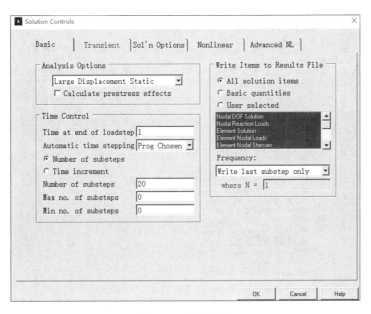

图 5-73　求解设置

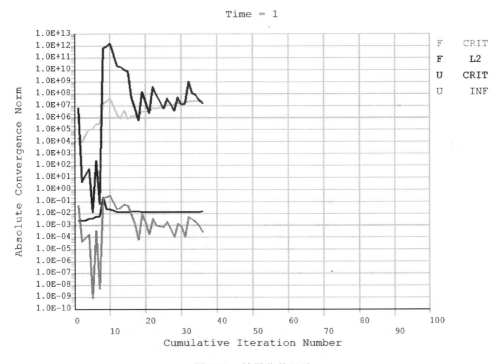

图 5-74　结果收敛显示

求解完成后关闭提示求解完成对话框。

10. 查看结果——等效应力

求解完成后，就可以利用 ANSYS 软件生成的结果文件进行后处理。静力分析中通常通

过 POST1 后处理器处理和显示大多数感兴趣的结果数据。

从主菜单中选择 "Main Menu" → "General Postproc" → "Plot Results" → "Contour Plot" → "Nodal Solution" 命令，打开 "Contour Nodal Solution Data" 对话框。在 "Item to be contoured" 栏中选择 "Stress" 选项，然后选择 "von Mises stress" 选项，如图 5-75 所示。

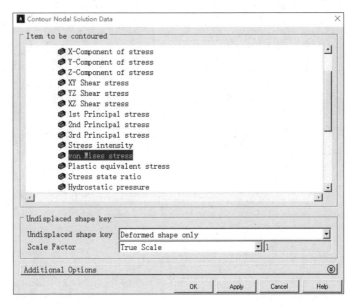

图 5-75 "Contour Nodal Solution Data" 对话框

在 "Undisplaced shape key" 下拉列表框中选择 "Deformed shape only" 选项，单击 "OK" 按钮，图形窗口中将显示出等效应力分布图，如图 5-76 所示。

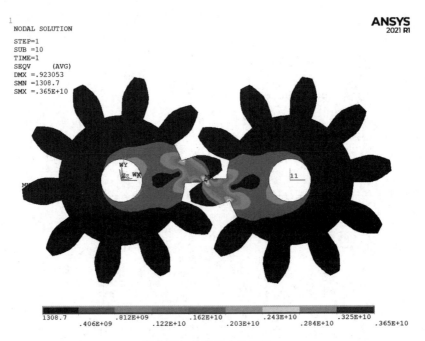

图 5-76 等效应力分布图

11. 查看结果——接触应力

从主菜单中选择"Main Menu"→"General Postproc"→"Plot Results"→"Contour Plot"→"Nodal Solution"命令，打开"Contour Nodal Solution Data"对话框。在"Item to be contoured"栏中选择"Contact"选项，再选择"Contact pressure"选项，如图 5-77 所示。

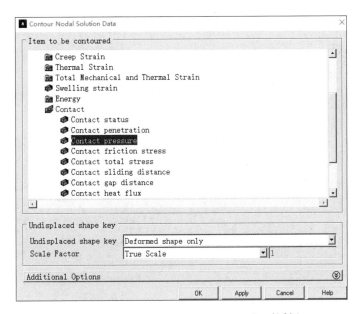

图 5-77　"Contour Nodal Solution Data"对话框

在"Undisplaced shape key"下拉列表框中选择"Deformed shape only"选项，单击"OK"按钮，图形窗口中将显示出接触应力分布图，如图 5-78 所示。

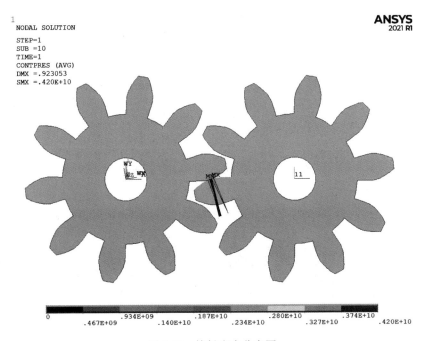

图 5-78　接触应力分布图

5.2.4 命令流操作

```
!设定分析作业名                          MPTEMP,1,0
!/FILNAME,geartoo,0                      MPDATA,EX,1,,2.06e11
!修改标题                                MPDATA,PRXY,1,,0.3
/TITLE,contact analysis of two gears     MPTEMP,,,,,,,,
!菜单过滤参数选择                        MPTEMP,1,0
!*                                       MPDATA,MU,1,,0.3
/NOPR                                    !建立齿轮面模型
KEYW,PR_SET,1                            !设置为柱坐标系
KEYW,PR_STRUC,1                          CSYS,1
KEYW,PR_THERM,0                          !定义一个关键点
KEYW,PR_FLUID,0                          K,1,15,0,,
KEYW,PR_ELMAG,0                          !定义一个点作为辅助点
KEYW,MAGNOD,0                            K,110,12.5,40,,
KEYW,MAGEDG,0                            !偏移工作平面到给定位置
KEYW,MAGHFE,0                            KWPAVE,    110
KEYW,MAGELC,0                            !旋转工作平面
KEYW,PR_MULTI,0                          wprot,-50,0,0
KEYW,PR_CFD,0                            !将激活的坐标系设置为工作平面坐标系
/GO                                      CSYS,4
!*                                       !建立第二个关键点
/COM,                                    K,2,10.489,0,,
/COM,Preferences for GUI filtering       !将激活的坐标系设置为总体柱坐标系
have been set to display:                CSYS,1
/COM,Structural                          !建立其余的辅助点
!*                                       K,120,12.5,44.5,,
/PREP7                                   K,130,12.5,49,,
!*                                       K,140,12.5,53.5,,
!定义单元类型                            K,150,12.5,58,,
!*                                       K,160,12.5,62.5,,
ET,1,PLANE182                            !将工作平面平移到第二个辅助点
!*                                       KWPAVE,    120
!定义材料属性                            !旋转工作平面
KEYOPT,1,1,1                             wprot,4.5,0,0
KEYOPT,1,3,0                             !将激活的坐标系设置为工作平面坐标系
KEYOPT,1,6,0                             CSYS,4
!*                                       !建立第三个关键点
R,1,,4,                                  K,3,12.221,0,,
!*                                       !将工作平面平移到第三个辅助点
!*                                       KWPAVE,    130
MPTEMP,,,,,,,,                           !旋转工作平面
```

148

```
wprot,4.5,0,0
!建立第四个关键点
K,4,14.182,0,,
!将工作平面平移到第四个辅助点
KWPAVE,    140
!旋转工作平面
wprot,4.5,0,0
!建立第五个关键点
K,5,16.011,0,,
!将工作平面平移到第五个辅助点
KWPAVE,    150
!旋转工作平面
wprot,4.5,0,0
!建立第六个关键点
K,6,17.663,0,,
!将工作平面平移到第六个辅助点
KWPAVE,    160
!旋转工作平面
wprot,4.5,0,0
!建立第七个关键点
K,7,19.349,0,,
!将激活的坐标系设置为柱坐标系
CSYS,1
!建立编号为8、9、10的关键点
K,8,24,7.06,,
K,9,24,9.87,,
K,10,15,-8.13,,
!在柱坐标系中创建圆弧线
LSTR,      10,      1
LSTR,       1,      2
LSTR,       2,      3
LSTR,       3,      4
LSTR,       4,      5
LSTR,       5,      6
LSTR,       6,      7
LSTR,       7,      8
LSTR,       8,      9
!把齿轮边上的线加起来,使其成为一条线
FLST,2,7,4,ORDE,2
FITEM,2,2
FITEM,2,-8
LCOMB,P51X,,0
```

```
!偏移工作平面到直角坐标系的原点
CSYS,0
WPAVE,0,0,0
CSYS,1
! *
!将工作平面与直角坐标系对齐
WPCSYS,-1,0
!将工作平面旋转9.87°
wprot,9.87,0,0
!将激活的坐标系设置为工作平面坐标系
CSYS,4
!将所有线沿XZ面进行镜像(在Y方向)
FLST,3,3,4,ORDE,3
FITEM,3,1
FITEM,3,-2
FITEM,3,9
LSYMM,Y,P51X,,,1000,0,0
!把齿顶上的两条线连接起来
FLST,2,2,4,ORDE,2
FITEM,2,5
FITEM,2,9
LGLUE,P51X
!把齿顶上的两条线加起来,使其成为一
 条线
FLST,2,2,4,ORDE,2
FITEM,2,5
FITEM,2,-6
LCOMB,P51X,,0
!在柱坐标系下复制线
!将激活的坐标系设置为柱坐标系
CSYS,1
FLST,3,5,4,ORDE,2
FITEM,3,1
FITEM,3,-5
LGEN,10,P51X,,,,36,,,0
!把齿根上的所有线连接起来
FLST,2,2,4,ORDE,2
FITEM,2,38
FITEM,2,41
LGLUE,P51X
FLST,2,2,4,ORDE,2
FITEM,2,43
```

```
FITEM,2,46
LGLUE,P51X
FLST,2,2,4,ORDE,2
FITEM,2,1
FITEM,2,48
LGLUE,P51X
FLST,2,2,4,ORDE,2
FITEM,2,3
FITEM,2,6
LGLUE,P51X
FLST,2,2,4,ORDE,2
FITEM,2,8
FITEM,2,11
LGLUE,P51X
FLST,2,2,4,ORDE,2
FITEM,2,13
FITEM,2,16
LGLUE,P51X
FLST,2,2,4,ORDE,2
FITEM,2,18
FITEM,2,21
LGLUE,P51X
FLST,2,2,4,ORDE,2
FITEM,2,23
FITEM,2,26
LGLUE,P51X
FLST,2,2,4,ORDE,2
FITEM,2,28
FITEM,2,31
LGLUE,P51X
FLST,2,2,4,ORDE,2
FITEM,2,33
FITEM,2,36
LGLUE,P51X
!把齿根上的所有线加起来
FLST,2,2,4,ORDE,2
FITEM,2,38
FITEM,2,51
LCOMB,P51X,,0
FLST,2,2,4,ORDE,2
FITEM,2,41
FITEM,2,43
```

```
LCOMB,P51X,,0
FLST,2,2,4,ORDE,2
FITEM,2,1
FITEM,2,46
LCOMB,P51X,,0
FLST,2,2,4,ORDE,2
FITEM,2,3
FITEM,2,48
LCOMB,P51X,,0
FLST,2,2,4,ORDE,2
FITEM,2,6
FITEM,2,8
LCOMB,P51X,,0
FLST,2,2,4,ORDE,2
FITEM,2,11
FITEM,2,13
LCOMB,P51X,,0
FLST,2,2,4,ORDE,2
FITEM,2,16
FITEM,2,18
LCOMB,P51X,,0
FLST,2,2,4,ORDE,2
FITEM,2,21
FITEM,2,23
LCOMB,P51X,,0
FLST,2,2,4,ORDE,2
FITEM,2,26
FITEM,2,28
LCOMB,P51X,,0
FLST,2,2,4,ORDE,2
FITEM,2,31
FITEM,2,33
LCOMB,P51X,,0
!把所有线连接起来
FLST,2,40,4,ORDE,21
FITEM,2,1
FITEM,2,-7
FITEM,2,9
FITEM,2,-12
FITEM,2,14
FITEM,2,-17
FITEM,2,19
```

```
FITEM,2,-22                          FITEM,2,76
FITEM,2,24                           FITEM,2,75
FITEM,2,-27                          FITEM,2,21
FITEM,2,29                           FITEM,2,171
FITEM,2,-32                          FITEM,2,20
FITEM,2,34                           FITEM,2,74
FITEM,2,-35                          FITEM,2,73
FITEM,2,37                           FITEM,2,69
FITEM,2,-42                          FITEM,2,70
FITEM,2,44                           FITEM,2,17
FITEM,2,-45                          FITEM,2,169
FITEM,2,47                           FITEM,2,19
FITEM,2,49                           FITEM,2,71
FITEM,2,-50                          FITEM,2,72
LGLUE,P51X                           FITEM,2,66
FLST,2,120,4,ORDE,12                 FITEM,2,65
FITEM,2,8                            FITEM,2,15
FITEM,2,13                           FITEM,2,167
FITEM,2,18                           FITEM,2,14
FITEM,2,23                           FITEM,2,64
FITEM,2,28                           FITEM,2,63
FITEM,2,33                           FITEM,2,55
FITEM,2,36                           FITEM,2,56
FITEM,2,43                           FITEM,2,9
FITEM,2,46                           FITEM,2,165
FITEM,2,48                           FITEM,2,11
FITEM,2,51                           FITEM,2,59
FITEM,2,-160                         FITEM,2,60
LGLUE,P51X                           FITEM,2,52
!用当前定义的所有线创建一个面           FITEM,2,51
FLST,2,140,4                         FITEM,2,6
FITEM,2,175                          FITEM,2,163
FITEM,2,26                           FITEM,2,5
FITEM,2,84                           FITEM,2,48
FITEM,2,83                           FITEM,2,46
FITEM,2,79                           FITEM,2,67
FITEM,2,80                           FITEM,2,68
FITEM,2,24                           FITEM,2,16
FITEM,2,173                          FITEM,2,161
FITEM,2,25                           FITEM,2,4
FITEM,2,81                           FITEM,2,36
FITEM,2,82                           FITEM,2,43
```

```
FITEM,2,33              FITEM,2,112
FITEM,2,28              FITEM,2,111
FITEM,2,3               FITEM,2,44
FITEM,2,162             FITEM,2,174
FITEM,2,12              FITEM,2,42
FITEM,2,62              FITEM,2,110
FITEM,2,61              FITEM,2,109
FITEM,2,85              FITEM,2,103
FITEM,2,86              FITEM,2,104
FITEM,2,27              FITEM,2,39
FITEM,2,164             FITEM,2,176
FITEM,2,2               FITEM,2,41
FITEM,2,18              FITEM,2,107
FITEM,2,23              FITEM,2,108
FITEM,2,58              FITEM,2,102
FITEM,2,57              FITEM,2,101
FITEM,2,10              FITEM,2,38
FITEM,2,166             FITEM,2,178
FITEM,2,7               FITEM,2,37
FITEM,2,54              FITEM,2,100
FITEM,2,53              FITEM,2,99
FITEM,2,117             FITEM,2,93
FITEM,2,118             FITEM,2,94
FITEM,2,49              FITEM,2,32
FITEM,2,168             FITEM,2,180
FITEM,2,50              FITEM,2,35
FITEM,2,119             FITEM,2,97
FITEM,2,120             FITEM,2,98
FITEM,2,78              FITEM,2,92
FITEM,2,77              FITEM,2,91
FITEM,2,22              FITEM,2,31
FITEM,2,170             FITEM,2,179
FITEM,2,1               FITEM,2,34
FITEM,2,13              FITEM,2,96
FITEM,2,8               FITEM,2,95
FITEM,2,113             FITEM,2,87
FITEM,2,114             FITEM,2,88
FITEM,2,45              FITEM,2,29
FITEM,2,172             FITEM,2,177
FITEM,2,47              FITEM,2,40
FITEM,2,115             FITEM,2,105
FITEM,2,116             FITEM,2,106
```

```
FITEM,2,90
FITEM,2,89
FITEM,2,30
AL,P51X
!创建圆面
CYL4,,,5
!从齿轮面中"减"去圆面形成轴功率孔
ASBA,      1,      2
/REPLOT,RESIZE
!模型创建完毕
CSYS,0
FLST,3,1,5,ORDE,1
FITEM,3,3
AGEN,2,P51X,,,40,,,,0
/REPLOT,RESIZE
!*
LOCAL,11,1,40,0,0,,,,1,1,
CSYS,11,
FLST,3,1,5,ORDE,1
FITEM,3,1
/REPLOT,RESIZE
FLST,3,1,5,ORDE,1
FITEM,3,1
AGEN,2,P51X,,,,-1.8,,,0
ADELE,      1,,,1
MSHAPE,0,2D
MSHKEY,0
!*
FLST,5,2,5,ORDE,2
FITEM,5,2
FITEM,5,-3
CM,_Y,AREA
ASEL,,,,P51X
CM,_Y1,AREA
CHKMSH,'AREA'
CMSEL,S,_Y
!*
AMESH,_Y1
!*
CMDELE,_Y
CMDELE,_Y1
CMDELE,_Y2
```

```
!*
/UI,MESH,OFF
FLST,5,5,4,ORDE,2
FITEM,5,413
FITEM,5,-417
LSEL,S,,,P51X
NSLL,S,1
CM,node1,NODE
FLST,5,5,4,ORDE,5
FITEM,5,1
FITEM,5,13
FITEM,5,22
FITEM,5,77
FITEM,5,170
LSEL,S,,,P51X
NSLL,S,1
CM,node2,NODE
ALLSEL,ALL
/COM,CONTACT PAIR CREATION-START
CM,_NODECM,NODE
CM,_ELEMCM,ELEM
CM,_KPCM,KP
CM,_LINECM,LINE
CM,_AREACM,AREA
CM,_VOLUCM,VOLU
/GSAV,cwz,gsav,,temp
MP,MU,1,0.3
MAT,1
R,3
REAL,3
ET,2,169
ET,3,172
KEYOPT,3,9,0
KEYOPT,3,10,2
R,3,
RMORE,
RMORE,,0
RMORE,0
!Generate the target surface
NSEL,S,,,NODE1
CM,_TARGET,NODE
TYPE,2
```

```
ESLN,S,0
ESURF
CMSEL,S,_ELEMCM
!Generate the contact surface
NSEL,S,,,NODE2
CM,_CONTACT,NODE
TYPE,3
ESLN,S,0
ESURF
ALLSEL
ESEL,ALL
ESEL,S,TYPE,,2
ESEL,A,TYPE,,3
ESEL,R,REAL,,3
/PSYMB,ESYS,1
/PNUM,TYPE,1
/NUM,1
EPLOT
ESEL,ALL
ESEL,S,TYPE,,2
ESEL,A,TYPE,,3
ESEL,R,REAL,,3
CMSEL,A,_NODECM
CMDEL,_NODECM
CMSEL,A,_ELEMCM
CMDEL,_ELEMCM
CMSEL,S,_KPCM
CMDEL,_KPCM
CMSEL,S,_LINECM
CMDEL,_LINECM
CMSEL,S,_AREACM
CMDEL,_AREACM
CMSEL,S,_VOLUCM
CMDEL,_VOLUCM
/GRES,cwz,gsav
CMDEL,_TARGET
CMDEL,_CONTACT
/COM,CONTACT PAIR CREATION-END
/MREP,EPLOT
!施加位移边界
CSYS,1
FINISH
```

```
/PREP7
FLST,2,24,1,ORDE,2
FITEM,2,3612
FITEM,2,-3635
NROTAT,P51X
FINISH
/SOL
FLST,2,24,1,ORDE,2
FITEM,2,3612
FITEM,2,-3635
!*
/GO
D,P51X,,,,,,UX,,,,,
FLST,2,24,1,ORDE,2
FITEM,2,3612
FITEM,2,-3635
!*
/GO
D,P51X,,-0.2,,,,UY,,,,,
CSYS,0
FLST,2,24,1,ORDE,2
FITEM,2,521
FITEM,2,-544
!*
!施加第一个齿轮位移载荷及第二个齿轮的位
   移边界条件并求解
/GO
D,P51X,,0,,,,ALL,,,,,
SAVE
ANTYPE,0
NLGEOM,1
NSUBST,20,0,0
TIME,1
/STATUS,SOLU
SOLVE
FINISH
/POST1
!*
!查看等效应力
/EFACET,1
PLNSOL,S,EQV,0,1.0
!*
```

```
!查看接触应力                                    PLNSOL,CONT,PRES,0,1.0
/EFACET,1                                        FINISH
```

5.3　应力疲劳问题分析

5.3.1　疲劳问题简介

产品结构损坏的一种主要形式是断裂，断裂过程常于一瞬间发生，并常伴随着设备事故以及人身安全问题。工程项目设计中对断裂问题极为重视，而绝大多数的金属断裂事故都由疲劳引起，疲劳是造成断裂的最主要原因（其他原因还有过载、氢脆和低温脆性等）。

疲劳与重复加载有关，几乎所有疲劳破坏的结构都会承受某种类型的变化的载荷或重复载荷。在航空航天、汽车、船舶和工程机械等领域中，主要的零部件大多工作在循环变化的载荷中，因此新产品的设计或产品的升级优化过程都离不开疲劳强度的计算评估。

疲劳失效的循环载荷峰值通常低于极限静强度校核计算的"安全载荷"，因此不能仅采用静强度计算的方法解决疲劳破坏问题。疲劳裂纹首先出现在结构危险点的局部区域内，检测结构恶化的过程相当困难，且积累损伤并不会自行恢复，因此，灾难性的事故发生之前通常没有任何预警。

为了对疲劳有所认识以及掌握如何控制疲劳，科学家和工程师们进行了大量的研究工作，从1847年德国工程师沃勒对金属疲劳进行深入、系统地试验研究开始，到1971年韦策尔建立用局部应力应变法分析随机疲劳寿命并给出计算程序，再到当今诸多疲劳分析规范的建立，期间逐步形成了相对完善的疲劳分析方法。随着现代计算机科学的快速发展，CAE软件厂商基于各类疲劳分析方法相继开发和推出了能够处理多种问题的疲劳分析CAE仿真软件，ANSYS nCode DesignLife就是一款由HBM nCode开发并能够无缝集成于ANSYS Workbench仿真计算平台的疲劳分析软件。

ANSYS nCode DesignLife需要单独安装，安装后，ANSYS Workbench平台的Analysis Systems（分析系统）中将获得对应疲劳分析引擎的预定义疲劳分析模块，如图5-79所示。

5.3.2　应力疲劳分析

应力疲劳分析方法认为应力驱动疲劳破坏，是目前采用最广泛的疲劳分析方法之一。在应力疲劳分析中，应力通常比材料极限强度低，但循环次数高，通常延展性金属在循环次数高于 10^5 时易发生疲劳破坏。

图5-80所示为常见的恒定幅值疲劳载荷，下面对应力疲劳分析中的常用参量进行简要说明。

（1）交变载荷　交变载荷指随时间变化的载荷。

（2）载荷谱　载荷谱指交变载荷变化的历程，是一个统计值。

（3）其他常用参量

1）最大应力值：σ_{max}。

2）最小应力值：σ_{min}。

图 5-79　ANSYS Workbench 中的 ANSYS nCode DesignLife 分析模块

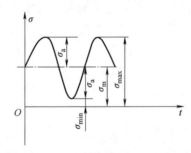

图 5-80　常见的恒定幅值疲劳载荷

3）应力范围：$\Delta\sigma=\sigma_{\max}-\sigma_{\min}$。

4）平均应力：$\sigma_{\mathrm{m}}=\dfrac{\sigma_{\max}+\sigma_{\min}}{2}$。

5）应力幅：$\sigma_{\mathrm{a}}=\dfrac{\sigma_{\max}-\sigma_{\min}}{2}=\dfrac{\Delta\sigma}{2}$。

6）应力比：$R=\dfrac{\sigma_{\min}}{\sigma_{\max}}$。

5.3.3　实例——标准疲劳试验试件的应力疲劳分析

本小节通过对标准疲劳试验试件进行应力疲劳分析，来介绍 ANSYS 应力疲劳的分析过程。本例先在 ANSYS Workbench 中进行静力学求解，获得单位载荷加载情况下的应力结果之后再启动 nCode 进行应力疲劳求解。

1. 静力学分析流程

1）启 动 ANSYS Workbench 程 序，在 ANSYS Workbench 界面中双击 Toolbox 工具箱 ⊟ Analysis Systems 区域中的 ☲ Static Structural，创建出 Static Structural 项目列表，然后右键单击 A3 单元格中的"Geometry"，将需要分析的模型文件导入分析模块中，如图 5-81 所示。

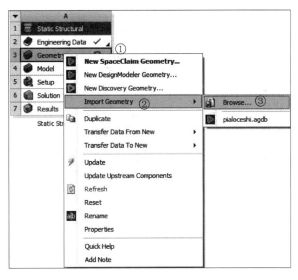

图 5-81 模型导入流程图

2）双击 A2 单元格中的"Engineering Data"，选择"nCode_matml"材料库中材料名称为"2014-T6"的材料，单击"🎜"按钮进行添加，具体参数如图 5-82 所示。

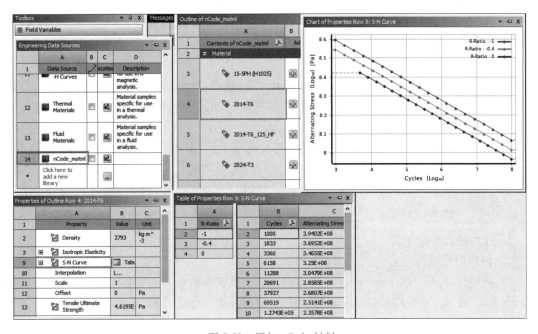

图 5-82 添加 nCode 材料

3）双击 A4 单元格中的"Model"，进入 Mechanical 分析环境，在导航树"Geometry"下，观察分析几何体共有 1 个零件，设置其材料属性为"2014-T6"，如图 5-83 所示。

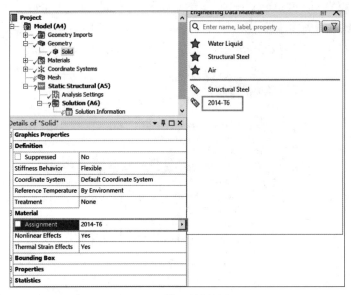

图 5-83　模型材料设置

4）网格划分。

① 用鼠标右键单击导航树"Mesh"，选择插入 Method，采用 MultiZone 方式划分，并在明细栏按照图 5-84 所示①～③修改选项设置，其他选项保持默认。

② 用鼠标右键单击导航树"Mesh"，选择插入 Sizing，在明细栏"Geometry"中选模型高亮的 9 条圆周边，按照图 5-84 所示④～⑥进行设置，其他保持默认。

③ 用鼠标右键单击导航树"Mesh"，选择插入 Sizing，在明细栏"Geometry"中选模型高亮的两个圆弧面，按照图 5-84 所示⑦～⑨进行设置，生成如图 5-84 所示的网格。

5）载荷约束条件设置。

① 用鼠标右键单击导航树"Static Structural"，选择"Insert"→"Fixed Support"，并在明细栏"Geometry"下选中图 5-85 所示的左侧圆柱面（标记 A），单击"Apply"按钮确定。

② 用鼠标右键单击导航树"Static Structural"，选择"Insert"→"Force"，并在明细栏"Geometry"下选中图 5-85 所示的右侧圆柱面（标记 B），单击"Apply"按钮确定。并指定全局坐标系 X 轴方向载荷为 1000N。

6）求解设置及后处理。用鼠标右键单击导航树"Solution"，选择"Insert"→"Stress"→"Equivalent"，设置完成后单击 Solve 进行求解，获得等效应力分布图，如图 5-86 所示。

2. 应力疲劳分析流程

1）创建时序载荷疲劳分析求解器。

① 拖曳"nCode SN TimeSeries（DesignLife）"预定义模块进入项目流程图，将其放置在"Static Structural"分析模块的 A6 单元格"Solution"中，如图 5-87 所示。

② 双击"nCode SN TimeSeries（DesignLife）"B5 单元格中的"Solution"，进入 ANSYS nCode DesignLife 应力时序载荷疲劳分析环境。

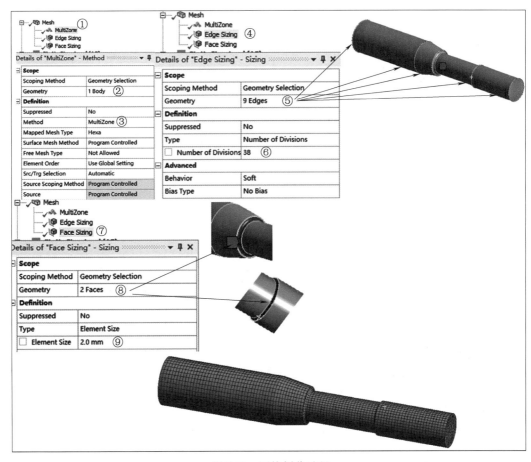

图 5-84 网格划分过程

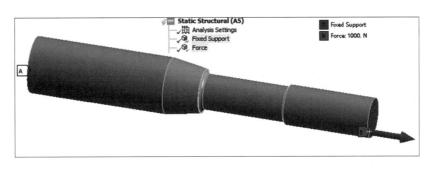

图 5-85 载荷与边界条件

③ 对默认绘图区其他类型功能图标进行清理（也可不做清理），拖曳右侧工具栏中 Input 子菜单下的 Time Series Generator 进入绘图区，生成 TSGenerator1，同时拖曳右侧工具栏中 Display 子菜单下的 XY Display 进入绘图区，生成 XY Display1。

2）时序载荷创建。用鼠标右键单击"TSGenerator1"功能图标，弹出快捷菜单，选择并打开"TSGenerator Properties"设置窗口，修改"Operation"选项为"WhiteNoise"（这只是快速生成的一个时序载荷谱，实际分析时，可输入实际工况的载荷谱），设置 TotalTime = 3，其他设置保持默认不变，然后确认并关闭窗口，如图 5-88 所示。

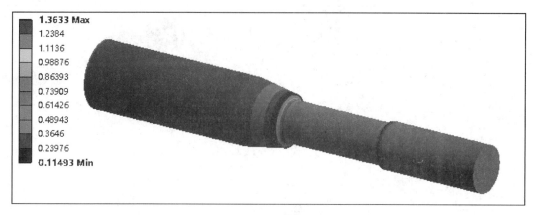

图 5-86　等效应力分布图

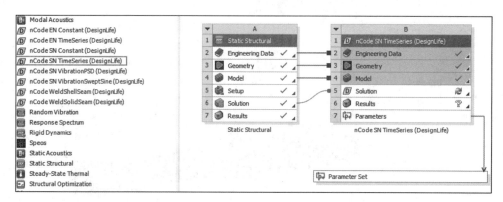

图 5-87　搭建时序载荷疲劳分析模块

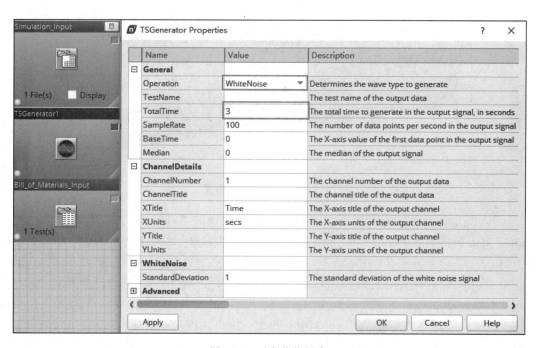

图 5-88　时序载荷创建

3）时序载荷幅值放大。由于施加单位载荷产生的应力幅值太小，为了快速达到疲劳损伤的效果，需要将载荷幅值进行放大。用鼠标右键单击"StressLife_Analysis"功能图标，弹出快捷菜单，选择并打开"Edit Load Map"设置窗口，修改"Scale Factor"选项为"20"，其他设置保持默认不变，然后确认并关闭窗口，如图 5-89 所示。

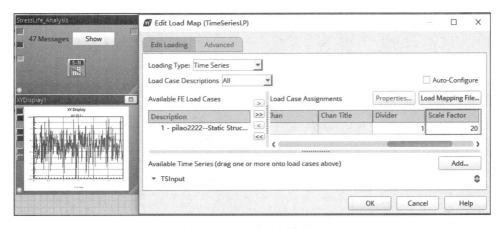

图 5-89　时序载荷幅值放大

4）求解。默认求解器，直接单击界面上方播放器按钮进行求解，如图 5-90 所示。

图 5-90　求解按钮

5）求解结果。求解分析结束后，"Fatigue_Results_Display"功能窗口会自动显示损伤结果，如图 5-91 所示。

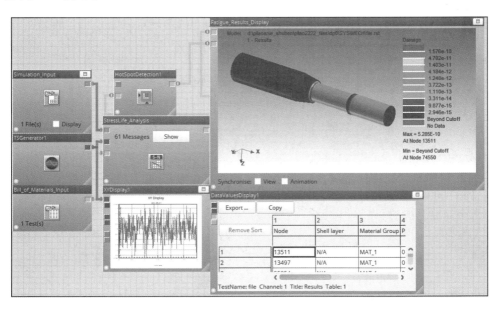

图 5-91　结果后处理

6）寿命云图显示。用鼠标右键单击"Fatigue_Results_Display"功能图标，弹出快捷菜单，选择"Properties"，修改结果类型为 Result Type = Life，进行寿命结果的观察，寿命云图如图 5-92 所示。

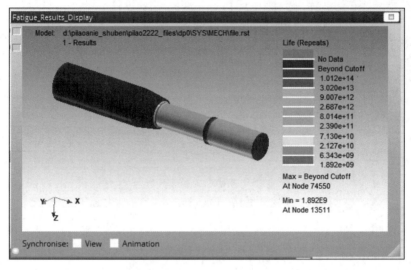

图 5-92　寿命云图

习　题

1. 简述 ANSYS 疲劳分析的计算过程。

2. ANSYS 中如何定义接触设置？

3. 简述网格质量、大小对计算分析的准确程度影响。试举例说明。

4. 简述 ANSYS 静力学分析流程。

5. 如图 5-93 所示的结构，各杆的弹性模量和横截面面积都为 $E = 29.5 \times 10^4 \mathrm{MPa}$，$A = 100 \mathrm{mm}^2$，试求该结构的节点位移、单元应力以及支反力。

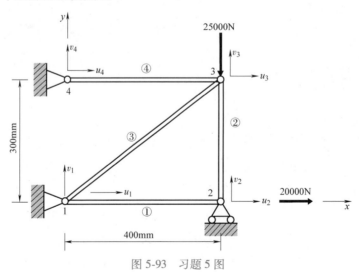

图 5-93　习题 5 图

6. 有一个悬臂简支梁如图 5-94 所示，其中的一段受有均布载荷，试分析该结构，并求支反力。

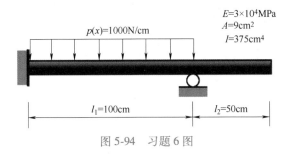

图 5-94　习题 6 图

7. 有一个桁架结构如图 5-95 所示，每根杆件的材料及横截面面积都相同，试采用有限元法分析该结构的受力状态，并求出支反力。

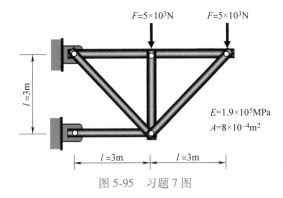

图 5-95　习题 7 图

8. 如图 5-96 所示的一个块体，在右端面上端点受集中力 F 作用，$F = 1 \times 10^5 \text{N}$。基于 ANSYS 平台，计算各个节点位移、支反力以及单元的应力。取相关参数为：弹性模量 $E = 1 \times 10^{10} \text{Pa}$，泊松比 $\mu = 0.25$。

9. 如图 5-97 所示为一个不计自重的三角形平面应力问题，弹性模量 $E = 1 \times 10^{10} \text{Pa}$，泊松比 $\mu = 0.25$，厚度 $t = 1 \text{m}$，集中力 $F = 10 \text{MN}$。试采用 ANSYS 平台作为前后处理器进行计算和分析。

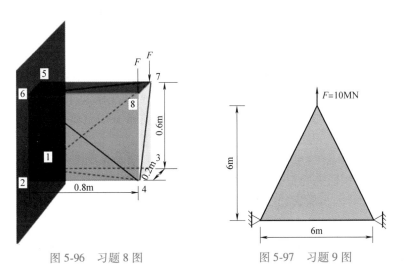

图 5-96　习题 8 图　　　　　　　图 5-97　习题 9 图

第 6 章

Chapter

计算机辅助工艺过程（CAPP）设计

6.1 概述

6.1.1 CAPP 系统的概念和功能

工艺设计是机械制造过程技术准备工作中的第一步，是连接产品设计和产品生产制造的纽带。工艺设计确定制造过程所需的制造资源、流程、操作要求、制造时间等，是产品设计信息向制造信息转换的关键性环节。工艺设计所生成的工艺文档也是指导生产过程及制订生产计划的重要文件和依据。

传统的工艺设计是由工艺设计人员根据产品的特点和所拥有的制造资源及环境，通过手工方法来编制产品加工工艺规程及相关的工艺文件，具有劳动强度大、效率低、设计周期长，难以做到最优化和标准化，设计结果的一致性较差等不足。随着机械制造生产技术的发展和产品周期的缩短，多品种、小批量生产的要求，伴随着 CAD/CAM 技术向集成化、智能化发展的今天，计算机辅助工艺过程（CAPP）设计已成为制造技术的一个重要组成部分。

CAPP 设计，就是利用计算机辅助工艺设计人员完成工艺设计中的各项任务，如设置零件毛坯、确定加工方法和加工路线、选择加工设备和工艺设备、计算工艺尺寸和公差、确定切削参数、绘制工序图、完成工艺文件编制等各项设计任务。

CAPP 技术作为 CAD/CAM 技术集成的关键性中间环节，在制造自动化领域中具有重要的地位，也是当今各国研究的重要内容之一。其功能主要体现在以下几方面：

1）可将工艺设计人员从繁琐、重复性的劳动中解放出来，以有更多的时间和精力从事新工艺的开发工作。

2）可大大缩短工艺设计周期，提高企业产品对市场的反应能力和市场竞争力。

3）CAPP 系统知识库有助于对工艺设计人员的实践经验进行总结和继承。

4）促进工艺文件设计的标准化、规范化，提高工艺文件的完整性、正确性、统一性。

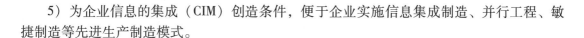

5）为企业信息的集成（CIM）创造条件，便于企业实施信息集成制造、并行工程、敏捷制造等先进生产制造模式。

6.1.2　CAPP 技术的发展历程及发展趋势

1. CAPP 的发展历程

CAPP 系统的研究和发展经历了较为漫长曲折的过程。CAPP 技术起源于 20 世纪 60 年代，1965 年 Niebel 首次提出 CAPP 思想。1969 年挪威发表了第一个 CAPP 系统——AutoPROS（自动工艺规程设计系统），该系统根据成组技术原理，利用零件的相似性去检索和修改标准工艺过程，从而形成相应零件的工艺规程。1976 年，美国的 CAM-I 公司也研制出了自己的 CAPP 系统，它是一种可在微机上运行的结构简单的小型程序系统，其工作原理也基于成组技术原理。20 世纪 70 年代中后期，美国普渡大学的 Wysk 博士提出了基于工艺决策逻辑与算法的创成式 CAPP（Generative CAPP）系统的概念，通过决策树、决策表、人工智能等决策逻辑，在无须人工干预的情况下可自动生成零件加工工艺规程。1981 年，法国的 Descotte 等人开发了 GARI 系统，这是第一个利用人工智能技术开发的 CAPP 系统原型，该系统采用产生式规则来存储加工知识，并可完成加工方法选择和工序排序等工作。20 世纪 80 年代中后期，涌现出了集成化的 CAPP 系统，如德国亚琛工业大学开发的 AutoTAP 系统，以及清华大学开发的 TH-CAPP 系统等。进入 20 世纪 90 年代，并行环境的 CAPP 系统、可重构式 CAPP 系统、CAPP 系统开发工具、面向对象的 CAPP 系统、CAPP 与 PPS 集成均成为 CAPP 体系结构研究的热点。同时，人工神经网络（ANN）技术、模糊综合评判方法、基因算法等理论和方法也已应用于 CAPP 的知识表达和工艺决策中。

我国于 20 世纪 80 年代初开始研究 CAPP 系统，研制出了大量的学术性和实用性的各类 CAPP 系统，各类高校开发的 CAPP 系统可完成工艺过程设计和工序设计，生成数控加工程序。目前，我国比较出名的 CAPP 系统有华中科技大学的开目 CAPP、浙江大学的 GS-CAPP、清华大学的 TH-CAPP、北京数码大方科技股份有限公司开发的 CAXA CAPP 软件等。20 世纪 90 年代至 21 世纪初，CAPP 技术逐步沿着集成化、通用化和智能化方向发展。

2. CAPP 的发展趋势

目前，CAPP 技术和系统的发展呈现以下趋势：

（1）知识化、智能化　当前，基于知识的 CAPP 系统不仅可以作为工艺设计的辅助工具，还可以将工艺专家的经验和知识积累起来并加以充分利用。在知识化的基础上，CAPP 系统可在工序、特征形体层面或在全过程提供备选的工艺方案，并根据操作者的工作记录进行各种层次的自学习和自适应。

（2）工具化、工程化　加强 CAPP 系统的工具化，将 CAPP 系统的功能分解成一个个相对独立的工具，根据企业具体情况输入数据和知识，形成面向特定制造和管理环境的 CAPP 系统。在工程化方面，根据对国家标准、国际标准和先进制造技术的分析，结合各类企业工艺的根本需求，引导企业的工艺活动，促进工艺活动的规范化，从而规范 CAPP 系统的实施过程。确保大部分企业使用的 CAPP 系统是主体相似的工程产品。

（3）集成化、网络化　CAPP 不仅是 CAD 与 CAM 之间的桥梁，还是 CAQ（计算机辅助质量管理）、PDM（产品数据管理）及 ERP（企业资源规划）的重要产品信息来源。需要在并行工程思想的指导下实现 CAPP 与 CAD、CAM 等系统的全面集成,发挥 CAPP 在整个生产活动中的信息中枢和功能调节作用,包括与产品设计实现双向的信息交换与传送、与生产计划调度系统实现有效集成、与质量控制系统建立内在联系。

通过网络技术,CAPP 系统对内可进行各种角色、工种的并行工艺设计,对外与 CAD 实现双向数据交换,并实现与 CAQ、CAM、PDM 等的集成应用。随着网络的普及,对 CAPP 系统也提出了更高的要求,包括基于网络的分布式 CAPP 系统体系结构、支持动态工艺设计的数据模型、支持开发工具的功能抽象方法和信息抽象方法、统一数据结构以及协同决策机制和评价体系、规范、方法等。

此外,还应加强人工智能技术在工艺设计各个环节中的应用研究,特别是将基于逻辑思维的专家系统技术和基于形象思维的人工神经网络技术有机地结合起来,进一步提高 CAPP 系统的智能化水平。

6.1.3 CAPP 的基本构成

CAPP 技术主要包括成组技术、零件信息的描述与获取、工艺设计决策机制、工艺知识的获取及表示、工序图及其他文档的生成、NC 加工指令的自动生成及加工过程动态仿真、工艺数据库的建立等。

CAPP 系统的基本模块(图 6-1)主要包括:

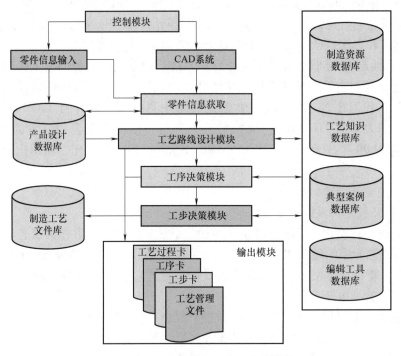

图 6-1　CAPP 系统的组成及基本模块

(1)控制模块　控制模块的主要任务是协调各模块的运行,通过人机交互窗口,实现人机之间的信息交流,包括系统菜单、数据及知识的输入界面、工艺文件显示、编辑及管理界面等,从而控制零件信息的获取方式。

（2）零件信息获取　零件信息是 CAPP 系统进行工艺设计的依据，零件信息的描述和输入是 CAPP 系统的重要组成部分。通常，零件信息获取方法有人机交互输入以及从 CAD 系统所创建的零件特征模型中直接获取。

（3）工艺路线设计模块　该模块形成加工工艺和工艺过程卡，供加工及生产管理部门使用。不同类型的 CAPP 系统的工艺过程生成方式不同，如派生式 CAPP 系统是通过典型工艺规程检索和调用生成，创成式 CAPP 系统通过决策树或决策表生成零件加工工艺过程，确定加工工序的顺序。

（4）工序决策模块　该模块生成加工工序卡，对工序间尺寸进行计算，生成工序图。

（5）工步决策模块　该模块对工步内容进行设计，包括确定加工余量和工艺参数，计算切削用量和工时定额等，并形成 NC 加工控制指令所需的刀位文件。

（6）输出模块　该模块负责生成及输出零件加工工艺规程的各类工艺文件，包括工艺过程卡、工序卡、工步卡、工艺管理文件等，同时提供与其他信息系统的数据交换接口。

（7）数据库/知识库　CAPP 系统的数据库用于存放加工方法、加工余量、切削用量以及材料、工时、成本核算等工艺设计所要求的工艺数据；知识库用于存放工艺决策逻辑、推理方法、加工方法选择、工序工步的归并与排序等规则。

6.1.4　CAPP 的实施步骤

计算机辅助工艺设计的步骤如图 6-2 所示。具体步骤介绍如下：

（1）零件信息的输入　零件信息的描述和输入是 CAPP 工作的第一步，零件信息包括几何信息和工艺信息。零件的几何信息包括零件的几何形状、尺寸，以及各几何元素间的拓扑关系，如零件表面形状、各表面间的相互位置关系等。零件的工艺信息包括零件的加工精度、表面粗糙度、零件材料、毛坯特征、热处理要求、配合和啮合关系等。零件信息的准确性、科学性和完整性直接影响所设计工艺过程的质量、效率和可靠性。因此，对零件信息描述要求如下：

1）描述的信息要准确、完整，能够满足 CAPP 工作的需要。

2）描述的信息要简洁，易于被工艺师理解和掌握，便于进行输入操作。

3）描述的信息要数据结构合理，易于被计算机接收和处理。

4）CAPP 信息描述系统应考虑 CAD、CAM、CAE 等多方面的要求，便于实现信息共享。

（2）工艺路线和工序内容的拟定　工艺路线和工序内容的拟定包括定位和夹紧方案的选择、加工方法的选择和加工顺序的安排等内容。零件工艺路线和工序内容的拟定是 CAPP 的关键，其工作量较大。目前多采用人工智能、模糊决策等方法求解。

（3）加工设备和工艺设备的确定　根据拟定的零件工艺过程，从工艺数据库中选取各工序所需的加工设备和工艺设备，如机床、夹具、刀具、量具及辅助工具等。

（4）工艺参数的计算　工艺参数计算主要指切削用量、加工余量、工序尺寸及公差等的计算。可利用计算机完成工艺尺寸链的求解，最终生成零件的毛坯图。

（5）工艺文件的输出　工艺文件的输出可按照企业的要求以表格形式输出，在工序卡中应该有工序简图。工序简图可以是局部图，只表示该工序所加工的部位即可。

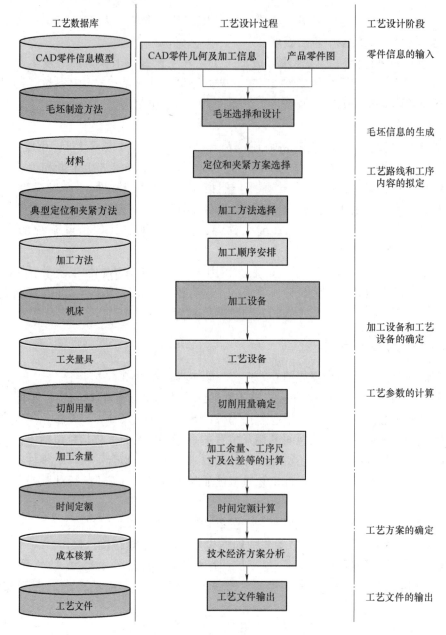

图 6-2　计算机辅助工艺设计的步骤

6.2　成组技术

6.2.1　成组技术的概念

成组技术（Group Technology，GT）是一门工程应用技术，即把相似的问题归类成组，寻求解决这一组问题相对统一的最优方案，以取得所期望的经济效益。成组技术就是将企业生产的多种产品、部件和零件，按照一定的相似性准则分类成零件族，并对每一个零件族采用相同的工艺方法进行加工，采用相似的夹具进行装夹，采用相似的仪表进行检测等，实现产品设计、制造和生产管理的合理化及高效益。图 6-3 所示为成组加工原理示意图。

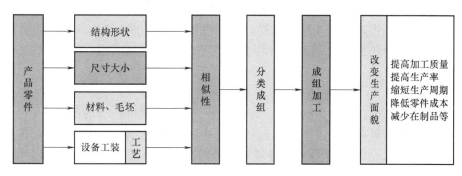

图 6-3　成组加工原理示意图

成组技术于 20 世纪 50 年代在苏联问世，发展至今，作为一门综合性的生产技术科学，成组技术是计算机辅助设计（CAD）、计算机辅助工艺过程（CAPP）设计、计算机辅助制造（CAM）和柔性制造系统（FMS）等方面的技术基础。对机械制造工艺而言，成组技术的应用显得比零件设计更重要，不仅结构特征相似的零件可归并成组，结构不同的零件仍可能有类似的制造过程。目前，成组技术的应用范围已遍及产品设计、工艺设计、工艺准备、设备选型、车间布局、机械加工及生产计划和成本管理等领域。当今流行的 CIM（计算机集成制造）、CE（并行工程）、LP（精益生产）、AM（敏捷制造）等先进制造系统和先进生产模式均将成组技术作为一项重要的技术基础。

成组技术作为机械制造领域的一项基础应用技术，包含相似性标识、相似性开发和相似性应用等技术内容。根据具体应用需求，选择确定分析对象的相似个性特征，并用一定的方法和手段对这些特征进行描述和标识，用以反映具体对象特征的相似性。为此，各国开发了相应的分类编码系统，用以对各个零件进行编码，用零件的成组编码来标识零件的相似性。

6.2.2　零件分类成组常用的方法

所谓零件分类成组，就是按照一定的相似性准则，将品种繁多的零件归并成几个具有某种相似特征的零件族。目前常用的零件分类成组方法主要有视检法、生产流程分析法、编码分类法以及计算机辅助分类法等。

（1）视检法　视检法是由有经验的技术人员通过仔细阅读零件图样，把具有某些特征的一些零件归结为一类，这种方法具有主观性和片面性。

（2）生产流程分析法　生产流程分析法是以零件生产流程及生产设备明细表等技术文件为依据，对零件的生产流程进行分析，把工艺过程相近的、使用同一组机床进行加工的零件归结为一类。生产流程分析法由工厂流程分析、车间流程分析、单元流程分析和单台设备流程分析组成。

（3）编码分类法　按照编码分类，首先将待分类零件的设计信息、制造信息和管理信息等转译成码，并选用和制定零件分类编码系统；然后根据零件的特征，按照相似标准直接编码进行分类。采用零件分类编码系统使零件相关生产信息代码化，将有助于应用计算机辅助成组技术的实施。

（4）计算机辅助分类法　计算机辅助分类法是根据零件的 GT 编码，采用零件族特征矩阵来对零件进行分类成组的。实施时，将待分类的零件 GT 编码自动与各零件族特征矩阵逐个进行比较，如果零件的 GT 编码各码位与某一特征矩阵所要求的码位相匹配，就说明该零件属于该特征矩阵所代表的零件族。这样，预先将各零件族的特征矩阵按所需要求进行设计，并在计算机内建立零件族特征矩阵库，以供零件分类时随时调用。

6.2.3　零件分类编码系统

零件分类编码系统，就是用数字、字母或符号，将机械零件图上的各种特征进行描述和标识的一套特定法则和规定。这些特征包括零件的几何形状、加工形式（如回转加工、平面加工、轮齿加工）、尺寸、精度和热处理等。目前，国内外已有 100 多种编码系统在工业和企业中使用，其中常用的分类编码系统有德国的 Opitz 编码系统、日本的 KK-3 编码系统和我国的 JLBM-1 编码系统等。

1. Opitz 编码系统

Opitz 编码系统是由德国亚琛工业大学的 H. Opitz 教授开发的，是一个十进制 9 位代码的混合结构编码系统，也是世界上最早推出的零件分类编码系统。如图 6-4 所示，该系统的基本结构为 9 位数字码，前 5 位为主码，用于描述零件基本结构特征，称为形状代码；后 4 位为辅助码，用于描述零件的辅助特征。各码位具体含义如下：第 1 位为零件类别码，用来区分是回转体类零件还是非回转体类零件；第 2 位表示零件的主要形状及要素；第 3 位表示回转体类零件内部形状及要素和非回转体类零件的平面孔特征等；第 4 位表示零件有关平面的加工；第 5 位表示孔、槽、齿形等辅助形状特征的加工；第 6~9 位分别表示零件的主要尺寸、材料及热处理、毛坯原始形状和精度要求。

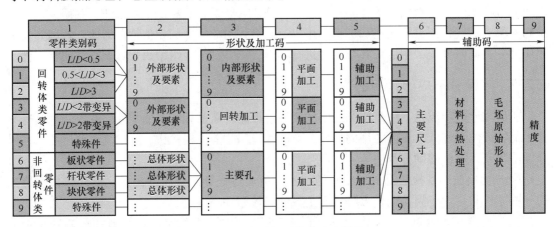

图 6-4　Opitz 编码系统的基本结构

由上述可以看出，Opitz 编码系统按照人们对零件的认识过程和加工顺序设置各码位的先后次序，具有结构简单、码位少、使用方便等特点。但是 Opitz 编码系统也有不足之处，如系统的精度标志只用 1 位码来表示是不充分的，此外，该系统对非回转体类零件的描述比较粗糙，在零件尺寸和工艺特征上所描述的信息较少。

2. KK-3 编码系统

KK-3 编码系统是由日本机械技术研究所提出，经日本机械振兴协会成组技术研究会下属的零件分类编码系统分会多次讨论修改而成，是一个供大型企业使用的十进制 21 位代码的混合结构编码系统。第 1、2 位是零件名称代码，第 3、4 位是材料代码，第 5、6 位是主要尺寸代码，第 7 位是外廓形状与尺寸比代码，第 8~20 位是形状与加工代码，第 21 位是精度代码。该系统可以用于回转体类零件和非回转体类零件。其中，表 6-1 为回转体类零件编码，表 6-2 为非回转体类零件编码。

表 6-1　KK-3 机械加工零件分类编码系统基本结构（回转体）

码位	1	2	3	4	5	6	7	8	9	10	11	12	13	14	15	16	17	18	19	20	21
分类项目	零件名称		材料		主要尺寸		外廓形状与尺寸比	形状与加工													精度
								外表面						内表面				辅助孔			
	粗分类	细分类	粗分类	细分类	长度 L	直径 D		轮廓形状	同心螺纹	功能槽	异形部分	成形平面	周期性表面	内廓形状	内曲面	平面与内周期面	面	规划排列	特殊孔	非切削加工	精度

表 6-2　KK-3 机械加工零件分类编码系统基本结构（非回转体）

码位	1	2	3	4	5	6	7	8	9	10	11	12	13	14	15	16	17	18	19	20	21
分类项目	零价名称		材料		主要尺寸		外廓形状与尺寸比	形状与加工													精度
								弯曲形状		外表面				主孔			主孔以外的内表面	辅助孔			
	粗分类	细分类	粗分类	细分类	长度 A	宽度 B		弯曲方向	弯曲角度	外平面	外曲面	主成形平面	圆周面与辅助成形面	方向与阶梯	螺纹与成形面		方向	形状	特殊孔	非切削加工	精度

KK-3 编码系统具有的优势主要有：在编码排列顺序上，考虑到各部分形状加工顺序关系，结构与工艺并重；系统的前 7 位代码作为设计专用代码，便于设计使用；采用按零件功能作为分类标志，便于设计部门检索；系统的不足之处是码位较多，有些码位利用率较低，且不便于手工编码。

3. JLBM-1 编码系统

JLBM-1 编码系统是由我国原机械工业部为机械加工行业推行成组技术而开发的一种零件分类编码系统。该系统在分析了 Opitz 编码系统和 KK-3 编码系统的基础上，吸收了两系统的优点，克服了 Opitz 系统分类标志不全和 KK-3 系统环节过多的缺点。

JLBM-1 编码系统是一个由 15 位十进制数字码所组成的编码系统，如图 6-5 所示。该系统的零件类别码由两位组成；形状及加工码由 7 位组成，并将回转体类零件与非回转体类零件分开进行描述；热处理要求独自用 1 位码表示；主要尺寸码扩充为两位。经过上述改进，JLBM-1 编码系统继承了 Opitz 编码系统功能强、结构简洁的特点，又能容纳更多分类特征信息，较利于企业应用。

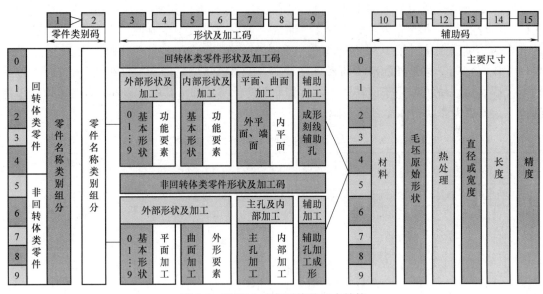

图 6-5   JLBM-1 编码系统的基本结构

6.2.4   零件编码举例

例 6-1   分别应用 Opitz 编码系统和 KK-3 编码系统对图 6-6 所示的法兰盘回转体零件进行编码。

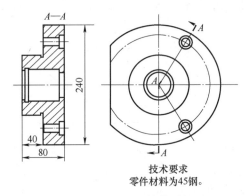

技术要求
零件材料为45钢。

图 6-6   法兰盘回转体零件

使用 Opitz 编码系统和 KK-3 编码系统对该零件的编码分别见表 6-3 和表 6-4。

表 6-3   法兰盘回转体零件的 Opitz 系统编码

0	1	3	1	2	4	2	7	9
零件类别：回转体零件 $L/D<0.5$	外部形状：单向台阶、无形状要素	内部形状：光滑或单向台阶、带功能槽	平面加工：外平面	辅助加工：有分布要求的轴向孔	最大直径：$160mm<D<250mm$	材料种类：钢 $R_m<420MPa$	毛坯原始形状：锻件	精度：内外圆与平面

表 6-4 法兰盘回转体零件的 KK-3 系统编码

2	7	1	7	2	4	0	1	0	0	0	0	1	0	3	0	0	0	1	1	0	2
件功能：回转体类零件	零件名称：法兰盘	材料：普通碳钢	毛坯原始形状：热锻件	主要外形尺寸：50mm<L<100mm	主要外形尺寸：160mm<D<240mm	基本形状和主要尺寸比：L/D<0.5	基本外形：单向台阶	同心螺纹：无	功能槽：无	不规则形状：无	平面：切口	周期表面：无	基本内形：台阶通孔、有功能槽	特殊内形：无	内平面与内周期表面：无	端面：平整	辅助孔排列位置：轴向孔	辅助孔孔型：埋头孔	非切削加工：无	精度：内外圆与平面

例 6-2 应用 JLBM-1 编码系统对图 6-7 所示的支撑板非回转体零件进行编码。

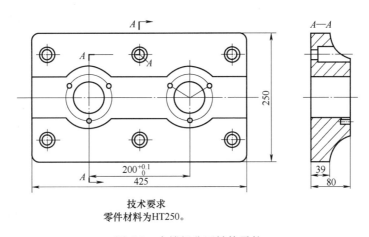

技术要求
零件材料为HT250。

图 6-7 支撑板非回转体零件

表 6-5 支撑板非回转体零件的 JLBM-1 系统编码

7	2	1	2	0	0	3	0	9	0	5	0	7	5	3
名称类别组分：非回转体、模块类	名称类别组分：非回转体、模块类	外部总体形状：由直线与曲线组成轮廓	外部平面加工：两侧平行平面	外部曲面加工：无	外部形状要素：无	主孔加工：无螺纹、有多轴线平行孔	内部加工：无	辅助加工：其他	材料：灰铸铁	毛坯原始形状：铸件	热处理：无	主要尺寸（宽度）：B>160~440mm	主要尺寸（长度）：L>250~500mm	精度：内孔与平面

6.2.5 成组工艺过程设计

成组工艺过程设计是利用待加工零件的几何相似性与工艺相似性寻求出最为接近的工艺路线，经过修改、编辑而形成所需的工艺路线。归纳起来，基本有两种方法：复合零件法和复合工艺路线法。

173

1. 复合零件法

复合零件法就是用样件来设计成组工艺的方法。所谓复合零件，是一种拥有同组零件全部待加工型面要素或特征的零件，它可以是同组零件中实际存在的零件，也可以是一个虚拟的假想零件。复合零件形成的具体方法是：先分析零件组内各个零件的型面特征，将它们复合在一个零件上，使这个零件包含全组的型面特征。在图6-8中，中间的复合零件由4个零件组成，通过分解共有6个型面特征，包括外圆、倒角、退刀槽、方头平面、键槽和径向辅助孔。复合零件包括了其他零件的所有待加工表面特征。

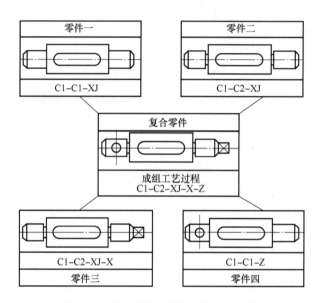

图6-8 按复合零件法设计成组工艺示例

C1—车一端外圆、端面、倒角 C2—车一端外圆、端面、倒角、退刀槽 XJ—铣键槽
X—铣方头各平面 Z—钻径向辅助孔

复合零件构建完成之后，建立复合零件的加工工艺规程，由于组内其他零件所具有的待加工表面特征都比复合零件少，所以按复合零件设计的成组工艺，自然能适用于加工零件组内的所有零件，即只要从成组工艺中删除某一零件所不用的工序内容，便形成该零件的加工工艺。在图6-8中，复合零件的成组工艺过程为 C1-C2-XJ-X-Z，表示在车床1、车床2、键槽铣床、立式铣床、钻床上加工。从成组工艺过程经过删减可分别得到各零件的工艺过程。

2. 复合工艺路线法

复合工艺路线法的成组工艺设计，是在零件分类成组的基础上，把同组零件的工艺过程文件收集在一起，选择同组零件中工序最多、最有代表性的某零件工艺路线作为加工该组零件的基本工艺路线。如图6-9所示，4个非回转体零件构成了1个零件组，其中零件3的工艺路线最复杂，工序最多，可以以它作为全组的基本工艺路线，即 X1-C-Z-X3。随后，将此基本工艺路线与组内其他零件的工艺路线进行比较，并把其他零件所特有而基本工艺路线没有的工序按合理顺序——添加，便可最终获得一个工序齐全、安排合理、满足全组零件加工要求的成组工艺路线。在图6-9中，将零件3的基本工艺路线与零件1、零件2、零件4的工艺路线进行对比，将缺少的 X2 填入基本工艺路线中，得到复合工艺路线为 X1-X2-C-Z-X3。

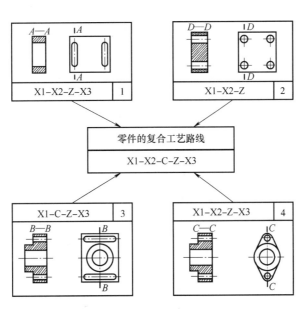

图 6-9　按复合工艺路线法设计成组工艺示例

X1—铣一个平面　X2—铣另一个平面　C—车端面、钻孔、镗孔

Z—钻（铣槽用）孔或辅助孔　X3—铣槽

成组工艺过程设计在成组技术中占有重要地位。计算机辅助工艺过程设计中的派生法就是基于成组技术的原理和思想进行设计，因此成组工艺过程设计已成为计算机辅助工艺设计的理论基础。

6.3　零件信息的描述与输入

6.3.1　零件信息描述的基本方法

零件的信息包括两个方面的内容：零件的几何信息和工艺信息。零件的几何信息是指零件的几何形状、尺寸等信息。零件的工艺信息包含零件各表面的精度、表面粗糙度、热处理要求、材料等多种信息。CAPP 系统对零件图形信息的描述有两个基本要求：一是描述零件各组成表面的形状、尺寸、精度、表面粗糙度及几何公差等；二是明确各组成表面的相互位置关系。

采用计算机辅助进行工艺设计时，要让计算机"读懂"零件图上的信息，然后才能进行推理作业。因此，人们在开发 CAPP 系统时，针对不同的零件和应用环境，提出了很多零件信息描述与输入方法，下面进行简要介绍。

（1）零件分类编码描述法　早期的 CAPP 系统中，零件分类编码系统是进行零件分类编码的重要工具。零件分类编码可以在宏观上描述零件而不涉及零件的细节，这是检索式 CAPP 系统主要采用的方法。该方法由于无法将零件的具体形状、尺寸、精度进行详细描述，致使 CAPP 系统没有足够的信息以合理地进行工艺决策。若采用较长的码位，该方法也只能达到"分类"的目的。因此，如果需要对零件进行详细描述，必须采用其他描述方法。

（2）零件表面元素描述法　零件表面元素描述法是对零件的表面元素（如圆柱面、圆锥面、螺纹面等）进行详细描述的一种方法。在运用零件表面元素描述法时，对零件的各个型面要素进行编号，并对零件按其特点划分成若干个单独的区段，以便能正确地输入零件各型面要素的尺寸、位置、精度、表面粗糙度等信息。这种输入方法虽然比较繁琐、费时，但是它可以比较完善、准确地输入零件的图形信息，适合于描述回转体零件。

（3）零件特征描述法　在机械加工工艺过程设计时，可以把零件特征定义为：机械零件上具有特定结构形状和特定工艺属性的几何外形域，它与特定的加工过程集合相对应。零件特征描述法主要用来描述形状比较复杂的非回转体类零件。对于制造工艺不太复杂的非回转体类零件，只要描述零件由哪些特征组成，及这些特征的组织关系，就可以做出相应的工艺决策。该方法可以结合 CAD 系统，形成直接与 CAD 系统相连的零件信息描述法。

（4）知识表示描述法　在人工智能领域，信息就是一种知识表示，因而可用人工智能中的知识表示方法来描述零件信息甚至整个产品的信息。不少 CAPP 系统尝试采用了人工智能的框架表示法、产生式规则法和谓词逻辑表示法等知识表示方法来描述零件的信息。

（5）直接将 CAD 作业结果作为 CAPP 的输入　随着计算机集成制造系统（CIMS）的发展，为了克服常规零件信息描述方法繁琐、效率低的缺点，提出了将 CAPP 与 CAD 系统直接相连的方法。该方法使得 CAPP 所需的各种工艺信息直接来源于 CAD 系统，避免了繁琐的手工输入。直接与 CAD 系统相连可建立一种不依赖于人工解释的、能为产品生命周期各阶段的计算机辅助系统自动理解的完整的产品模型，目前 STEP 技术的实施被认为是实现 CAD/CAPP/CAM 集成与并行的必要和前提条件。

综上所述，在众多的零件信息描述与输入方法中，适合于轴类零件的较多，因为轴类零件信息量少，信息描述与输入相对简单。而箱体类零件形状结构复杂，包含的信息量大，进行零件信息描述与输入是很困难的。因此，对箱体类零件信息描述与输入方法的研究成为制约 CAPP 发展的技术难题，寻求有效的描述方法并开发相应的零件信息输入系统是 CAPP 的一项关键技术。

6.3.2　轴类零件及非回转体类零件信息描述

1. 轴类零件的信息模型描述

轴类零件信息模型的总体结构如图 6-10 所示，将形状特征作为零件信息模型的主干，同时根据各形状特征构造零件的几何形状，并依据其在零件功能要求和制造要求中所起作用的不同，将零件的形状特征分为主特征和辅特征。主特征指轴类零件信息模型总体几何结构形状的特征，如圆柱面、圆锥面等。辅特征是附在主特征之上的特征，是对主特征的进一步修饰。

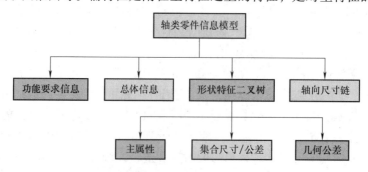

图 6-10　轴类零件信息模型的总体结构

　　根据轴类零件形状特征之间的邻接关系（主特征与主特征之间的关系）和从属关系（主特征与辅特征之间的关系），可以做出一个轴类零件的形状特征关系图。例如针对图 6-11 所示的轴类零件形状，它的形状特征关系如图 6-12 所示，其呈现多叉树式结构。将此图转换为容易处理的二叉树结构，如图 6-13 所示，这种二叉树结构就是所要建立的零件信息模型主干。

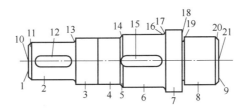

图 6-11　某轴类零件形状

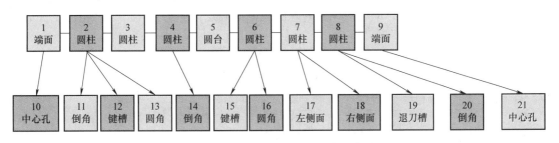

图 6-12　某轴类零件的形状特征关系

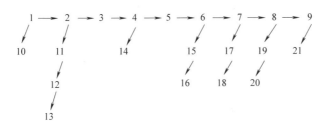

图 6-13　某轴类零件形状特征关系的二叉树结构

　　将零件各主辅特征的有关数据挂在零件信息模型的主干上，再辅以零件功能要求信息、零件总体信息以及轴向尺寸信息，就形成了轴类零件信息模型。

2. 非回转体零件的信息模型描述

　　对于非回转体零件信息的描述，特别是针对复杂箱体零件的信息描述，目前常用的方法有方位特征描述法、分层特征描述法、特征柔性描述法等。这些方法大多数用于箱体零件的描述，并有一个基本点：从零件待加工表面特征出发，根据工艺生成要求，在保证能完整地描述零件信息的基础上，简化数据结构以达到简单实用的目的。本节主要介绍方位特征描述法。

　　（1）基于特征的方位描述法原理　箱体零件形状很复杂，但从加工角度分析，它的待加工表面主要是平面、孔、槽等结构，所以按零件各方位来描述可以简化描述难度。箱体类零件的外形一般是多面体，其需要加工的表面大部分都在零件外表面上，若把零件分解开来，则每个方向可以单独形成一个"子零件"，每个"子零件"都有待加工表面的特征数据。因此，方位特征描述法是对零件进行分解，将零件的每个方位作为一个描述单元，零件的待加工表面及其参数按照所在的方向进行单独描述。这样不仅获取了零件全部的待加工表面信息，同时也简化了不同方向上待加工表面的位置关系，避免了数据结构的复杂和混乱。

（2）基于特征的方位描述法的设计及实现 基于特征的方位描述法从以下两个方面来描述零件：一是描述各零件组成表面本身的几何信息（如形状、尺寸等）和工艺信息（如精度、表面粗糙度等）；二是明确说明各组成表面之间相互位置关系与连接次序的拓扑信息。

一般选择三维空间坐标系来描述箱体类零件。箱体类零件加工特征单元划分的基本思想是将零件看成是矩形六面体经切削加工而来，如图 6-14 所示。任何一个立方多面体所在的方向，按其外法线所指方向，有十种情况，即十方位描述法（六个方位面 $D_1 \sim D_6$，四法线组成面 $D_7 \sim D_{10}$）。由于四法线组成面上加工特征出现概率较小，通常用任意一个平面替代（用 D_7 替代 D_8、D_9、D_{10}），同时用该面的外法线方向确定该面的具体方位。箱体零件的方位描述如图 6-15 所示。

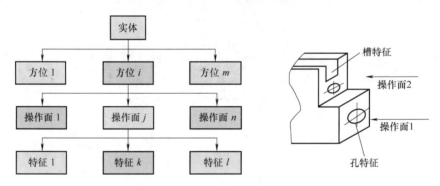

图 6-14　方位-操作面-特征关系

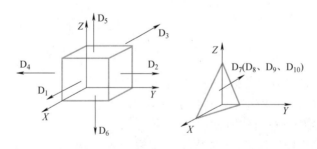

图 6-15　箱体零件的方位描述

方位特征描述法的优点在于：第一，加工特征单元是以形状特征为基础的；第二，每一加工特征单元都可由一定的加工方法获得，即加工特征单元的加工方法间存在一定的联系，方便以后的工艺设计；第三，各加工特征单元间的位置关系和连接次序可由方位层次和具体的数据结构来保证；第四，具有相同加工方法的加工特征单元，即使所处的方位、层次和形状特征不同，也可用相同的数据结构来存储其信息，方便了数据库的设计工作。

6.4 CAPP 的基本模式和原理

CAPP 系统是根据企业特点、产品类别、生产组织、工艺基础以及资源条件等各种因素进行开发和应用的工艺设计系统。不同的 CAPP 系统工作原理不同，目前常用的 CAPP 系统按其组成原理可分为交互式、检索式、派生式、创成式和综合式等。

6.4.1 交互式 CAPP 系统

1. 概述

交互式 CAPP 系统是按照不同类型零件的加工工艺需求，编制一个人机交互软件系统。在工艺设计数据库的支持下，工艺设计人员根据系统屏幕上的提示和引导，通过人机交互方式完成各项工艺设计任务，生成所需的工艺规程文件。对工艺过程进行决策及输入相应的内容，形成所需的工艺规程。

2. 交互式 CAPP 系统的总体结构及工作流程

典型的交互式 CAPP 系统主要包括零件信息输入、零件信息检索、交互工艺编辑、工艺流程管理、工艺文件输出等模块以及 CAPP 相关工具，如图 6-16 所示。

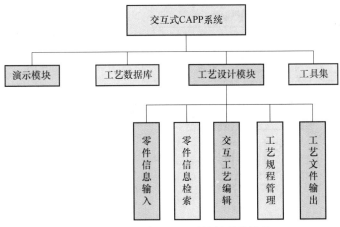

图 6-16 交互式 CAPP 系统的总体结构

（1）零件信息输入 提供一个供工艺人员交互输入零件信息的窗口。工艺人员根据零件的具体情况，输入诸如零件图号、零件名称、工艺路线号、产品和部件编号、材料牌号、毛坯类型、毛坯尺寸和设计者等基本信息。

（2）零件信息检索 工艺人员在编制零件工艺时，首先进行零件信息检索。工艺人员输入零件图号后，系统将检索零件信息数据库，并将检索出的零件信息显示出来，工艺人员可以编辑零件信息，也可以交互方式输入该零件的加工工艺。如果没有检索到该零件，则表示该零件信息没有建立。

（3）交互工艺编辑 提供一个供工艺人员交互输入工艺内容和工步内容的窗口。工艺人员可以方便地添加、删除、插入和移动工序。在工艺编辑过程中，工艺人员还可以方便地查询各种工艺数据，如机床、刀具、量具、工装和工艺参数等。

（4）工艺规程管理 一个完整的工艺规程制定过程，应包含对制定工艺规程进行管理的过程。系统中，工艺设计过程管理分为四个步骤，即审核、标准化、会签和批准。

（5）工艺文件输出　系统主要输出两种工艺文件，即工艺卡和工序卡。

（6）CAPP相关工具　CAPP相关工具包括工艺数据及管理系统，计算机辅助编码系统和工艺尺寸链计算等，以用来建立适应企业资源的工艺数据库和查询各种工艺数据以及进行尺寸链的计算。

图6-17所示为交互式CAPP系统工作流程，系统采用人机交互为主的工作方式，使用人员在系统的提示引导和工艺数据库的帮助下，进行交互工艺编辑，系统则完成工艺规程管理和工艺文件输出。

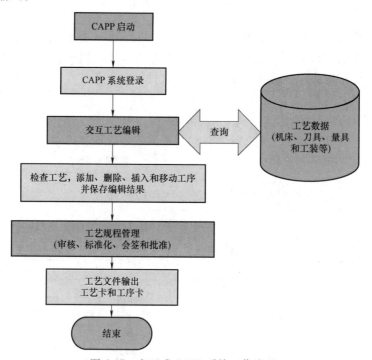

图6-17　交互式CAPP系统工作流程

6.4.2　检索式CAPP系统

检索式CAPP系统是将企业现有成熟的各类零件工艺规程文件，作为标准工艺存储在计算机标准工艺库内。进行工艺设计时，可根据零件编码从标准工艺库中检索调用相类似的标准工艺，经编辑修改完成相关零件工艺设计任务。检索式CAPP系统的工作原理如图6-18所示。

这种CAPP系统适用于大批量生产模式，工件的种类少，零件变化不大且相似程度高。这类系统开发较为简单，易于实现，操作简便，在企业内仍具有较高的使用价值。

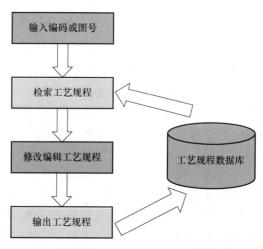

图6-18　检索式CAPP系统的工作原理

6.4.3　派生式 CAPP 系统

1. 工作原理及工作过程

派生式 CAPP 系统的基本原理是利用零件的相似性原理。派生式 CAPP 系统以成组技术为基础，将特征相似（包括几何形状和工艺上的相似）的零件归类成组，对每一零件族中所有零件结构特征进行归并，设计一个"主样件"，之后建立"主样件"的标准工艺规程并将之存储。工艺设计时，根据零件的成组编码检索所属零件族，调用该零件族的标准工艺文件，经编辑、增删、修改，得到满足要求的零件加工工艺规程。派生式 CAPP 系统的工作原理如图 6-19 所示。

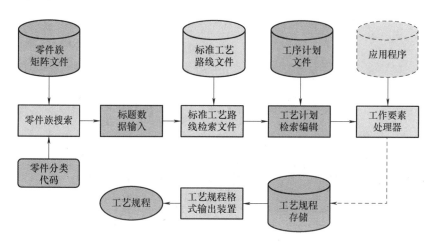

图 6-19　派生式 CAPP 系统的工作原理

派生式 CAPP 系统的作业过程较为简单，可按如下步骤进行：

1）按照采用的分类编码系统，对实际零件进行编码。

2）检索该零件所在的零件族。

3）调出该零件族的标准工艺规程。

4）利用系统的交互式修订界面，对标准工艺规程进行筛选、编辑或修订。

5）将修订好的工艺规程存储起来，并按给定的格式打印输出。

2. 派生式 CAPP 系统的特点

派生式 CAPP 系统的特点如下：

1）系统原理简单，易于实现，继承和应用了企业成熟的传统工艺，在应用方面有一定优势。

2）派生式 CAPP 系统利用零件的相似性检索已存储的零件族的标准工艺，因此计算机中存储的是一些标准工艺规程和标准工序，而不是工艺决策逻辑。

3）派生式 CAPP 系统是针对企业既有产品和工艺条件开发的，从设计角度看，是利用计算机模拟人工设计的方式，其继承和应用的是标准工艺。该系统的缺点是对于复杂的零件和相似性较差的零件难以形成零件族，不利于工艺设计知识源开发，适用范围较小，柔性和可移植性差。

6.4.4 创成式 CAPP 系统

1. 创成式 CAPP 系统的组成和原理

创成式 CAPP 也称为生成式 CAPP，其基本思路是，将人们设计工艺过程时用的决策方法转换成计算机可以处理的决策模型、算法及程序代码，从而依靠系统决策，自动生成零件的工艺规程。在创成式 CAPP 系统中，工艺规程是根据工艺数据库中的信息在没有人工干预的条件下生成的。系统在获取零件信息后，能自动地提取制造知识，产生零件所需的各个工序和加工顺序，自动地选择机床、工具、夹具、量具、切削用量和最优化的加工过程，可以通过应用决策逻辑，模拟工艺设计人员的决策过程。由于在系统运行过程中一般不需要技术性干预，对用户的工艺知识要求较低。创成式 CAPP 系统的工作原理如图 6-20 所示。

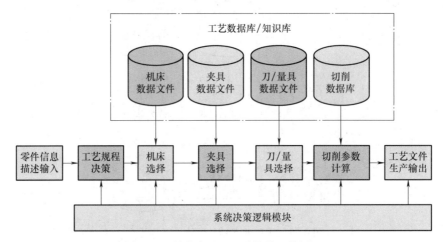

图 6-20　创成式 CAPP 系统的工作原理

2. 创成式 CAPP 系统的作业过程

创成式 CAPP 系统的作业过程如下：

1）零件信息描述输入。对新零件进行信息描述，并将之输入系统。

2）确定加工工艺方法。通过系统逻辑推理规则，确定零件各加工型面的加工工艺方法，并按逆向推理过程递推加工该型面的各个加工方法，构成该特征型面的加工方法链。

3）构建零件加工过程。将零件各特征型面的加工方法进行整理，归并相同工序，并按照工艺设计原则和待加工特征型面的优先顺序对推理产生的各个工序进行排序，构建生成零件加工工艺过程。

4）进行零件加工工序设计。对工艺过程中每一工序的工步进行详细设计，确定加工机床，选择加工刀具，计算切削参数、工时定额和加工费用等。

5）输出格式化的工艺规程文件。

3. 工艺决策技术

在创成式 CAPP 系统中，系统的决策逻辑是软件的核心，它控制着程序的走向。决策逻辑可以用来确定加工方法、所用设备、工艺顺序等各环节，通常用决策树或决策表来实现。

决策树或决策表是描述或规定条件与结果相关联的方法，即用来表示"如果（条件），那么（动作）"的决策关系，决策树或决策表表现形式不同，但原理相同，可以相互转换。

在决策树中，条件被放在树的分枝处，动作则放在各分枝的节点上。在决策表中，条件被放在表的上部，动作则放在表的下部。

（1）决策树　树是 CAD/CAM 中反映数据间层次关系的一种基本数据结构。工艺决策树是用树状结构描述和处理"条件"与"结论"之间的逻辑关系的，其由一个根节点与若干枝节点和叶节点组成。在决策树中，常用节点表示一次测试或一个动作，得出的结论或拟采取的动作一般放在终端节点（叶子节点）上，分枝连接表示两次测试。若测试条件得到满足，则沿分枝向前传递，以实现逻辑与（AND）的关系；若测试条件得不到满足，则转向出发节点的另一分枝，以实现逻辑或（OR）的关系。所以，树根表示需要决策的项目，分枝表示条件，树叶表示决策结果。由树的根节点到终端节点的一条路径可以表示一条决策规则。

（2）决策表　决策表以表格形式来存放各类事件处理规则，包括规则的前提条件和处理结论。若表中规则的前提条件得到满足，便触发所对应的事件处理结论。创成式 CAPP 系统可用决策表来存放各种工艺决策规则。若零件的某加工型面特征及其工艺要求与决策表中的某规则相匹配，便可确定相对应的加工工艺方法。

例如车削装夹方法选择，可能有以下的决策逻辑：

"如果工件的长径比<4，则采用卡盘"；

"如果工件的长径比>4，而<16，则采用卡盘+尾顶尖"；

"如果工件的长径比≥16，则采用顶尖+跟刀架+尾顶尖"。

它可以用决策表（表 6-6）或决策树（图 6-21）表示。在决策表中，T 表示条件为真，F 表示条件为假，空格表示决策不受此条件影响。只有当满足所列全部条件时，才采取该列动作。能用决策表表示的决策逻辑也能用决策树表示，反之亦然。而用决策表表示复杂的工程数据，或当满足多个条件而导致多个动作的场合更为合适。

表 6-6　决策表

工件长径比<4	T	F	F
4<工件长径比<16		T	F
工件长径比≥16			T
卡盘	√		
卡盘+尾顶尖		√	
顶尖+跟刀架+尾顶尖			√

4. 创成式 CAPP 系统的特点

创成式 CAPP 系统的特点如下：

1）自动化程度高，适应范围广，具有较大的柔性。

2）便于计算机辅助设计系统和计算机辅助制造系统的集成。

3）由于工艺决策过程的经验性较强，影响因素多，存在多变性和复杂性，因而这类 CAPP 系统只能从事一些简单的、特定环境下的零件工艺设计。

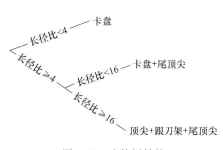

图 6-21　决策树结构

183

6.4.5 综合式 CAPP 系统

综合式 CAPP 系统也称为半创成式 CAPP 系统，它综合了派生式与创成式两类 CAPP 系统的方法和原理，采用派生与自动创成相结合的方法生成零件加工工艺规程，即采用派生法生成零件加工工艺流程，采用创成法自动进行各加工工序的决策。这样的综合方法，大大降低了系统决策难度。其工作原理与创成式相似，综合式 CAPP 系统的工作原理如图 6-22 所示。

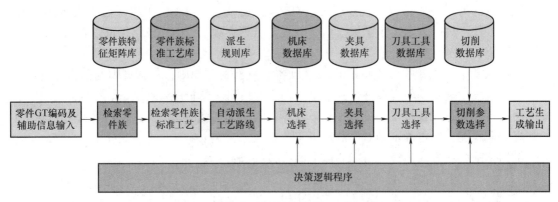

图 6-22 综合式 CAPP 系统的工作原理

综合式 CAPP 系统兼容了派生式与创成式两种 CAPP 系统的特点，既具有系统的简洁性，又具有系统决策的快捷性和灵活性，具有较强的实际应用价值。

6.5 智能型 CAPP

6.5.1 概述

人工智能（Artificial Intelligence，AI）主要运用知识进行问题求解。它以知识为对象，研究知识的表示、知识的应用和知识的获取。人工智能的研究领域包括分布式人工智能、知识工程和专家系统、人工神经网络、机器学习和深度学习、模式识别、智能数据库和智能检索等。

当前，将人工智能技术用于设计工具或计算机软件系统之中，在一定程度上能够帮助人们进行推理、求解和决策。随着人工智能技术在 CAPP 系统开发中的应用，工艺人员可利用产品和企业的全部数据进行工艺规划，改进工艺方案的可行性和设计效率。

（1）专家系统 专家系统（Expert System，ES）是模拟工艺专家解决某领域问题的一种计算机软件系统。它借助于系统内大量具有工艺专家水平的知识，模拟工艺专家的思维方法和决策过程，应用人工智能技术进行判断和推理，解决需要工艺专家才能处理的复杂问题。CAPP 专家系统是将有关工艺专家的工艺经验和知识表示为计算机能够接收和处理的设计规则，采用工艺专家的推理和控制策略，处理和解决工艺设计领域中只有工艺专家才能解决的工艺问题，并达到工艺专家级的水平。

（2）人工神经网络 人工神经网络技术具有并行处理、分布式存储、自组织、自学习及联想记忆等特性。目前神经网络技术已应用于 CAPP 研究领域，如用于加工方法的选择、工序顺序安排、工步的排序等。人工神经网络技术模拟人的大脑结构，构造人工神经元连接网络，通过训练获取知识，适合于用来实现人类的抽象思维能力。人工神经网络 CAPP 主要研究神经元网络的结构型式、设计学习算法和训练样本等。

（3）粗糙集　粗糙集（Rough Set，RS）理论是一种擅长处理含糊和不确定问题的数学工具，在理论中"知识"被认为是一种对对象的分类能力，在人工智能方法中 RS 理论由于自身的优势，经常被应用于规则生成和数据分类，在 CAPP 中，可以利用 RS 理论，构建专家系统，对知识进行获取及优化。

（4）遗传算法　遗传算法（Genetic Algorithm）是模拟达尔文遗传选择和自然淘汰生物进化过程的计算模型，是一种通过模拟自然进化过程搜索最优解的方法。在 CAPP 系统中，遗传算法的主要作用是用于工艺优化，通过对特征进行二进制编码，利用交叉和变异来进行最优加工工艺工序的生成，遗传算法的引入使得 CAPP 系统具备一定的推理能力，在加工工艺工序排序优化上有成功的应用。

（5）多代理系统　多代理系统（MAS）由多个代理（Agent）组成，在 MAS 中，每个代理只解决问题的一部分，各代理按照事先约定的协议进行通信和协作，共同解决复杂的问题。这样将充分利用整个系统的知识资源，可以克服单个专家系统知识库的单一性，有利于求解复杂的涉及多个领域的多层次的推理问题，同时利用推理的分布性，大大提高了系统的并行性和运行效率。目前多代理系统广泛应用于现代集成制造系统环境下的 CAPP 系统。

6.5.2　智能型 CAPP 的体系与结构

智能型 CAPP 的体系与结构如图 6-23 所示。作为工艺设计专家系统，其知识库由零件信息规则集组成，推理机是系统工艺决策的核心，它以知识库为基础，通过推理决策，得出工艺设计结果。

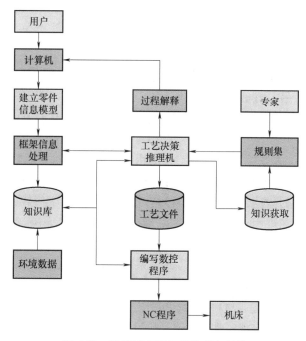

图 6-23　智能型 CAPP 的体系与结构

系统各模块的功能如下：

1）建立零件信息模型模块。它采用人机对话方式收集和整理零件的几何拓扑信息及工艺信息，并以框架形式表示。

2）框架信息处理模块。处理所有用框架描述的工艺知识，包括内容修改、存取等，它起到推理机和外部数据信息接口的作用。

3）工艺决策模块。即系统的推理机。它以知识集为基础，作用于动态数据库，给出各种工艺决策。

4）知识库。用产生式规则表示的工艺决策知识集。

5）数控编程模块。为在数控机床上的加工工序或工步编制数控加工控制指令（此模块可以没有）。

6）解释模块。系统与用户的接口，解释各种决策过程。

7）知识获取模块。通过向用户提问或通过系统的不断应用，来不断地扩充和完善知识库。

6.5.3　CAPP专家系统

1. CAPP专家系统的定义与组成

CAPP专家系统是一种智能型CAPP系统，比创成式CAPP系统层次更高的从事工艺设计的智能软件系统，是一种基于知识推理、自动决策的CAPP系统，具有较强的知识获取、知识管理和自学习能力。CAPP专家系统的组成如图6-24所示，该系统的基本结构是围绕工艺知识库和工艺推理机组成的。除此之外，一个实用的CAPP专家系统还包含知识获取模块、解释模块、动态数据库和用户接口模块等。

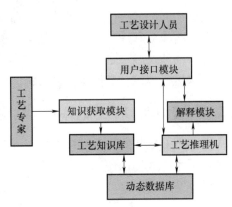

图6-24　CAPP专家系统的组成

（1）知识库模块　CAPP系统在进行工艺设计时，一方面要利用系统中存储的工艺数据与知识进行工艺决策，另一方面还要生成零件的工艺过程文件、NC程序、刀具清单和工序图等信息。因此，CAPP系统工作过程实际上就是工艺数据与工艺知识的访问、调用、处理和生成过程。

1）工艺数据库。工艺数据库主要用于存储用户输入的原始工艺数据、工艺推理过程中产生的工艺数据等。工艺数据可以分为静态数据和动态数据。静态数据是指CAPP系统在作业过程中相对固定不变的数据，包括加工材料、加工参数、机床参数、刀具夹具参数、成组分类特征数据、标准工艺规程等。动态数据是指在工艺设计过程中产生的中间过程数据、工序图形数据、中间工艺规程等。

2）工艺知识库。工艺知识库是CAPP专家系统运行的核心支撑，主要用于存放工艺专家的经验和知识，包括常识性知识和启发性知识。常识性知识是公认的工艺知识与常识，例如：有关机床设备、工艺装备、材料等方面的制造资源知识；有关产品、零件、毛坯等方面的制造对象知识；有关工艺方法、典型工艺、加工参数及各类相关的工艺标准规范等方面的制造工艺知识等。启发性知识则是需要推理判断的工艺知识，主要是指有关工艺决策方法与过程等方面的知识。

（2）推理机模块　工艺推理机根据用户所提供的原始数据，利用工艺知识库中的工艺知识，采用预先设定的推理策略进行推理决策，以完成工艺规程的设计。工艺推理机的推理过程与工艺专家的思维过程相类似，使 CAPP 专家系统能够按工艺专家解决问题的方法工作。

（3）知识获取模块　知识获取的任务是将工艺专家的工艺知识提取出来，并整理转换为系统能够接收和处理的形式，便于专家系统检索和推理使用，并具有从专家系统的运行结果中归纳、提取新知识的功能。知识获取的方法主要有以下几种：

1）通过知识工程师获取知识。知识工程师是一个计算机方面的工程师，他需要与专家多次交换意见、密切配合，从专家那里获取知识并以正确的形式将知识存储到计算机中。

2）通过知识编辑器获取知识。专家通过知识编辑器直接将自己的知识和经验存入知识库中。因此，知识编辑器需要提供一个具有一定格式的、功能强大的人机交互界面，专家按照对话要求输入知识。

3）通过知识学习器获取知识。通过知识学习器从数据库中自动学习从而获取新的知识，这是最理想也是最热门的知识获取方法之一。

（4）解释模块　解释模块是负责对 CAPP 专家系统的推理结果做出必要解释的一组软件程序，使用户了解 CAPP 专家系统的工艺推理过程，接受推理的结果。CAPP 专家系统的解释模块还可以对缺乏工艺设计经验的用户起到传输和培训工艺知识的作用。

（5）动态数据库　动态数据库用于存储用户输入的原始数据以及系统在工艺推理过程中动态产生的临时工艺数据，以当前系统所需的数据形式提供给系统推理决策使用。

（6）用户接口模块　用户接口模块主要提供用户界面功能和结果解释功能。用户界面功能提供人机交互的方式，接收工艺专家和用户的输入信息。结果解释功能对工艺推理结果做出必要解释，对系统提出的结论、求解过程及系统当前的求解状态提供说明，便于用户理解系统的问题求解，增大用户对求解结果的信任程度。

2. CAPP 专家系统工艺知识的表示及其推理

CAPP 专家系统所拥有的工艺知识量是衡量其决策能力的一个尺度。工艺知识越多、越精，则 CAPP 专家系统求解工艺设计问题的能力就越强，效率就越高。如何从人类工艺设计专家那里获取工艺知识，并对这些工艺知识进行加工和处理，以便于 CAPP 专家系统的工艺决策和推理，其过程涉及工艺知识的获取和工艺知识表示等问题。

（1）工艺知识的表示方法　常用工艺知识的表示方法有产生式规则法、逻辑表示法、语义网络表示法、框架表示法、过程表示法、特征表示法、状态空间表示法和单元表示法等。其中，产生式规则法是 CAPP 系统中最常用的工艺知识表示方法之一。它将工艺设计专家的工艺知识表示成"如果<条件>，则<结论>"的格式，其一般形式为：

```
IF<条件 1>
    AND/OR<条件 2>AND/OR……AND/OR<条件n>
THEN<结论 1>或<操作 1>
    <结论 2>或<操作 2>,……<结论n>或<操作n>
```

产生式规则法举例见表6-7。

表6-7 产生式规则法举例

例1	IF	加工表面为平面
	AND	要求较高的平面度和表面粗糙度
	AND	与其他表面之间有尺寸关系
	THEN	采用面铣刀精铣，且经粗铣一、二次
例2	IF	加工表面为平面或平面上的孔
	AND	平面和孔的精度要求一般
	AND	平面和孔有一定垂直度要求
	THEN	先加工平面，以平面为基准再加工孔

（2）工艺推理方式 工艺推理方式又称为工艺推理策略，工艺推理策略在很大程度上依赖于工艺知识的表示。在基于产生式规则的CAPP专家系统中，比较常用的工艺推理方式有正向推理、反向推理和混合推理。

1）正向推理。正向推理从已知工艺事实出发，按既定工艺控制策略，利用产生式规则不断修改、扩充工艺数据库，最终获得推断结论，又称为"数据驱动策略"。CAPP专家系统的推理过程从零件毛坯开始，经过一步步工序和工步，进行加工推理，使之最终成为所要求的成品零件，以此得到零件加工的工艺规程。

正向推理的主要功能有：知道如何运用数据库，以及知道运用数据库中哪些知识；能将推理后的结论存入数据库；能解释自己的推理结果；能判断结束推理的时间；能向用户提问，并要求用户输入所需的补充条件。

正向推理的主要缺点是存在单纯的、盲目的工艺推理过程，可能导致过多的资源用于求解与目标解无关的子目标问题。

2）反向推理。反向推理方法是首先提出工艺假设，然后反向寻求支持这些工艺假设的工艺证据，因此又称为"目标驱动策略"。CAPP专家系统的反向推理，是从成品零件反向至零件毛坯方向的推理过程，是根据成品零件加工工艺要求，逐步推理各个加工工序以及中间型面的精加工、半精加工及粗加工的工艺方法和加工余量，使之最终获得零件毛坯的工艺过程。

反向推理的主要功能有：能提出工艺假设，并能判断假设的真伪；如果假设成立，记录相关信息并存储备查；如果假设不成立，则重新提出新的工艺假设，再做判断；能判断何时结束推理；能根据用户的需求随时补充工艺条件。

反向推理的主要缺点是存在单纯的、盲目的选择目标过程，可能导致过多的资源用于证明与目标无关的子目标问题。

3）混合推理。混合推理综合利用了正向推理和反向推理的优点，克服了两者存在的不足。混合推理的一般过程为，先根据初始事实进行正向推理以帮助提出假设，再用反向推理进一步寻找支持假设的证据，反复这个过程，直至得出结论为止。

CAPP专家系统混合推理的常见做法是，首先根据工艺知识库中的一些原始工艺数据，利用正向推理帮助选择工艺假设，然后利用反向推理进一步证明这些工艺假设是否成立，并反复进行该过程，直至最后得出所需结论。

6.6　CAXA CAPP 2022 工艺图表简介

6.6.1　CAXA CAPP 2022 概述

CAXA CAPP 工艺图表是高效快捷有效的工艺卡片编制软件，可以方便地引用设计的图形和数据，同时为生产制造准备各种需要的管理信息。

CAXA CAPP 2022 工艺图表以工艺规程为基础，针对工艺编制工作繁琐复杂的特点，以"知识重用和知识再用"为指导思想，提供了多种实用方便的快速填写和绘图手段，可以兼容多种 CAD 数据，真正做到"所见即所得"的操作方式，符合工艺人员的工作思维和操作习惯。

CAXA CAPP 2022 工艺图表适合于制造业中所有需要工艺卡片的场合，如机械加工工艺、冲压工艺、热处理工艺、锻造工艺、压力铸造工艺、表面处理工艺等。利用它提供的大量标准模板，可以直接生成工艺卡片，用户也可以根据需要定制工艺卡片和工艺规程。

1. 系统特点

1）与 CAD 系统的完美结合。CAXA CAPP 工艺图表全面集成了 CAXA CAD 电子图板，可完全按电子图板的操作方式使用，利用电子图板强大的绘图工具、标注工具、标准件库等功能，可以轻松制作各类工艺模板，灵活快捷地绘制工艺文件所需的各种图形，高效地完成工艺文件的编制。

2）所见即所得的填写方式。CAXA CAPP 工艺图表的填写与 Word 一样实现了所见即所得，文字与图形直接按排版格式显示在单元格内。除单元格底色外，用户通过 CAXA 浏览器看到的填写效果与绘图输出得到的实际卡片是相同的。

3）快捷的各类卡片模板定制手段。利用 CAXA CAPP 工艺图表的模板定制工具，可对各种类型的单元格进行定义，按用户的需要定制各种类型的卡片。

4）智能关联填写。CAXA CAPP 工艺图表工艺过程卡片的填写不但符合工程技术人员的设计习惯，而且填写的内容可自动填写到相应的工序卡片；卡片上关联的单元格（如刀具编号和刀具名称）可自动关联；自动生成工序号可自动识别用户的各个工序记录，并按给定格式编号；利用公共信息的填写功能，可一次完成所有卡片公共项目的填写。

5）丰富的工艺知识库。CAXA CAPP 工艺图表提供专业的工艺知识库，辅助用户填写工艺卡片；开放的数据库结构，允许用户自由扩充，定制自己的知识库。

6）统计与公式计算功能。CAXA CAPP 工艺图表可以对单张卡片中的单元格进行计算或汇总，自动完成填写，利用汇总统计功能，还可定制各种形式的统计卡片，把工艺规程中相同属性的内容提取出来，自动生成工艺信息的统计输出。一般用来统计过程卡中的工序信息、设备信息、工艺装备信息等。

7）系统集成。与工艺汇总表模块的结合：CAXA 工艺汇总表模块与 CAXA CAPP 工艺图表是 CAXA 工艺解决方案系统的重要组成部分，工艺图表将工艺人员制定的工艺信息输送给汇总表，汇总表进行数据的提取与入库，最终进行统计汇总，形成各种 BOM 信息。

2. 用户界面

CAXA CAPP 2022 工艺图表的用户界面有两种风格：最新的 Fluent 风格界面和经典界

面，如图 6-25 和图 6-26 所示。Fluent 风格界面主要使用功能区、快速启动工具栏和菜单按钮访问常用命令。经典界面主要通过主菜单和工具栏访问常用命令。

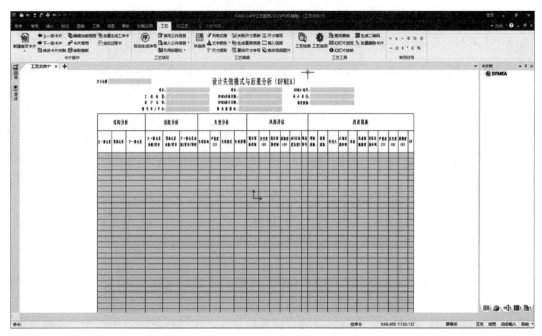

图 6-25　CAXA CAPP 2022 工艺图表 Fluent 风格界面

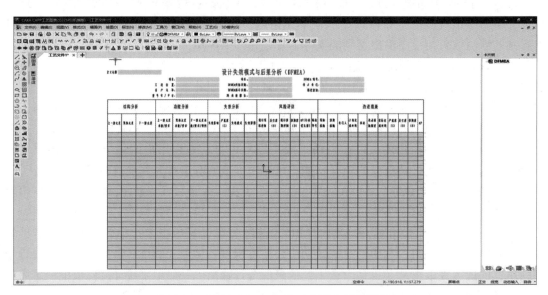

图 6-26　CAXA CAPP 2022 工艺图表经典界面

除了这些界面元素外，还包括状态栏、立即菜单、绘图区、工具选项板和命令行等。两种风格界面可满足不同使用习惯，按<F9>键系统可以随时在两种风格界面间切换。

3. 模板定制环境

单击"文件"→"新建"命令，弹出"新建"对话框，单击"卡片模板"，创建模板定制环境，如图 6-27 所示。在模板定制环境下，可实现以下几种主要功能：

1）绘制图形。操作界面与操作方式同电子图板完全相同，利用绘图、编辑、标准件库等多种工具，可绘制用户所需的各种二维图形。

2）打开、编辑现有的 CAD 格式文件（如 DWG/DXF、EXB 等）。

3）绘制工艺卡片表格。

4）定制工艺模板集与工艺卡片模板。

5）管理系统工艺模板集。

图 6-27　模板定制环境

4. 工艺编写环境

新建、打开工艺规程文件或工艺卡片文件后，软件自动切换到工艺编写环境。工艺编写环境如图 6-28 所示。在此环境中，可实现以下主要功能：

1）编制、填写工艺规程文件或工艺卡片文件。利用定制好的模板，可建立各种类型的工艺文件。各卡片实现了所见即所得的填写方式。利用卡片树、知识库及"工艺"菜单下的各种工具，可方便地实现工艺规程卡片的管理与填写。

2）管理或更新当前工艺规程文件的模板。

3）绘制工艺附图。利用集成的电子图板工具，可直接在卡片中绘制、编辑工艺附图。

4）工艺文件检索、卡片绘图输出等。

5. 常用术语释义

（1）工艺规程　在 CAXA CAPP 工艺图表中，可根据需要定制工艺规程模板，通过工艺规程模板把所需的各种工艺卡片模板组织在一起，必须指定其中的一张卡片为过程卡，各卡片之间可指定公共信息。

利用定制好的工艺规程模板新建工艺规程，系统自动进入过程卡的填写界面，过程卡是整个工艺规程的核心。应首先填写过程卡片的工序信息，然后通过其行记录创建工序卡片，并为过程卡添加首页和附页，创建统计卡片、质量跟踪卡等，从而构成一个完整的工艺规程。工艺规程的所有卡片填写完成后存储为工艺文件（ *.cxp ）。

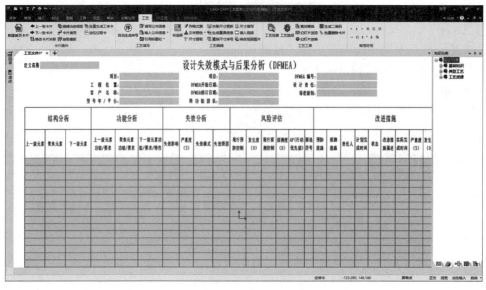

图 6-28　工艺编写环境

（2）工艺过程卡片　在 CAXA CAPP 工艺图表中，过程卡是工艺规程的核心卡片，有些操作只对工艺过程卡有效。建立一个工艺规程时，首先填写过程卡片，然后从过程卡生成各工序的工序卡，并添加首页、附页等其他卡片，从而构成完整的工艺规程。

（3）工序卡片　工序卡片是详细描述一道工序的加工信息的工艺卡片，它与过程卡片上的一道工序记录相对应。工序卡片一般具有工艺附图，并详细说明该工序的每个工步的加工内容、工艺参数、操作要求、所用设备和工艺装备等。如果新建一个工艺规程，那么工序卡片只能由过程卡片生成，并保持与过程卡片的关联。

（4）公共信息　在一个工艺规程之中，各卡片有一些相同的填写内容，如产品型号、产品名称、零件代号、零件名称等，在 CAXA CAPP 工艺图表中，可以将这些填写内容定制为公共信息，当填写或修改某一张卡片的公共信息内容时，其余的卡片自动更新。

（5）文件类型说明

1）Exb 文件：CAXA CAD 电子图板文件。在工艺图表的图形界面中绘制的图形或表格，保存为 ∗.exb 文件。

2）Cxp 文件：工艺文件。填写完成的工艺规程文件或工艺卡片文件，保存为 ∗.cxp文件。

3）Txp 文件：工艺卡片模板文件。存储在安装目录下的 Template 文件夹下。

6.6.2　工艺模板定制

1. 工艺模板概述

在生成工艺文件时，将相同格式的工艺卡片格式定义为工艺模板，这样填写卡片时直接调用工艺卡片模板即可。系统提供两种类型的工艺模板：

（1）工艺卡片模板（ ∗.txp）　可以是任何形式的单张卡片模板，如工艺过程卡模板、工序卡模板、首页模板、工艺附图模板等。

（2）工艺模板集（＊.xml）　一组工艺卡片模板的集合，必须包含一张过程卡片模板，还可添加其他需要的卡片模板，如工序卡模板、首页模板、附页模板等，各卡片之间可以设置公共信息。

CAXA CAPP 2022 工艺图表提供了常用的各类工艺卡片模板和工艺模板集，存储在安装目录下的 Template 文件夹下。单击"文件"→"新建"命令，在弹出的对话框中可以看到已有的模板，如图 6-29 所示。

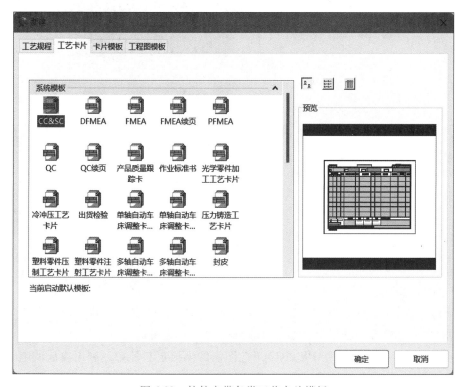

图 6-29　软件自带各类工艺卡片模板

2. 绘制卡片模板

如果现有模板不能满足所有的工艺文件要求，则需要亲手定制符合自己要求的工艺卡片模板。

（1）幅面设置　单击"幅面"→"图幅设置"命令，弹出如图 6-30 所示的对话框，进行以下设置：

1）按实际需要设置图纸幅面与图纸比例。

2）图纸方向：横放或竖放，注意必须与实际卡片相一致。

（2）卡片中单元格的要求

1）卡片中需要定义的单元格必须是封闭的矩形。

2）定义列单元格宽度、高度必须相等。

（3）卡片的定位方式

1）当卡片有外框时，以外框的中心定位，外框中心与系统坐标原点重合。

2）当卡片无外框时，可画一个辅助外框，以辅助外框的中心定位，外框中心与系统坐

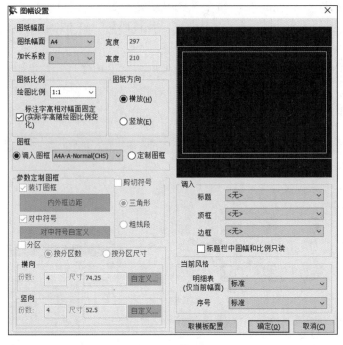

图 6-30　图幅设置

标原点重合，定位完后再删除辅助外框。

3. 绘制卡片表格

1）新建工艺卡片模板。单击"文件"→"新建"命令，弹出"新建"对话框，如图 6-31 所示。选择"卡片模板"选项卡，双击列表框中的"卡片模板"项。

2）系统自动进入 CAXA CAPP 2022 工艺图表的模板定制环境，利用集成的电子图板绘图工具（如直线、橡皮、偏移等），绘制表格。

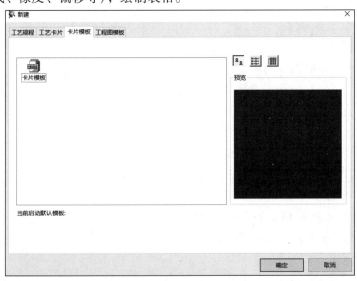

图 6-31　新建卡片模板

4. 标注文字

1）单击"格式"→"文字"命令，弹出如图 6-32 所示的"文本编辑器-多行文字"对话框，用户可创建或编辑需要的文本风格。

图 6-32　文本编辑器

2）单击"常用"选项卡"基本绘图"面板中的 **A** 图标，即可进行文字标注。首先需在窗口底部的菜单中设置"搜索边界"格式，然后单击单元格弹出"文字标注与编辑"对话框，输入所要标注的文字，确定之后，文字即被填入目标区域。

3）重复以上操作完成整张模板的文字标注，如图 6-33 所示。

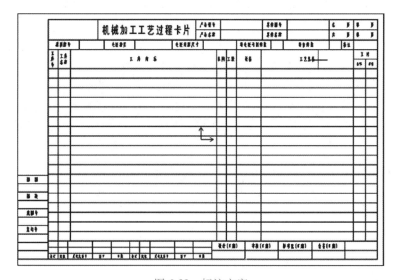

图 6-33　标注文字

5. 定制工艺卡片模板

切换到模板定制界面，单击"模板定制"主菜单或选择"模板定制"选项卡，"模板"面板中的相应功能如图 6-34 所示。使用定义、查询、删除命令，即可快捷地完成工艺卡片的定制。

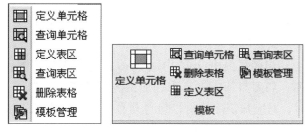

图 6-34　工艺卡片模板的定制

机械加工工艺过程卡片的表区如图 6-35 所示，相关术语释义如下：

1）单个单元格：单个的封闭矩形为单个单元格。

2）列：纵向排列的、多个等高等宽的单元格构成列。

3）续列：属性相同且具有沿续关系的多列为续列。

4）表区：表区是包含多列单元格的区域，其中各列的行高、行数必须相同。注意在定义表区之前，必须首先定义表区的各列。

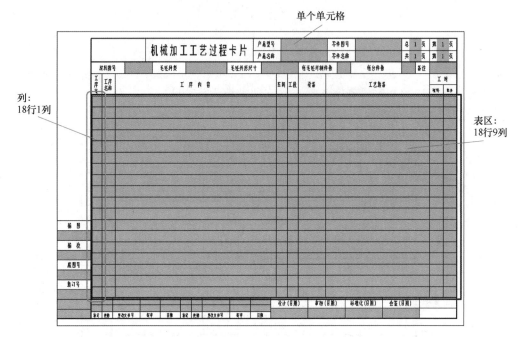

图 6-35　机械加工工艺过程卡片的表区

6. 定义与查询单元格

单击"模板定制"→"定义单元格"命令，用鼠标左键在单元格的内部单击，系统将用红色虚线加亮显示单元格边框，右键单击，将弹出"定义单元格"对话框，如图 6-36 所示。各选项组介绍如下：

（1）单元格名称　单元格名称是这个单元格的身份标识，具有唯一性。单元格名称同工艺图表的统计操作、公共信息关联、工艺汇总表的汇总等多种操作有关，建议为单元格输入具有实际意义的名称。单击"单元格名称"后的空白文本框，可在文本框中输入单元格的名称，也可以从下拉列表中选择。

（2）内容默认值　可以实现对非表区单元格默认值的设置。设置成功后，在创建该模板对应的卡片时，将实现默认值的自动填写。

（3）对应知识库　知识库是由用户通过 CAXA CAPP 2022 工艺图表的"工艺知识管理"模块定制的工艺资料库，如刀具库、夹具库、加工内容库等。为单元格指定对应的知识库后，在填写此单元格时，对应知识库的内容会自动显示在知识库列表中，供用户选择填写，如图 6-37 所示。

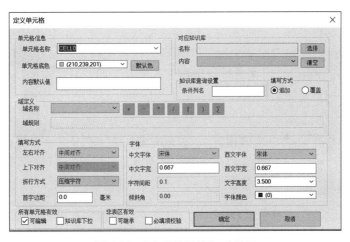

图 6-36　"定义单元格"对话框

图 6-37　对应知识库

（4）填写方式　支持追加和覆盖两种方式。指通过知识库点选进行填写时，系统支持追加和覆盖的设置。

在图 6-38 中，可以选择填写方式。追加是指每次点选知识库时，会在原基础上增加内容。覆盖是指每次点选知识库时，会将该单元格原来内容删掉，同时填入新选择的内容。

图 6-38　填写方式设置

（5）知识库查询设置　用来指定知识库填写时自动筛选所依赖的列。如图 6-39 所示，

在定义"潜在失效模式"单元格时，知识库查询设置的"条件列名"为"制程名称"。填写过程中，如果"制程名称"已经填写了内容，那么在填写"潜在失效模式"时，其对应的知识库内容就会自动根据"制程名称"列填写的内容进行过滤。如图6-40所示，当"制程名称"已经填写了"上盖"，在填写"潜在失效模式"时，其对应的知识库内容就会自动根据"上盖"进行过滤显示对应内容。

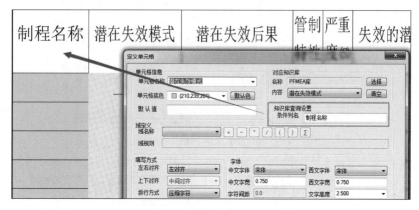

图6-39　知识库查询设置

图6-40　基于条件列名称的自动过滤

（6）域定义　如果为单元格定义了域，则创建卡片后，此单元格的内容不需用户输入，而由系统根据域定义自动填写。"域名称"后的下拉列表如图6-41所示。

工艺卡片通常有四个页码、页数选项，如图6-42所示。

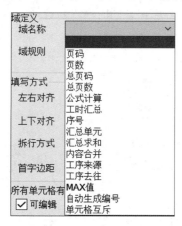

图6-41　"域名称"后的下拉列表

图6-42　工艺卡片的页码和页数

"公式计算"与"工时汇总"可对同一张卡片中的单元格进行计算或汇总。

"汇总单元"与"汇总求和"可对过程卡表区中的内容进行汇总。

"工序来源"与"工序去往"一般用在工序卡中，显示上一道工序和下一道工序。

"MAX 值"可以获取到指定列的最大值。

"自动生成编号"可以针对域规则指定列进行编号，属于自然行的编号，和行记录没关系。

"单元格互斥"用于多个单元格只能有一个单元格有内容的场景。在域规则中输入单元格名称即可，多个单元格之间用"+"分隔。

注意："域"与"库"是相斥的，也就是说一个单元格不可能同时来源于库和域，选择其中的一个时，另一个会自动失效。

（7）填写方式　"填写方式"选项如图 6-43 所示。对于单个单元格，"拆行方式"使用"压缩字符"，填写卡片时，当单元格的内容超出单元格宽度时，文字会被自动压缩。对于表区中的列，两种方式都可以，"拆行方式"使用"自动换行"时，会自动生成下一行。

（8）字体　"字体"选项如图 6-44 所示，可以对字体、文字高度、字宽系数、字体颜色等选项做出选择。

图 6-43　"填写方式"选项

图 6-44　"字体"选项

（9）可编辑　可编辑是指该单元格可以通过人为输入的方式进行填写，否则只能通过知识库选择或其他导入的方式实现填写。默认"可编辑"处于选中状态。

（10）可继承　可继承是针对卡片表头中非公共信息的内容而言的，可以通过继承的方式自动填写到续页卡片中。

（11）必填项校验　必填项校验是一种强制标准化检查功能，当设置为"必填项校验"后，在卡片填写时，该单元格必须填写，否则不能保存该文件。

（12）知识库下拉　当选择该功能选项后，填写该单元格时，系统会自动以下拉列表的方式把对应的知识库内容进行呈现，方便用户直接进行选择。

7. 定义与查询表区

1）单击"模板定制"→"定义表区"命令，单击表区最左侧一列中的任意一格，这一列被高亮显示。

2）按下<Shift>键，同时单击表区最右侧一列，则左右两列之间的所有列被选中。

3）右键单击，弹出如图 6-45 所示的"定义表区"对话框。如果希望表区支持续页，则选中"表区支持续页"前的复选按钮，单击"确定"按钮，完成表区的定义。

4）单击"模板定制"→"查询表区"命令，弹出"查询表区"对话框，可修改"表区支持续页"等属性。

8. 续页定义规则

如果一个卡片的表区定义了"表区支持续页"属性，则可以添加续页。在添加续页时，可添加不同模板类型的续页，需要强调的是过程卡添加续页时要求续页模板与主页模板有相同结构的表区，即：①表区中列的数量、宽度相同；②行高相同；③对应列的名称一致；④定义次序一致。如图6-46和图6-47所示，机械加工工序卡片模板和机械加工工序卡片续页模板拥有相同的表区。

图6-45 "定义表区"对话框

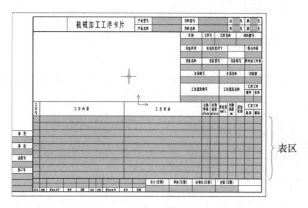

图6-46 机械加工工序卡片模板

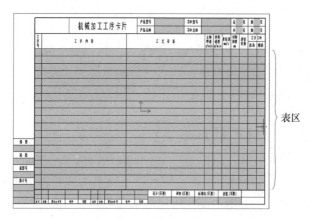

图6-47 机械加工工序卡片续页模板

9. 定制工艺模板集

1）新建工艺模板集。单击"文件"→"新建"命令，弹出"新建"对话框。

2）选择"卡片模板"选项卡，双击列表框中的"卡片模板"项，进入模板定制环境。

3）单击"模板定制"→"模板管理"命令，弹出如图6-48所示对话框。

图 6-48　"模板集管理"对话框

4）单击"新建模板集"按钮，填入所要创建的模板集名称，并单击"下一步"按钮，输入模板集名称。

5）弹出"新建工艺模板集::指定卡片模板"对话框，从"工艺模板"中选择需要的模板，单击"指定"按钮。在没有指定工艺过程卡片之前，系统会提示是否指定所选卡片为工艺过程卡片。如果所选的是过程卡片，单击"是"即可将此过程卡添加到右侧列表中，且过程卡名称前添加标志；单击"否"，则将此卡片作为普通卡片添加到右侧列表中，如图 6-49 所示。

图 6-49　系统提示对话框

6）选择该工艺过程中需要的其他卡片，对话框右边的"规程中模板"列出所选定的工艺过程卡片和其他工艺卡片。

7）指定的工艺过程卡片会有红色的小旗作为标志，以示区分工艺过程卡片和其他工艺卡片。

8）选中右侧列表中的某一个卡片模板，单击"删除"按钮，可将其从列表中删除，如图 6-50 所示。

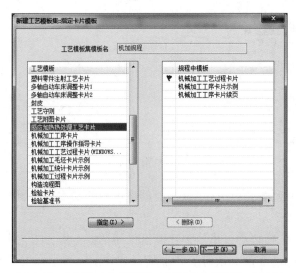

图 6-50 "新建工艺模板集::指定卡片模板"对话框

9）指定和删除续页。在选定的模板上单击鼠标右键，在弹出的对话框中可以选择"指定续页"或"删除续页"，如图 6-51 所示。

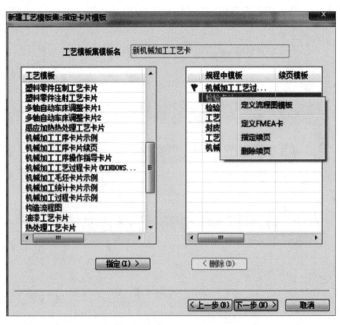

图 6-51 指定和删除续页

10）指定了规程模板中包含的所有卡片后，单击"下一步"按钮，弹出"新建工艺模板集::指定公共信息"对话框，如图6-52所示。这里要指定的是工艺规程中所有卡片的公共信息，从左侧列表中选取所需的公共信息，单击"添加"按钮，将其显示在右侧列表中。从右侧列表中选择不需要的公共信息，单击"删除"按钮，可将其删除。

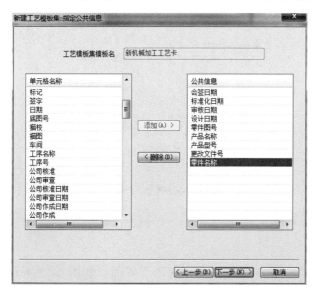

图6-52 "新建工艺模板集::指定公共信息"对话框

11）指定了公共信息后，单击"下一步"按钮，进入指定页码编排规则界面，如图6-53所示。

页码规则分为"页数页码编排规则"和"不参与总页数编排的模板"两部分。页数页码编排规则以卡片类型为基础，设定了以下四种编排规则：

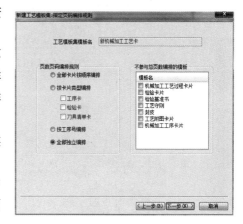

① 全部卡片按顺序编排。指不区分卡片类型，按顺序依次编排。

② 按卡片类型编排。指在选中的卡片类型中单独编排，例如选中工序卡，则所有工序卡的页数页码单独编排。

③ 按工序号编排。指以工序为单位进行页码的编排。

图6-53 指定页码编排规则界面

④ 全部独立编排。指页数页码在所有卡片类型中单独编排。

不参与总页数编排的模板是针对总页数、总页码编排规则而言的，被选中的卡片将不计入总页数中。

12）在"新建模板集::选择默认保存文件名和关联卡片命名结构"对话框中，可以设置文件默认的保存名称，以及工序卡默认的保存名称规则，如图6-54所示。

13）单击"完成"按钮，即完成了一个新的模板集的创建。此时单击"文件"→"新

图 6-54 选择默认保存文件名和关联卡片命名结构

建"命令,弹出"新建"对话框,在"工艺规程"选项卡中可以找到新建的工艺规程。

6.6.3 卡片填写与编辑

1. 单元格填写

新建或打开文件后,系统切换到卡片的填写界面,如图 6-55 所示。可选择手工输入、知识库关联填写、公共信息填写等多种方式对各单元格内容进行填写。

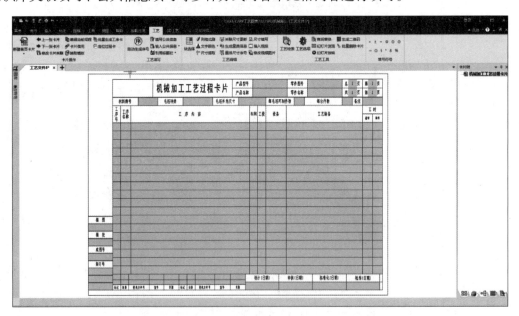

图 6-55 卡片填写界面

2. 手工输入填写

单击要填写的单元格,单元格底色随之改变,且光标在单元格内闪动,此时即可在单元格内输入要填写的字符,如图 6-56 所示。

若要改变单元格填写时的底色,只需单击"工艺"选项卡中的"选项"命令,弹出

"工艺选项"对话框，在"单元格填写底色设置"标签下选择所需的颜色，如图 6-57 所示。

图 6-56　单元格文字手工输入

图 6-57　单元格底色设置

3. 特殊符号的填写与编辑

在单元格内右键单击，利用右键菜单中的"插入"命令，可以直接插入常用符号、图符、角度公差、公差、上下标、分数、粗糙度、形位公差[○]、焊接符号和引用特殊字符集。

1）常用符号的输入。在填写状态下，右击，弹出快捷菜单，单击"插入"中的"常用符号"命令，如图 6-58 所示，单击要输入的符号即可完成填写。

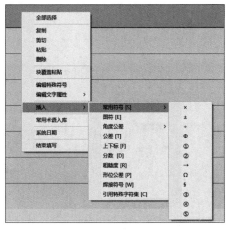
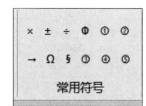

图 6-58　常用符号的输入

2）图符的输入。在填写状态下，右键单击，弹出快捷菜单，单击"插入"中的"图符"命令，弹出"输入图形"对话框，在文本框中填写文字，然后单击一种样式，即可将图符输入单元格中，如图 6-59 所示。

3）角度公差的输入。在填写状态下，右键单击，弹出快捷菜单，单击"插入"中的"角度公差"命令，弹出"度""度分秒""百分度""弧度"四个子菜单选项，然后选择需要的信息，填写完成后单击"确定"按钮，如图 6-60 和图 6-61 所示。

○　术语"形位公差"不宜采用，应改为"几何公差"，但为与软件一致，这里仍用"形位公差"。

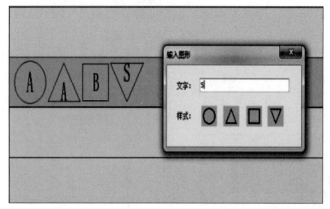

图 6-59　图符的输入

图 6-60　插入角度公差

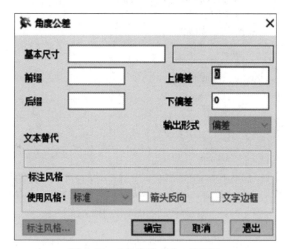

图 6-61　"角度公差"对话框

4）公差的输入。在填写状态下，右键单击，弹出快捷菜单，单击"插入"中的"公差"命令，弹出"尺寸标注属性设置"对话框，填写基本尺寸⊖、上下偏差⊖、前后缀，并选择需要的输入形式、输出形式，单击"确定"按钮即完成填写，如图 6-62 所示。

⊖　术语"基本尺寸"不宜采用，应改为"公称尺寸"，但为与软件一致，这里仍用"基本尺寸"。

⊖　术语"上偏差"和"下偏差"不宜采用，应改为"上极限偏差"和"下极限偏差"，但为与软件一致，这里仍用"上偏差"和"下偏差"。

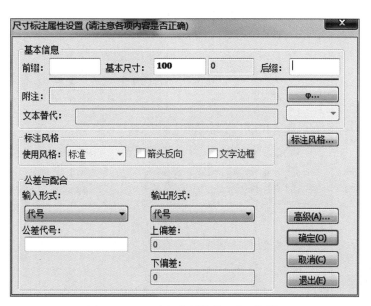

图 6-62　"尺寸标注属性设置"对话框

5）粗糙度的输入。在填写状态下，右键单击，弹出快捷菜单，单击"插入"中的"粗糙度"命令，弹出"表面粗糙度"对话框，选择粗糙度符号，填写参数值，单击"确定"按钮即可，如图 6-63 所示。

6）形位公差的输入。在填写状态下，右键单击，弹出快捷菜单，单击"插入"中的"形位公差"命令，弹出"形位公差"对话框，选择公差类型，填写参数值，单击"确定"按钮即可，如图 6-64 所示。

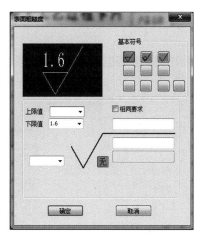

图 6-63　"表面粗糙度"对话框

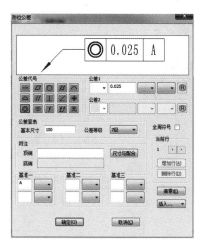

图 6-64　"形位公差"对话框

7）焊接符号的输入。在填写状态下，右键单击，弹出快捷菜单，单击"插入"中的"焊接符号"命令，弹出"焊接符号"对话框，选择焊接类型，填写相关参数，单击"确定"按钮即可，如图 6-65 所示。

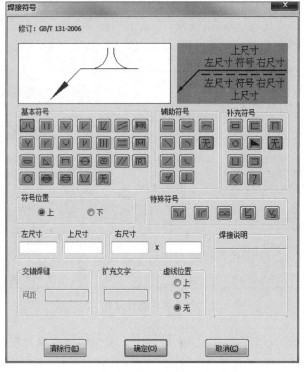

图 6-65 "焊接符号"对话框

4. 利用知识库进行填写

（1）知识库填写界面 如果在定义模板时，为单元格指定了关联数据库，那么单击此单元格后，系统自动关联到指定的数据库，并显示在"知识分类"与"知识列表"两个窗口中。"知识分类"窗口显示其对应数据库的树形结构，而"知识列表"窗口显示数据库根节点的记录内容，如图 6-66 所示。

图 6-66 知识库填写界面

（2）使用知识库的填写方法

1）单击单元格，显示"知识分类"窗口。

2）在"知识分类"窗口中，单击展开知识库，并单击需要填写内容的根节点。

3）在"知识列表"窗口中，单击要填写的记录，其内容被自动填写到单元格中。

4）在"知识分类"窗口中，双击某个节点，可以将节点的内容自动填写到单元格中。

注意：当知识中有竖线分隔符时，表示以组合式知识呈现，若选择此类知识，则系统会自动以竖线为分隔符把内容依次填写至相邻的多行记录中，如图 6-67 所示。

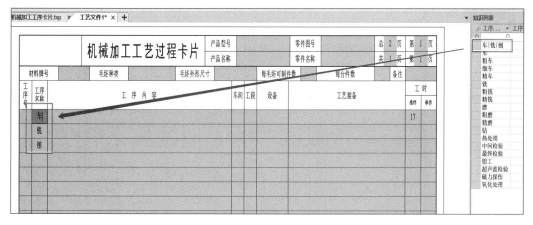

图 6-67　组合式工序填写

6.6.4　CAXA CAPP 2022 案例介绍

建立并填写工艺卡片模板的步骤如下：

1）单击桌面上 CAXA CAPP 2022 工艺图表快捷图标，打开工艺图表，界面如图 6-68 所示。选择"卡片模板"选项卡，双击列表框中的"卡片模板"项。

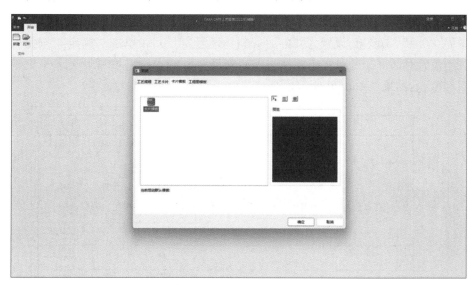

图 6-68　新建工艺卡片模板

2）幅面设置。单击"幅面"→"图幅设置"命令，弹出"图幅设置"对话框，根据要求对图幅进行设置。

3）模板绘制。系统自动进入 CAXA CAPP 2022 工艺图表的模板定制环境，利用集成的电子图板绘图工具（如直线、橡皮、偏移等），绘制机械加工工序卡片表格图形，如图6-69所示。

说明：这一步是绘制工艺卡片模板。

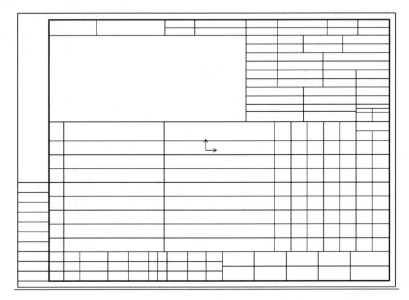

图6-69　机械加工工序卡片表格图形

4）按工艺管理标准填写文字。单击"格式"→"文字"命令，弹出"文本编辑器-多行文字"对话框，选择所需参数。本例的中文字体和西文字体都采用"仿宋"，字高设置为"7"，对齐方式为"中间对齐"，书写方向为"横写"，框填充方式为"自动换行"，中文宽度系数设置为"0.667"，西文宽度系数也是"0.667"，字符间距系数设置为"0.5"，行距系数设置为"0.4"，旋转角设置为"0"，倾斜角设置为"0"，单击"确定"按钮后设置生效，并关闭设置对话框，返回文字标注与编辑对话框，输入所需填写的文字"机械加工工序卡片"，确定后结果如图6-70所示。

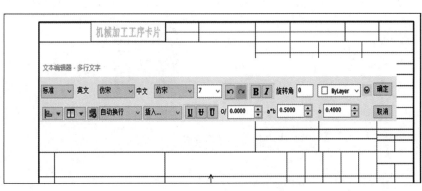

图6-70　工序卡片文字的设置

5）按以上步骤填写其他单元格，文字参数中字高为"3.5"，字符间距系数为"0.1"，其他参数不变，结果如图 6-71 所示。

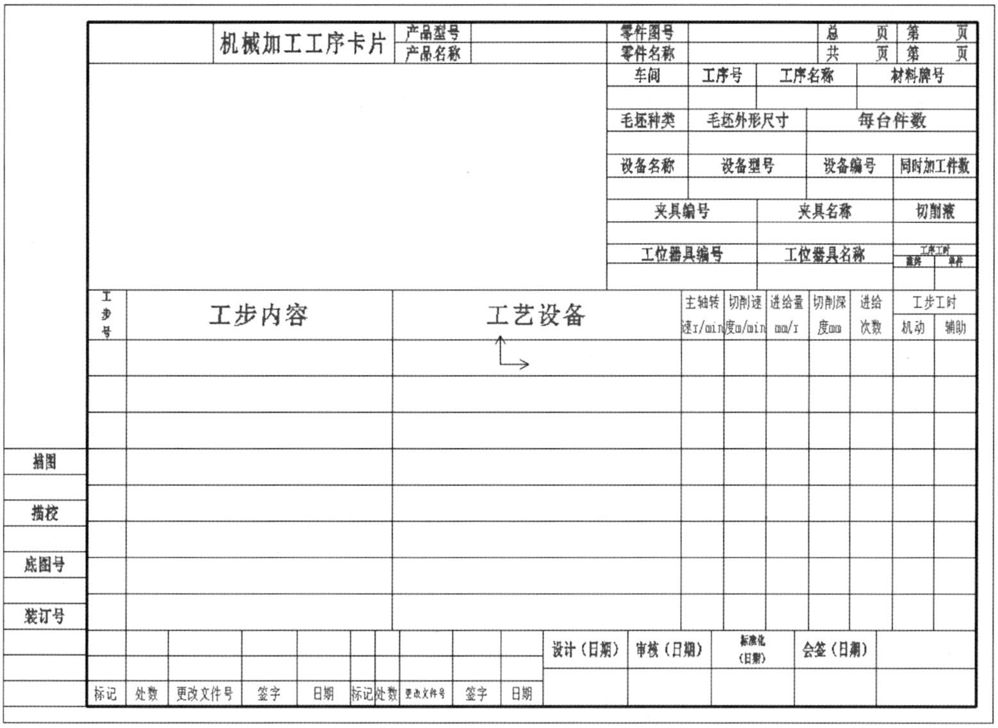

图 6-71　所创建的机械加工工序卡片

6）单击"保存"图标，弹出"另存文件"对话框，如图 6-72 所示。选择 CAPP 目录下的 txp 文件夹，命名为"机械加工工序卡片模板1"，文件类型为 txp，单击"保存"按钮。

图 6-72　保存所创建的工序卡片

7）单击"工艺"及其下拉菜单"定义单元格"命令，状态行提示"拾取元素"，单击"产品型号"对应的单元格，此单元格变为红色，右键单击确认，弹出"定义单元格"对话框，如图 6-73 所示。输入产品型号的拼音首字母"cpxh"，下拉菜单中出现"产品型号"，单击选择。查看库文件中和域名称中是否有相同的项，没有就选择空白。

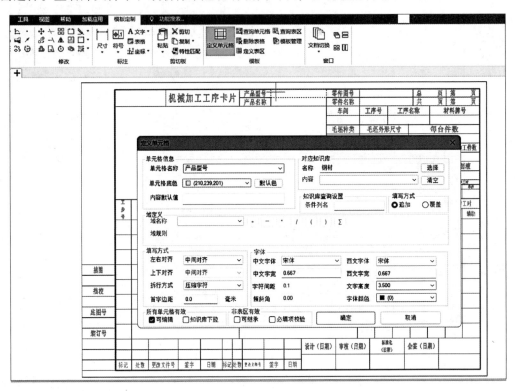

图 6-73　"定义单元格"对话框

8）单击"工序号"对应的单元格，右键单击，弹出"定义单元格"对话框，在单元格名称中选择输入"工序号"，域名称中选取"工序号"，填写方式与字体参数不变，单击"确定"按钮，"工序号"一栏属性定义完成，表格变为绿色。

9）单击"夹具编号"对应的单元格，右键单击，弹出"定义单元格"对话框，在单元格名称中选择输入"夹具编号"，库文件名称中选取"夹具"，库文件内容选择"编号"，填写方式与字体参数不变，单击"确定"按钮，定义完成，表格变为绿色。

10）定义"工步内容"一栏单元格属性，单击"工步内容"下的第一个单元格，单元格变为虚线，按住<Shift>键，同时单击这一栏的最后一个单元格，整栏单元格变为红色，松开<Shift>键，右键单击，弹出"定义单元格"对话框，在单元格名称中选择输入"工步内容"，填写方式与字体参数不变，单击"确定"按钮，"工步内容"一栏属性定义完成，表格变为绿色。

11）参照以上三步定义其他单元格，定义完成后，结果如图 6-74 所示。

12）单击工具栏中的"定义表区"，然后按住<Ctrl>键，单击"工序号"下方任意一行对应单元格，这一列变为红色，再单击"辅助"下方任意一行对应单元格，这十列变为红色，松开<Ctrl>键，单击鼠标右键，弹出"定义表区"对话框，选择"表区支持续页"和

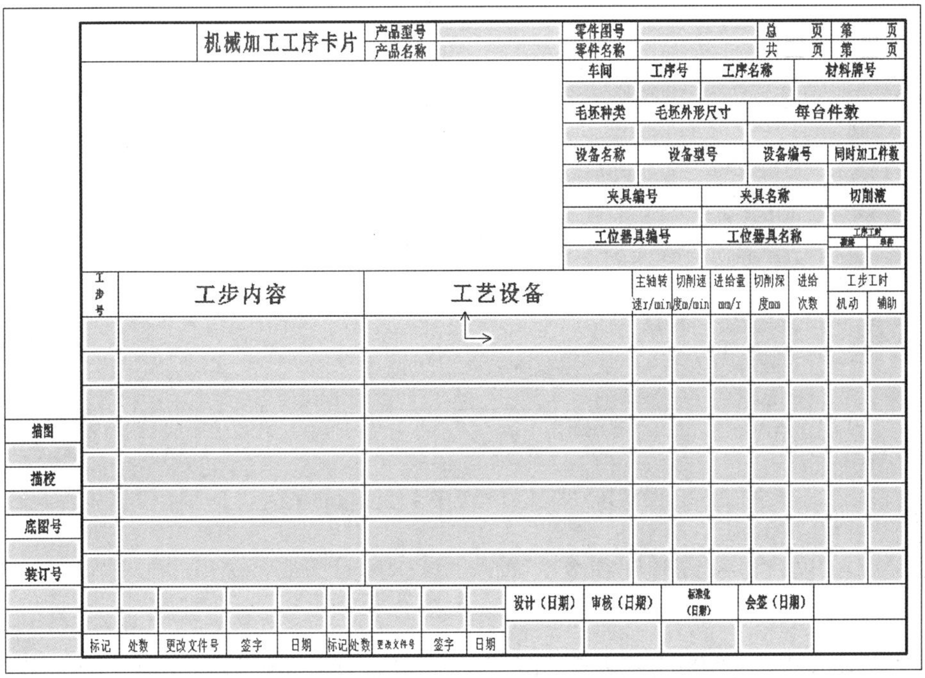

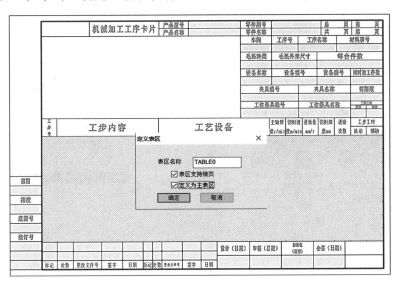

图 6-74　定义完成的工序卡片

"定义为主表区"，单击"确定"按钮，将这十列定义成一个表单元格，如图 6-75 所示。

图 6-75　定义表区操作

13）单击"文件"→"另存为"命令，弹出"另存文件"对话框，如图 6-76 所示。选择 CAPP 目录下的 Template 文件夹，命名为"机械加工工序卡片"，文件类型为 txp，单击"保存"按钮，存为".txp 模板文件"。经过以上步骤，即完成机械加工工序卡片模板的创建。

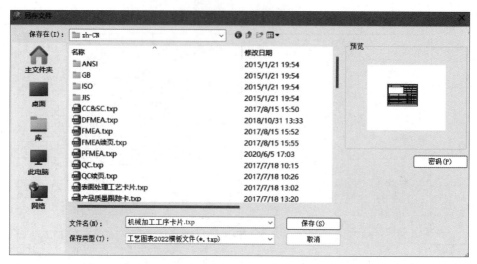

图 6-76　机械加工工序卡片模板的保存

14）单击"文件"→"新建"命令，弹出"新建"对话框，选择"工艺卡片"选项卡，如图 6-77 所示。

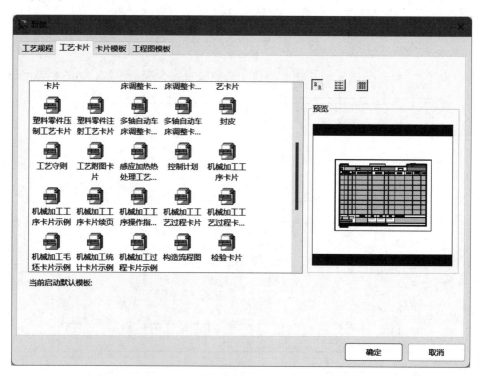

图 6-77　"新建"对话框中"工艺卡片"选项卡

选择"机械加工工序卡片"，单击"确定"按钮，进入填写卡片状态，如图 6-78 所示。

15）单击"工步内容"下的第一个单元格，用鼠标中键滚轮进行显示放大，这一单元格变为灰色，输入"下料 $\phi40\times164$"，这一单元格填写完成，右键单击结束填写，如图 6-79 所示。

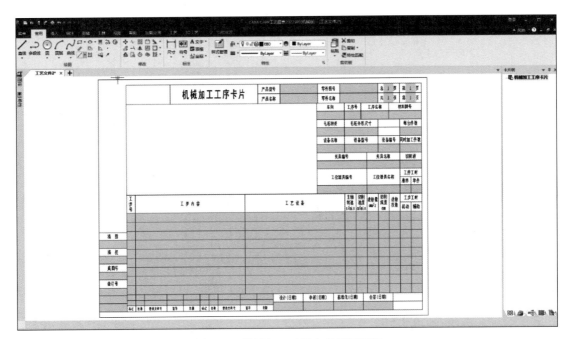

图 6-78　机械加工工序卡的填写界面

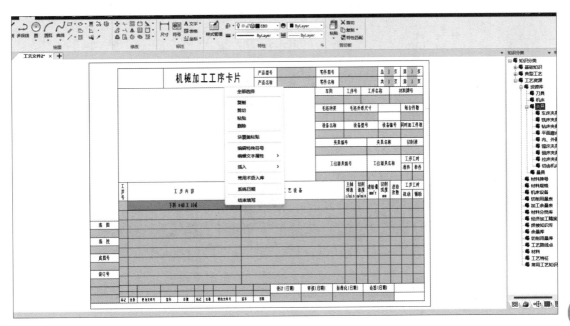

图 6-79　工步内容的填写

16）填写材料牌号、毛坯外形尺寸、每台件数、设计（日期）、零件图号、车间、工序号等一系列参数，结果如图 6-80 所示。

17）单击"菜单"→"绘图"→"图片"→"插入图片"命令，如图 6-81 所示，屏幕中间弹出"图片文件选取"对话框，然后选择图片，单击最大的单元格，拾取需要插入图形的区域，如图 6-82 所示。

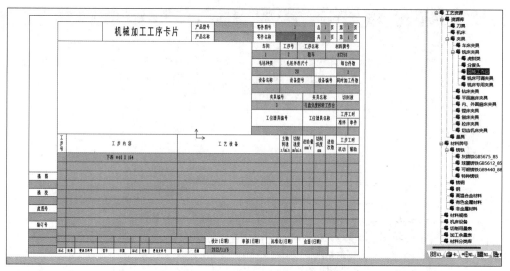

图 6-80　工序卡片其他信息的填写

图 6-81　机械加工工序卡片中插入图片

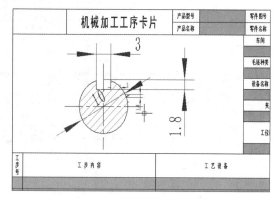

图 6-82　插入的 CAD 图形

18）单击"文件"→"保存"命令，弹出"另存文件"对话框，如图 6-83 所示。选择合适的文件路径，命名为"车轴"，文件类型为 cxp，保存完成。

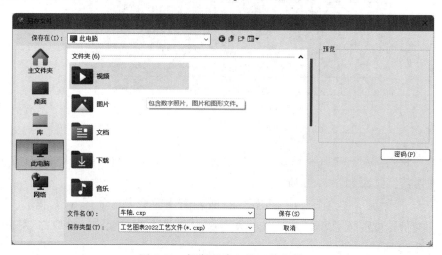

图 6-83　保存所建立的工艺文件

以上是一个定制工艺卡片模板，并填写的完整过程。

习　题

1. 什么是 CAPP？CAPP 的主要功能体现在哪些方面？CAPP 的发展趋势是什么？

2. CAPP 的基本构成有哪些？简述 CAPP 的实施步骤。

3. 什么是成组技术？零件分类成组的常用方法有哪些？

4. 当前主流的零件分类编码系统有哪些？各编码系统的主要特点是什么？

5. 零件信息描述的基本方法有哪些？如何对轴类零件的信息模型进行描述？

6. 交互式 CAPP 系统的工作流程是什么？

7. 简述派生式 CAPP、创成式 CAPP 和综合式 CAPP 的基本原理和工作过程。

8. 常用的智能型 CAPP 类型有哪些？简要介绍智能型 CAPP 的体系与结构。

9. 什么是 CAPP 专家系统？它的结构组成和基本原理是什么？

10. 在 CAXA CAPP 2022 软件中，如何建立机械加工工序卡片？

11. 在 CAXA CAPP 2022 软件中，在工序卡片制作过程中，如何输入表面粗糙度、尺寸公差、形位公差、焊接符号等信息？

12. 在 CAXA CAPP 2022 软件中，如何将 CAD 图形导入到工序卡片中？

第 7 章 Chapter

计算机辅助制造（CAM）

7.1 计算机辅助制造概述

计算机辅助制造技术是在计算机技术、信息技术、数字化技术、数控编程技术等先进技术的基础上发展起来的新兴技术，其特点是将人的创造能力和计算机的高速运算能力、巨大存储能力和逻辑判断能力有机地结合起来，帮助人们解决了许多复杂零件的编程问题。目前，我国已成为制造业大国，并且制造业规模稳居世界前列，计算机辅助制造技术已成为我国制造业转型升级的关键技术，为制造业的发展和相关技术人员技能水平的提升提供了强有力的技术支持。

7.1.1 CAM 的基本概念

CAM 是指应用计算机来进行产品制造的统称。CAM 有广义和狭义之分。广义的 CAM 是指利用计算机辅助完成从生产准备工作到产品制造过程中的直接和间接的各种活动，包括工艺准备、生产作业计划、物流过程的运行控制、生产控制、质量控制等主要方面。其中工艺准备包括计算机辅助工艺过程设计、计算机辅助工装设计与制造、NC 编程、计算机辅助工时定额和材料定额的编制等内容；物流过程的运行控制包括物料的加工装配、检验、输送、储存等生产活动。而狭义的 CAM 通常指利用计算机完成数控程序的编制，包括刀具路线的规划、刀位文件的生成、刀具轨迹仿真以及后置处理和 NC 代码生成等。它的输入信息是零件的几何信息和工艺信息（包括工艺路线和工序内容），输出信息是刀具加工时的运动轨迹和数控程序。图 7-1 所示为 CAM 系统的功能模型，图 7-2 所示为 CAM 系统的主要功能。本节所阐述的 CAM 技术主要指狭义 CAM 的内容。

7.1.2 CAM 的支撑系统

CAD/CAM 系统由计算机和一些外部设备以及相应的软件组成，如图 7-3 所示。CAD/CAM

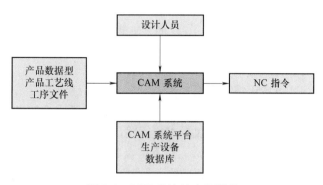

图 7-1 CAM 系统的功能模型

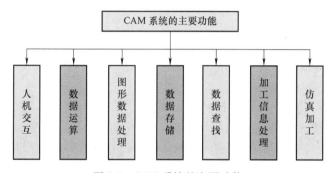

图 7-2 CAM 系统的主要功能

系统是建立在计算机硬件的基础上，以系统软件为支撑，以应用软件为核心，旨在处理制造过程中的相关信息的系统。并且，对于一个具体的 CAD/CAM 系统来说，其硬件、软件相互的配置需要进行周密的设计，同时对硬件和软件的型号、性能以及厂家都要进行全方位的考虑。

图 7-3 CAM 系统的主要结构

1. CAM 硬件系统

CAD/CAM 硬件系统主要包括主机、外存储器、输入输出设备以及其他通信接口。

（1）主机　主机一般采用小型机或超级小型机、超级微机和个人微机等。选取时要根据产品的生产规模、复杂程度、设计工作量大小等情况而定。

（2）外存储器　CAD/CAM 系统需要处理大量的信息，因此需要大容量的外存储器，用于存放各种软件、图形库和数据库等。常用的外存储器包括硬盘、软盘、磁带机及光盘等。

（3）输入输出设备　CAD/CAM 系统要求输入输出设备精度高、速度快。常用的输入设备有数字化仪、图形输入板、图形扫描输入仪及键盘等，输出设备有绘图机、打印机、笔绘仪等。

CAD/CAM 系统的硬件设备还包括图形显示器、通信接口和生产装置（如数控机床、自动测试装置等）。

2. CAM 软件系统

CAD/CAM 系统中的软件已形成了一个完整的体系，该软件系统可以分为三个层次：系统软件、支撑软件和应用软件。有些应用软件可直接在系统软件下开发和运行，而有些应用软件需要有特殊的支撑软件环境。

（1）系统软件　主要用于计算机的管理、维护、控制及运行，以及计算机程序的翻译、装入及运行。其包括操作系统和语言编译系统。常用的操作系统有 Windows、PS/2、UNIX、XENIX 等。常用的语言编译系统主要有 FORTRAN、C/C++、VisualBASIC、LISP 等。

（2）支撑软件　支撑软件是为满足 CAD/CAM 工作需要而开发的通用软件，商品化的支撑软件主要包括计算机分析软件、图形支撑软件、数据库管理系统及计算机网络工作系统。其中，计算机分析软件主要用于工程设计中各种数值计算问题，常用的软件有 ANSYS、ADAMS 等。常用的图形支撑软件系统主要有 AUTO CAD、CATIA、ICEM、IDEAS 等。目前比较流行的数据库管理系统主要有 FOXBASE、Oracle、Sybase 等。计算机网络工作系统中最经典的有 NOVELL 公司的 NetWare。

（3）应用软件　应用软件是在系统软件和支撑软件的基础上，针对某一个专门应用领域而研制的软件。这类软件类型多、内容丰富、针对性强，用于实现 CAM 系统的各种专业功能。现在比较主流的 CAM 应用软件主要有 UG NX、Mastercam、CAXA、CATIA、Cimatron NC 等。

7.1.3　CAM 的应用

随着计算机硬件、软件技术和其他科学技术的发展，CAD/CAM 技术也日趋完善，应用范围不断扩大。当今 CAD/CAM 已广泛应用于产品设计生产的全过程，遍及机械、电子、航空、汽车、建筑、纺织、轻工及工程建设等部门。

典型的 CAM 应用主要是汽车车身模具或塑料模具的数控加工方面。通过计算机设计软件实现对模具结构的设计，再通过工程软件实现对力学结构、模具强度、精度等性能方面的测试，通过数控编程加工可大幅降低模具型面的制造误差，提高模具型面精度，提升模具的制造质量。将 CAM 技术应用于现代模具的设计与制造中，可以更好地保证模具的设计制造水平，达到进一步提升工业生产水平的目的。

目前，CAM 技术与互联网技术联系越来越紧密，CAM 技术建立在充足的数据信息储备基础之上，只有加强信息技术的交流和互联网技术的应用，才能充分发挥 CAM 技术的全部性能，实现网络信息的交流与资源的共享。

7.2　数控编程的基本概念

普通机床上加工零件时，其加工过程是操作人员在各类工艺文件的指导下，控制机床的进给等运动，完成零件的加工。普通机床加工所需要的加工工艺规程，由工艺人员按照设计图样提前制定好，其内容包括零件的加工工序、切削用量、机床规格、刀具、夹具等。操作人员按照工艺规程的各个步骤手工操作机床，如起动机床、调节主轴转速、改变进给速度和进给方向、更换刀具、开关切削液等。数控机床不同于普通机床，它是通过数控程序，由计算机控制机床各运动部件自动完成零件加工的过程。

所谓数控加工编程，就是把零件的工艺过程、工艺参数、机床的运动参数、刀具位移量和其他辅助功能（换刀、冷却、夹紧）等信息，使用数控机床规定的指令代码和程序格式记录在程序单上，将程序单的全部内容记录在控制介质上，然后输入数控装置，由计算机对数控程序进行分析和处理，并进行程序校验，最终控制数控机床完成零件的加工。

7.2.1　数控编程的步骤和内容

一般来讲，数控编程过程的主要内容包括分析零件图样、确定工艺过程、数值计算、编制加工程序单、制备控制介质、程序校验和首件试切等，如图 7-4 所示。

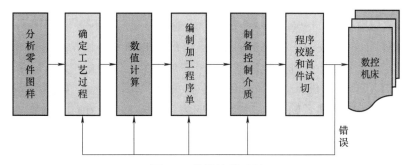

图 7-4　数控编程过程

（1）分析零件图样　在确定加工工艺过程前，首先要分析零件的图样，包括分析零件的材料、形状、尺寸、精度、批量、各类技术要求等，以确定该零件是否适合在数控机床上加工，同时明确加工的内容和要求。

（2）确定工艺过程　根据零件形状尺寸及其技术要求，对零件的加工工艺进行分析，包括选择加工方案、确定加工顺序、选定合适的机床、选择刀具、设计夹具、确定合理的走刀路线和切削用量等。制定数控加工工艺除了考虑一般工艺原则外，还需考虑使用数控机床的合理性及经济性，同时要求工件的定位和夹紧要合理、走刀路线要短、刀具切入过程要平稳、走刀次数和换刀频率尽可能少、加工过程的安全性要得以保证等。

（3）数值计算　数控编程中的数值计算主要包括在规定的坐标系内，根据零件的几何尺寸、加工工艺路线的要求，计算零件与刀具相对运动轨迹的坐标值，诸如运动轨迹的起点、终点、圆弧的圆心、几何元素之间的连接点等坐标尺寸，以获得刀位数据。

（4）编制加工程序单　计算出数值和确定加工路线、工艺参数及辅助动作后，编程人员根据数控系统规定的功能指令代码及程序段格式，逐段编写加工程序单。在程序段之前加上程序的顺序号，在程序段末尾加上程序段结束符号。此外，还应附上必要的工件毛坯示意图、数控刀具卡片、换刀次序清单、机床调整卡、工序卡以及必要的说明。

（5）制备控制介质，输入程序信息　程序单完成后，编程人员或机床操作者可以通过数控机床的操作面板，将程序信息输入数控系统存储器中。操作者也可以将编程内容记录在控制介质上，作为数控机床的输入信息。控制介质多为穿孔带，也可以是磁带、软盘等信息载体，利用穿孔带阅读机或磁带机、软盘驱动器等装置，可将控制介质上的程序信息输入数控系统程序存储器中。

（6）程序校验和首件试切　程序单或控制介质制备完毕后，需要经过程序校验和试切后才能正式使用。通常可采用机床空运转的方式，来检查机床动作和运动轨迹的正确性。在具有图形模拟显示功能的数控机床上，可通过图形模拟走刀轨迹或切削过程，以此检查程序的正确性。但是这些方法只能检验运动是否正确，无法对加工精度进行验证。因此，还需要采用首件试切的方法进行切削检查。通过首件试件，不仅可确认程序是否正确，还可知道加工精度是否符合要求。当发现加工的零件不符合加工技术要求时，可修改程序或采取尺寸补偿等措施。

7.2.2　数控机床的坐标系

1. 坐标轴及运动方向

目前，国家标准 GB/T 19660—2005 对坐标轴的部分规定如下：

1）刀具相对于静止的工件运动的原则。不论机床的具体结构是工件静止、刀具运动，还是工件运动、刀具静止，在确定坐标系时，一律规定为工件静止，刀具运动。

2）机床的直线运动。机床坐标系采用右手直角笛卡儿坐标系，如图 7-5 所示，拇指为 X 轴，食指为 Y 轴，中指为 Z 轴，指尖所指方向为各坐标轴的正方向，即增大刀具和工件距离的方向。

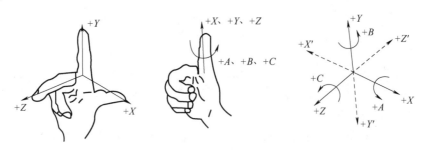

图 7-5　右手直角笛卡儿坐标系与右手螺旋法则

3）若有旋转轴，则规定围绕 X、Y、Z 轴的旋转坐标分别用 A、B、C 表示，根据右手螺旋法则，大拇指指向 X、Y、Z 坐标中任意轴的正向，其余四指的旋转方向即为旋转坐标 A、B、C 的正方向。图 7-5 所示为右手直角笛卡儿坐标系与右手螺旋法则。

4）各坐标轴在机床上的分布有如下规定：

① 规定平行于机床主轴（传递切削动力）的运动坐标轴为 Z 轴，取刀具远离工件的方向，或者说增大刀具与工件距离的方向为 Z 轴的正方向。车床和内、外圆磨床的 Z 轴是带动工件旋转的主轴。铣床、钻床、镗床和攻螺纹机床等的 Z 轴是带动刀具旋转的主轴。机床在确定坐标系时，首先要确定 Z 轴。

② X 轴为水平方向，且垂直于 Z 轴并平行于工件的装夹面。其正方向的确定方法是：对于车床、外圆磨床等工件旋转的机床，X 坐标的方向在工件的径向上，且平行于横向滑座，以主刀架上刀具远离工件旋转中心的方向为 X 轴的正方向；对于卧式铣床、钻床、镗床和攻螺纹机床等刀具旋转的机床，当 Z 轴水平布置时，由主轴向工件方向看，X 轴的正方向指向右方；对于立式铣床、钻床、镗床等，当 Z 轴垂直布置时，由主轴向立柱方向看，X 轴的正方向指向右方。

③ Y 轴垂直于 X、Z 轴。当确定了 Z、X 轴的正方向后，利用右手定则确定 Y 轴正方向。

图 7-6 和图 7-7 所示分别为数控车床坐标系和立式数控铣床坐标系。

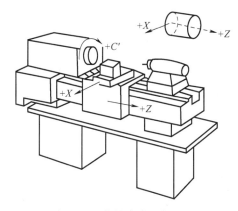

图 7-6　数控车床坐标系

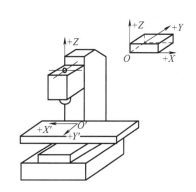

图 7-7　立式数控铣床坐标系

2. 机床坐标系和工件坐标系

（1）机床坐标系与机床原点　机床坐标系是机床上固有的坐标系，一般由机床制造商在机床出厂前设定，并设有固定的坐标原点。机床坐标系的原点在机床说明书中均有规定，一般利用机床机械结构的基准线来确定。

（2）工件坐标系　编程时，一般由编程人员根据所加工零件的形状特征、工艺要求等选择工件上的某一点作为坐标原点，此坐标系称为工件坐标系。当工件在机床上定位装夹后，可通过对刀确定工件坐标系在机床坐标系中的位置。

（3）机床坐标系与工件坐标系的关系　机床坐标系与工件坐标系的关系如图 7-8 所示。一般说来，工件坐标系的坐标轴与机床坐标系相应的坐标轴相互平行，方向相同，但原点不同。在加工中，工件随夹具在机床上安装后，要测量工件原点与机床原点之间的坐标距离，这个距离称为工件原点偏置。该偏置值需要预

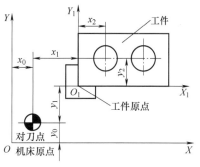

图 7-8　机床坐标系与工件坐标系的关系

存到数控系统中。在加工时，工件原点偏置值便能自动加到工件坐标系上，使数控系统可按机床坐标系确定加工时的坐标值。

7.2.3 数控加工程序的组成及常用代码

1. 数控加工程序的组成

一个完整的数控加工程序由程序号、程序的内容和程序结束三部分组成。例如：

```
O1000
N10 G92 X30 Y20;
N20 G00 G90 X20 Y0 Z5 M03 S1000 T0102;
N20 G01 Z-2 F150;
N30 G03 X20 Y0 I-20 J0;
N40 G01 Z5;
……;
N300 M02;
```

上面是一个完整的零件加工程序。其中，"O1000"为程序号，它是零件加工程序的一个编号，并说明该零件加工程序开始。不同的数控系统程序号所用的字符有所不同，编程时要根据说明书的规定使用。例如 FANUC 数控系统用英文字母 O，而 SIEMENS 数控系统用%作为程序号的地址码。

上面程序中，每个程序段以"N×××"开头，以";"结束。每个程序段中有若干个指令字，每个指令字表示一种功能，一个程序段表示一个完整的加工工步或动作。程序结束是以指令 M02、M30 或 M99（子程序结束）作为程序结束的符号，用来结束零件加工。

2. 数控加工程序的格式

数控程序有多种格式形式，目前国内外普遍采用的是"字+地址"可变程序段格式。"字+地址"可变程序段格式最大的特点是：在一个程序段内数据字的数目及字的长度（位数）是可以变化的，不需要的字以及与上一程序段相同的续效字可以不写。数控程序段书写顺序格式见表 7-1。

表 7-1 数控程序段书写顺序格式

1	2	3	4	5	6	7	8	9	10	11
N	G	X U	Y V	Z W	I、J、K、R	F	S	T	M	; （或 LF）
程序段序号	准备功能字	尺寸字				进给功能字	主轴功能字	刀具功能字	辅助功能字	程序段结束符
		数据字								

例如：N30 G01 X20 Y30 Z-5 F120 S500 T0102 M03;

3. 常用准备功能指令及辅助功能指令

（1）准备功能字　准备功能字也称为 G 指令，由字母"G"和其后的两位数字表示，一般为 G00~G99，共 100 个。随着数控系统功能的增加，目前不少数控系统的 G 指令采用三位数字。G 指令的作用主要是指定数控机床的运动方式，为数控系统的插补运算、刀补运算以及固定循环等做好准备。在 ISO 标准中，常用的准备功能代码见表 7-2。

表 7-2　常用的准备功能代码

代码	功能	代码	功能	代码	功能
G00	快速点定位	G35	螺纹切削，减螺距	G59	直线偏移 YZ
G01	直线插补	G40	刀具补偿/刀具偏置注销	G80	固定循环注销
G02	顺时针圆弧插补	G41	刀具补偿-左	G81~G89	固定循环
G03	逆时针圆弧插补	G42	刀具补偿-右	G90	绝对尺寸
G04	暂停	G43	刀具偏置-正	G91	增量尺寸
G06	抛物线插补	G44	刀具偏置-负	G92	预置寄存
G17	XY 平面选择	G54	直线偏移 X	G93	时间倒数，进给率
G18	ZX 平面选择	G55	直线偏移 Y	G94	每分钟进给
G19	YZ 平面选择	G56	直线偏移 Z	G95	主轴每转进给
G33	螺纹切削，等螺距	G57	直线偏移 XY	G96	恒线速度
G34	螺纹切削，增螺距	G58	直线偏移 XZ	G97	每分钟转数（主轴）

（2）辅助功能字　辅助功能字也称为 M 指令，由字母"M"和其后的两位数字表示，一般为 M00~M99。M 指令主要是为数控加工和机床操作而设定的工艺性辅助指令，是数控编程中必不可少的功能代码。在 ISO 标准中，常用的辅助功能代码见表 7-3。

表 7-3　常用的辅助功能代码

代码	功能	代码	功能	代码	功能
M00	程序停止	M07	2 号切削液开	M36	进给范围 1
M01	计划停止	M08	1 号切削液开	M37	进给范围 2
M02	程序结束	M09	切削液关	M38	主轴转速范围 1
M03	主轴顺时针方向	M10	夹紧	M39	主轴转速范围 2
M04	主轴逆时针方向	M11	松开	M60	更换工件
M05	主轴停止	M30	纸带结束	M71	工件角度位移，位置 1
M06	换刀	M31	互锁旁路	M72	工件角度位移，位置 2

（3）进给功能字　进给功能字也称为 F 功能，可以指定各运动坐标轴或其任意组合的进给量或刀架的螺纹导程。F 代码常用以下两种表示方法：

1）编码法。即 F 后跟两位数字，这些数字不直接表示进给速度的大小，而是机床进给速度数列的序号（编码号），具体的进给速度需查表确定。例如，F10 在某机床中表示进给速度为 2^{10} mm/min。

2）直接指定法。即 F 后面按照预定的单位用数字直接表示进给速度。一般有两种表示方法：一种是以每分钟进给距离的形式指定刀具切削进给速度，如 F100，表示刀具进给速度为 100mm/min；另一种是以主轴每转进给量指定刀具切削进给速度，如 F1.5，表示刀具进给速度为 1.5mm/r，该定义方法常用于车床切削轴类零件的螺纹结构。

（4）主轴功能字　主轴功能字也称为S功能，主要用来指定主轴转速，该代码为续效代码，单位为r/min。例如S1000，表示主轴转速为1000r/min。

（5）刀具功能字　刀具功能字也称为T功能，主要用来选择刀具，也可用来选择刀具偏置和补偿。例如T0102，前两位数字表示刀具号为01号，后两位数字表示刀补号为02号。

4. 数控编程举例

轴类零件图如图7-9所示，利用西门子数控加工系统代码编制该轴类零件的加工程序。加工顺序为：从右至左切削轮廓面—切$\phi14$mm×10mm的槽—加工M20×2的螺纹。1号刀为外圆车刀，2号刀为切槽刀，3号刀为螺纹车刀，换刀点选在X100 Z20处，工件坐标系的原点在轴类零件右端面中心位置，Z轴正方向和X轴正方向如图所示。

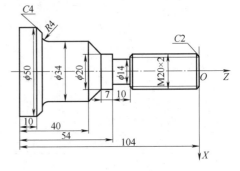

图7-9　轴类零件图

要求如下：加工过程中，使用外圆车削循环功能LCYC95加工轮廓面，使用切槽循环功能LCYC93加工沟槽，使用螺纹加工循环功能LCYC97加工外螺纹，同时编程过程中，使用主程序调用子程序的功能。

加工程序单见表7-4。

表7-4　加工程序单

程序	说明
%0010	程序号
G54 G00 X100 Z20;	设置坐标系，刀具移动到换刀点X100 Z20处
M03 S800 T1	主轴正转，转速为800r/min，使用外圆车刀T1
G00 X52 Z2;	刀具快速移动到X52 Z2
_CNAME="L01"	调用轮廓子程序"L01"
R105=9.000　R106=0.100	加工类型为9，精加工余量为0.1mm
R108=1.000　R109=0.000	切入深度为1mm，粗加工切入角为0°
R110=1.000　R111=0.200	粗加工时的退刀量为1mm，粗加工进给率为0.2mm/r
R112=0.100	精加工进给率为0.1mm/r
LCYC95	毛坯切削循环
G00 X100 Z20;	刀具快速移动到X100 Z20
M03 S300 T2;	主轴正转，转速为300r/min，使用切槽刀T2
G00 X27 Z-50;	快速移动到X27 Z-50
R100=20.000　R101=-50.000	横向坐标轴起点为20，纵向坐标轴起点为-50
R105=1.000　R106=0.100	加工类型为1，精加工余量为0.1mm
R107=2.000　R108=0.500	刀具宽度为2mm，切入深度为0.5mm
R114=10.000　R115=3.000	槽宽为10mm，槽深为3mm
R116=0.000　R117=0.000	角度为0°，槽沿倒角为0°
R118=0.000　R119=1.000	槽底侧角0°，槽底停留时间1s

（续）

程序	说明
LCYC93	切槽循环
G00 X100 Z20；	快速移动到 X100 Z20
M03 S200 T3；	主轴正转，转速为 200r/min，使用螺纹车刀 T3
G00 X52 Z2；	快速移动到 X52 Z2
R100 = 20.000　　R101 = -1.000	螺纹起始点直径为 20mm，纵向螺纹起点为 -1mm
R102 = 20.000　　R103 = -39.000	螺纹终点直径为 20mm，纵向螺纹终点为 -39mm
R104 = 2.000　　R105 = 1.000	螺纹螺距为 2mm，加工类型为 1
R106 = 0.100　　R109 = 1.000	精加工余量为 0.1mm，空刀切入量为 1mm
R110 = 1.000　　R111 = 1.500	空刀退出量为 1mm，螺纹深度为 1.5mm
R112 = 0.000　　R113 = 8.000	起点偏移 0，粗加工走刀次数为 8 次
R114 = 1.000	螺纹线数为 1
LCYC97	螺纹切削循环
G00 X100 Z20；	快速移动到 X100 Z20
M02；	程序结束
L01	子程序名"L01"
G01 X16 Z0 F2；	直线插补到 X16 Z0，进给速度为 2mm/r
X20 Z-2；	直线插补到 X20 Z-2
Z-38；	直线插补到 Z-38
X16 Z-40；	直线插补到 X16 Z-40
X20；	直线插补到 X20
Z-57；	直线插补到 Z-57
X34 Z-64；	直线插补到 X34 Z-64
Z-86；	直线插补到 Z-86
G02 X42 Z-90 CR = 4；	顺时针圆弧插补终点为 X42 Z-90，半径为 4mm
X50 Z-94；	直线插补到 X50 Z-94
Z-104；	直线插补到 Z-104
M17；	子程序结束

7.3　CAD/CAM 系统自动编程

7.3.1　自动编程的原理

　　早期的数控编程需要设计者手工编制完成，且需要人为指定机床的具体动作以及进行各坐标点计算，对工作人员的技能水平要求较高，特别是当工件比较复杂时，手工编程十分复杂，效率低、工作量大，并且编制的程序容易出错。因此，快速、准确地编制各种零件的加工程序成为数控技术发展和应用的一个重要环节。自动编程就是针对这个问题而产生和发展

227

起来的。

所谓自动编程，是指程序编制工作的大部分或全部都由计算机来完成。由计算机自动进行坐标值计算、编写程序单、自动地输出打印加工程序单和制备控制介质等。自动编程适合于零件形状较为复杂或者需要进行复杂的工艺及工序处理的零件，如复杂模具的加工、多轴联动加工等场合。

自动编程的一般过程是：编程人员首先将被加工零件的几何图形及工艺过程等信息输入计算机中，由计算机对信息进行处理，包括处理零件几何元素数据、处理工艺过程信息（如刀具选择、走刀分配、工艺参数选择等）、进行刀具运动轨迹的坐标计算，然后自动生成一系列的刀位数据，这一过程称为主信息处理或前置处理，最后经后置处理便能输出具体机床所需的加工程序单。

7.3.2 自动编程的分类及简介

编程系统的类型，主要取决于系统的输入方式。根据编程信息输入方式的不同，自动编程可分为数控语言自动编程、图形交互式自动编程以及CAD/CAM集成数控编程系统自动编程三类。

1. 数控语言自动编程

20世纪50年代，美国的麻省理工学院设计了零件数控编程语言APT（Automatically Programmed Tool）。20世纪60年代到70年代，又相继研发了APTⅡ、APTⅢ、APTⅣ、APT-AC（Advanced Contouring）和APT-SS（Sculptured Surface）等编程语言，以及后来发展的APT衍生语言（如美国的ADAPT，德国的EXAPT，日本的HAPT，英国的IFAPT，意大利的MODAPT和我国的SCK-1、SCK-2、SCK-3、HZAPT等）。这些自动编程系统，以APT系统最为著名，其功能非常丰富、通用性强、应用广泛。

用APT数控语言编写零件程序的具体内容有：首先由编程人员根据零件图和工艺要求，用数控语言编写出零件加工源程序，再将编写的程序输入计算机中。计算机经过译码处理和数值计算（主要是刀具运动轨迹计算）后，生成刀具位置数据文件（CLDATA），然后再进行后置处理，即可生成符合具体数控机床要求的零件加工程序，如图7-10所示。具体可以分为源程序编制和目标程序编制两个阶段。

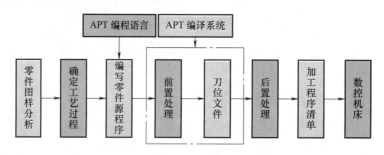

图7-10 ATP数控语言编写流程

（1）源程序编制阶段 零件源程序的编制是指编程人员使用专门的数控语言，将零件图的几何形状、尺寸、几何元素间的相互关系以及加工时的运动顺序、工艺参数等信息编制出来，并输入计算机中的过程。零件源程序由各种语句构成，这些语句类似一种车间的工艺用语，因此源程序的编制比较简单方便。

在编写源程序之前，编程人员首先要对零件进行工艺分析，还要正确选取零件坐标系，坐标系的选择应考虑编程的方便，尽可能减少零件尺寸标注的换算工作。确定好零件坐标系和加工工艺规程后，可以绘制零件草图，在草图上标注出所有需要定义的几何元素（包括点、线、平面、圆柱等），然后标注出走刀路线（包括起刀点、计划停刀点、换刀点等），最后标注出主要的工艺类型（如钻、铣、攻螺纹等）。

（2）目标程序编制阶段　编制好的源程序是不能被数控系统识别的，必须根据具体的数控语言和具体机床的指令，用高级语言或汇编语言编写一套能识别和处理零件源程序的编译程序，并存入计算机中，计算机才能够对源程序进行处理，生成数控加工程序，即所谓目标程序。这种由高级语言和汇编语言编写的编译程序，又称为"数控程序系统"或"数控软件"。一个完整的"数控程序系统"由前置处理和后置处理两部分组成，前置处理又称为前处理、主处理或主信息处理，这部分工作可独立于具体的数控机床进行。前置处理主要是对用数控语言所编制的源程序进行翻译、运算、刀具中心轨迹计算，并输出刀位数据。后置处理（又称为后处理）多随数控机床控制系统而异，专业性强，必须根据具体的数控系统进行。后置处理主要以前置处理的输出为输入，把刀位数据、刀具命令以及各种功能转换成具体数控机床控制系统能够接收的指令字集，并以该数控机床的信息载体形式输出。

（3）数控语言自动编程举例　铣削如图 7-11 所示的零件，铣刀直径为 10mm，SAPT 为刀具的起点（位于坐标原点上），加工顺序按 L_1—C_1（$R15$ 圆弧）—L_2—C_2（$R10$ 圆弧）—L_3—L_4—L_5 进行，刀具最后回到起始点。表 7-5 为加工该零件的 APT 语言程序。

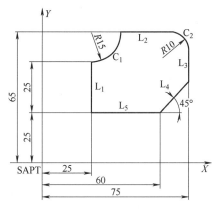

图 7-11　APT 语言编程实例

表 7-5　加工图 7-11 所示零件的 APT 语言程序

输入语句	说明
PARTNO EXAMPLE PROGRAM	源程序标题为 EXAMPLE PROGRAM
CUTTER/10	给出刀具直径 ϕ10mm
OUTTOL/0.05	给出轮廓外允许误差 0.05mm
SAPT=POINT/0, 0, 0	定义刀具起始点位置 SAPT（X0，Y0，Z0）
L_1=LINE/25, 25, 0, 25, 50, 0	定义直线 L_1（L_1 两端点坐标值分别为 X25，Y25，Z0 和 X25，Y50，Z0）
L_2=LINE/40, 65, 0, 65, 65, 0	定义直线 L_2（L_2 两端点坐标值分别为 X40，Y65，Z0 和 X65，Y65，Z0）
L_3=LINE/75, 40, 0, 75, 55, 0	定义直线 L_3（L_3 两端点坐标值分别为 X75，Y40，Z0 和 X75，Y55，Z0）
L_4=LINE/60, 25, 0, 75, 40, 0	定义直线 L_4（L_4 两端点坐标值分别为 X60，Y25，Z0 和 X75，Y40，Z0）
L_5=LINE/25, 25, 0, 60, 25, 0	定义直线 L_5（L_5 两端点坐标值分别为 X25，Y25，Z0 和 X60，Y25，Z0）
C_1=CIRCLE/25, 65, 0, 15	定义一个圆 C_1（C_1 圆心坐标为 X25，Y65，Z0；半径为 R15）
C_2=CIRCLE/65, 55, 0, 10	定义一个圆 C_2（C_2 圆心坐标为 X65，Y55，Z0；半径为 R10）
SPINDL/1800, CLW	规定主轴转速为 1800r/min，沿顺时针方向旋转

（续）

输入语句	说明
COOLNT/ON	打开切削液
FEDRAT/120	规定刀具进给速度为 120mm/min
FROM/SAPT	规定刀具起始点为 SAPT 点
GOTO，L_1	规定刀具从 SAPT 点开始以最短距离运动到与 L_1 相切时为止
TLLFT	顺着切削运动方向看，刀具处在工件左边的位置
GOLFT/L_1，PAST，C_1	刀具到达 L_1 时，相对于前一运动向左并沿 L_1 运动，直到走过 C_1 时为止
GORGT/C_1，PAST，L_2	表示刀具向右沿 C_1 运动，直到走过 L_2 时为止
GORGT/L_2，TANTO，C_2	表示刀具向右沿 L_2 运动，直到与 C_2 相切时为止
GOFWD/C_2，TANTO，L_3	表示刀具向右沿 C_2 运动，直到与 L_3 相切时为止
GOFWD/L_3，PAST，L_4	表示刀具向前沿 L_3 运动，直到走过 L_4 时为止
GOFWD/L_4，PAST，L_5	表示刀具向前沿 L_4 运动，直到走过 L_5 时为止
GORGT/L_5，PAST，L_1	表示刀具向右沿 L_5 运动，直到走过 L_1 时为止
GOTO/SAPT	刀具直接运动到起始点 SAPT
COOLNT/OFF	关闭切削液
SPINDL/OFF	主轴停
FINI	工作源程序结束

从以上编程实例可以看出，APT 语言源程序由不同类型的语句组成，它主要包含如下常用基本语句：

1）初始语句。如 PARTNO，表示零件源程序的开始，给出程序的名称标题。

2）几何定义语句。如 POINT、LINE、CIRCLE、PLANE 等，对零件加工的几何要素进行定义和命名，便于控制刀具运动轨迹。

3）刀具定义语句。如 CUTTER，定义刀具形状。

4）允许误差指定。如 OUTTOL、INTOL，表示用小直线段逼近曲线运动所允许误差的大小。

5）刀具起始位置指定。如 FROM，在机床加工运动之前，要根据工件毛坯形状、工装夹具情况指定刀具的起始位置。

6）初始运动语句。如 GO，在刀具沿控制面移动之前，先要指令刀具向控制面移动。直到允许误差范围为止，并指定下一个运动控制面。

7）刀具运动语句。如 GOLFT（左转向）、GORGT（右转向）、GOFWD（直接前行）等，指定刀具所需的轨迹运动。

8）后置处理语句。这类语句与具体机床有关，如 MACHINE、SPINDL、COOLNT、END 等指定所使用的机床及数控系统，指示主轴起停、进给速度转换、切削液开关等信息。

9）其他语句。如打印语句 CLPRNT、结束语句 FINI 等。

使用 APT 语言进行数控编程时，虽然由计算机替代人工完成了繁琐的数值计算任务，提高了编程效率，并且解决了无法用手工编程完成的复杂零件编程的问题。但是 APT 语言的源程序需要人工去编写，对于复杂零件的几何定义和工艺规划数据的传递，编程过程中极易出错，并且上机调试还要花费较长时间，影响编程效率。此外，这种编程方式缺少对零件图形、刀具轨迹的交互式显示和刀具轨迹的仿真验证。

2. 图形交互式自动编程

（1）组成和原理　图形交互式自动编程系统，一般由几何造型、刀具轨迹生成、刀具轨迹编辑、刀位验证、后置处理、计算机图形显示、数据库管理、运行控制及用户界面等部分组成。使用图形语言进行数控编程时，设计人员只需要将零件的设计信息输入计算机，通过相关软件的运算处理，即可生成刀具轨迹。图形语言编程技术是建立在 CAD 和 CAM 技术基础上的，这种编程方法具有编程效率高、直观性好和便于检查等特点，特别是针对复杂结构零件的编程，可有效降低工艺人员的工作量，提高程序的正确率。

（2）处理过程

1）零件图样及加工工艺分析。这是数控编程的基础，包括分析零件的加工部位，确定工件的装夹位置、工件坐标系、刀具尺寸、加工路线及加工工艺参数等。

2）几何造型。几何造型利用图形交互式自动编程软件的图形构建、编辑修改、曲线曲面造型等有关指令，将零件被加工部位的几何图形准确地绘制在计算机屏幕上。与此同时，在计算机内自动形成零件的数据文件。

3）刀具轨迹的生成。刀具轨迹是否正确有效直接决定了加工的可能性、质量与效率。刀具轨迹的生成是面向屏幕上的图形交互进行的，应确保生成的刀具轨迹满足无干涉、无碰撞、轨迹光滑、切削负荷平稳等要求，并且代码质量高、通用性和稳定性好、效率高。

4）数控加工仿真。数控加工仿真可以提前检验加工过程中是否存在过切和欠切、机床各部件之间是否存在干涉和碰撞等。数控加工仿真通过软件模拟加工环境、刀具路径与材料切除过程来检验和优化加工程序，具有柔性好、成本低、效率高且安全可靠等特点。

5）后置处理。不同的数控系统所使用的数控加工程序指令代码和格式都有所不同，因此后置处理需要将生成的刀位数据转换成适合于具体机床数据的数控加工程序。其技术包括机床运动学建模与求解、机床结构误差补偿、机床运动非线性误差校核修正、进给速度校核修正及代码转换等。后置处理对于保证加工质量、效率和机床可靠运行都具有重要作用。

6）程序输出。程序的输出可以通过计算机的各种外部设备进行。例如：使用打印机可以打印出数控加工程序单，并可在程序单上用绘图机绘制出刀具轨迹图；使用计算机直接驱动纸带穿孔机，可将加工程序穿成纸带。对于有标准通信接口的机床控制系统，可以与计算机直接联机，由计算机将加工程序直接传输给机床控制系统。

图 7-12 所示为图形交互式自动编程的工作过程。

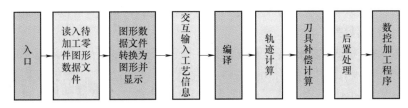

图 7-12　图形交互式自动编程的工作过程

3. CAD/CAM 集成数控编程系统自动编程

目前，图形交互式自动编程技术推动了 CAD 和 CAM 向集成化发展的进程，应用 CAD/CAM

系统进行数控编程已成为数控机床加工编程的主流。CAD/CAM 集成技术中的重要内容之一就是数控自动编程系统 CAM 与 CAD 及 CAPP 的集成，其基本任务就是要实现 CAD 与 CAPP 和 CAM 之间信息的传递、交换和共享。使用 CAD/CAM 集成数控编程系统自动编程方式进行数控编程时，CAM 系统直接读取 CAD 系统提供的零件几何模型数据信息以及 CAPP 系统的相关工艺数据信息，然后，利用 CAM 系统完成被加工零件的型面定义、刀具的选择、加工参数的设定、刀具轨迹的计算、数控加工程序的自动生成、加工模拟等数控编程的整个过程。

将 CAD/CAM 集成化技术用于数控自动编程，无论是在工作站上，还是在微机上所开发的 CAD/CAM 集成化软件，都应该解决以下问题。

（1）零件信息模型　由于 CAD、CAPP、CAM 系统是独立发展起来的，它们的数据模型会出现彼此不相容的情况。例如 CAD 系统采用面向数学和几何学的数学模型，虽然可以完整地描述零件的几何信息，但对于非几何信息，如表面粗糙度、加工精度、几何公差和热处理等只能附加在零件图样上，无法在计算机内部逻辑结构中得到充分表达，而这些信息对于 CAD/CAM 的集成化非常重要。因此，要建立 CAD、CAPP、CAM 各系统之间相对统一的、基于产品特征的产品定义模型，以支持 CAPP、NC 编程、加工过程仿真等。

建立统一的产品信息模型是实现集成的第一步，要保证这些信息在各个系统间完整、可靠和有效地传输，必须建立统一的产品数据交换标准。产品数据交换标准中最典型的有：①美国国家标准局主持开发的初始图形交换规范（Initial Graphics Exchange Specification，IGES），它是最早的、也是目前应用最广的数据交换规范，但它只能完成几何数据的交换。②产品模型数据交换标准（Standard for the Exchange of Product Model Data，STEP），它是国际标准化组织研究开发的基于集成的产品信息模型。产品模型数据包含零部件所需的几何、拓扑、公差、关系、性能和属性等数据。STEP 作为标准目前已在 CAD/CAM 系统的信息集成化方面得到广泛应用。

（2）工艺设计的自动化　工艺设计的自动化，其目的就是根据 CAD 的设计结果，用 CAPP 系统软件自动进行工艺规划。其过程为：CAPP 系统直接从 CAD 系统的图形数据库中提取用于工艺规划的零件几何信息和拓扑信息，进行相关的工艺设计，包括零件加工工艺过程设计及零件工序内容的设计，必要时 CAPP 系统还可向 CAD 系统反馈有关工艺评价结果。工艺设计结果及评价结果也以统一的模型存放在数据库中，供上下游系统使用。

（3）数控加工程序的生成　数控加工程序的生成是以 CAPP 的工艺设计结果和 CAD 的零件信息为依据，自动生成具有标准格式的 APT 程序，即刀位文件。经过适当的后置处理，将 APT 程序转换成 NC 加工程序。目前，有许多商用的后置处理软件包，用户只需要开发相应的接口软件，就可以实现从刀位文件自动生成 NC 加工程序。生成的 NC 加工程序可采用串行通信线路传输到数控系统。

（4）CAD/CAM 集成化数控编程系统设计　图 7-13 为在并行工程环境下集成化数控编程系统的应用实例。从图中可以看出，在集成化数控编程系统中，数控编程系统直接读入 CAD 系统提供的零件图形信息、工艺要求及 CAPP 系统的工艺设计结果，进行加工程序的自动编制。同时 CAM 系统与 CAD、DEM（Design for Manufacturability，可制造性设计）、CAPP、CAFD（Computer Aided Fixture Design，计算机辅助夹具设计）及 MPS（Master Production Schedule，主生产计划）系统的关系极为密切，各子系统之间不但要实现信息集成，更重要的是要实现功能上的集成。

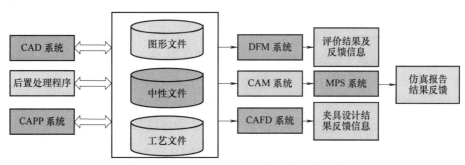

图 7-13　CAD/CAM 集成化数控编程的流程

7.4　CAD/CAM 系统数控编程过程及仿真

应用 CAD/CAM 系统进行数控加工编程已成为当前数控程序编制的主要手段。目前，众多 CAD/CAM 系统虽然功能特点、用户界面及具体指令格式各不相同，但其编程的基本原理和基本步骤大体一致。CAD/CAM 系统数控编程主要分为数控加工工艺方案设计、刀具轨迹计算与生成、刀位的仿真与编辑、后置处理等几个主要步骤。

7.4.1　数控加工工艺方案的设计

数控加工是按照给定的程序进行加工的，加工过程中的所有工序、工步、切削用量、进给路线、加工余量、刀具类型等都要预先确定好并编入程序中。因此，无论是手工编程还是自动编程，工艺方案设计是否合理，在很大程度上决定了数控加工的效率、表面加工的质量和工作的安全性。数控加工工艺方案的设计主要包含以下内容：

1. 零件图样的分析

零件图样的分析是工艺准备中的首要工作，它直接影响零件加工程序的编制及加工结果。此项工作主要包括下述内容。

（1）零件图标题栏的分析　通过查看标题栏了解零件的名称、材料及其大概用途等，通过看比例及总体尺寸了解该零件的大概外形及大小。

（2）加工轮廓几何条件的分析　主要分析零件图样上的各种轮廓和尺寸数据，若发现加工轮廓的数据不充分、尺寸封闭等缺陷，及时对尺寸进行调整和修改，以便后续顺利完成编程工作。

（3）尺寸公差要求的分析　分析零件图样上的尺寸公差要求，以确定控制尺寸精度的加工工艺。对于图样上尺寸公差要求高的重要尺寸，在数控编程过程中要通过合理的工艺方法确保加工精度。在进行尺寸公差分析过程中，还需要进行一些编程尺寸的简单换算，如增量尺寸、绝对尺寸、中间尺寸及尺寸链的计算等。

（4）形状和位置公差要求的分析　图样上给定的形状和位置公差是保证零件精度的重要要求。在工艺准备过程中，需要按其要求确定零件的定位基准和检测基准，还要根据机床的特殊需要进行一些技术性处理，以便有效地控制其形状和位置公差。

（5）表面粗糙度要求的分析　表面粗糙度是保证零件表面微观精度的重要条件，也是合理选择机床、刀具及确定切削用量的重要依据。

（6）材料与热处理要求的分析　图样上给出的零件材料与热处理要求，是选择刀具、机床型号及确定有关切削用量等的重要依据。

（7）毛坯要求的分析　零件的毛坯要求主要指对坯件形状和尺寸的要求。常用的毛坯种类有铸件、锻件、型材和焊接件等，如铸铁材料毛坯一般为铸件，钢材料毛坯一般为锻件或型材等。

（8）数量要求的分析　加工零件的数量，对零件的定位与装夹、刀具的选择、工序安排及走刀路线的确定等都是不可忽视的参数。

2. 加工方案的确定

加工方案又称为工艺方案，数控机床的加工方案主要包括制定工序、工步和走刀路线等内容。在数控机床上加工零件时，应先根据零件图样对零件的结构形状、尺寸和技术要求进行全面分析，并参照下述方法划分工序，确定走刀路线。

（1）工序的划分　表7-6主要列举了工序划分的基本原则，一般在数控加工工序划分过程中，还应遵循以下原则。

表7-6　工序划分的基本原则

工序划分	适用性	
工序集中	大批量生产，使用多刀、多轴等高效机床时	
	数控机床，特别是加工中心的应用	成批生产时
	对于尺寸和质量比较大的重型零件	
工序分散	由组合机床组成的自动线上加工	
	对于刚性差且精度高的精密零件	

1）按粗、精加工划分工序。根据零件的形状、尺寸精度以及刚度和变形等因素，一般应先安排粗加工工序，接着安排半精加工工序，最后安排精加工工序，以保证零件的加工精度和表面粗糙度。

2）按照先面后孔原则划分工序。当零件上既有面加工，又有孔加工时，应先加工面，后加工孔，这样可以提高孔的加工精度。

3）按先内后外的原则划分工序。对既有内表面又有外表面的零件加工，在制定其加工方案时通常应安排先加工内形和内腔，后加工外形表面。

4）按所用的刀具划分工序。使用一把刀加工完相应各部位，再换另一把刀加工其他部位。这样可减少空行程的时间和换刀次数，消除不必要的定位误差。

（2）走刀路线的确定　走刀路线是指刀具从对刀点（或机床固定原点）开始运动起，直至返回该点并结束加工程序所经过的路线，包括切削加工的路线及刀具切入、切出等非切削空行程路线。图7-14所示为数控加工过程中刀具的运动过程，主要包括起始运动、接近运动、刀具切入运动、切削加工、退出切削及返回等阶段。为了保证刀具运动过程的安全，还应确定合理的安全平面、起刀点、退刀点等。

编程时，走刀路线的确定原则如下：

1）保证被加工零件的精度和表面粗糙度，且效率较高。

2）使数值计算简单，以减少编程工作量。

3）应使加工路线最短，这样既可以减少程序段，又能减少空行程时间。

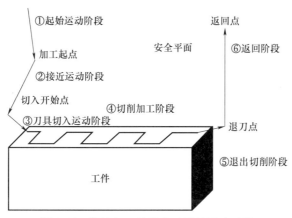

图 7-14 数控加工过程中刀具的运动过程

例如，图 7-15 和图 7-16 均采用行切法对零件进行加工，行切法是刀具按平行于某坐标轴方向或按照一组平行线方向进行进给的切削加工方式。图 7-15a 所示采用往返进给方式，可减少抬刀次数，空行程少，加工效率高，但是刀具往复运动过程中形成顺铣和逆铣加工，会影响零件表面加工质量。图 7-15b 所示属于单向进给，空行程较多，加工效率低，但是切削力均匀，零件加工表面的质量可以得到保证。图 7-16 表示行切法在曲面加工中的应用，根据曲面形状、刀具形状以及加工精度要求，可采用三轴联动、四轴联动甚至五轴联动的加工方法，完成复杂曲面的行切法加工。

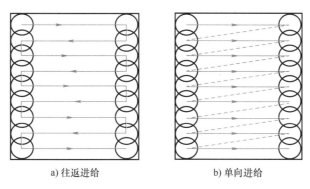

a) 往返进给   b) 单向进给

图 7-15 平面型腔的行切法进给路线

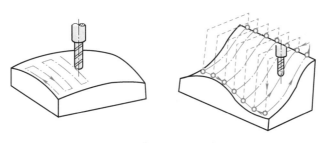

图 7-16 曲面的行切法加工

图 7-17 所示为某发动机叶片加工的进给路线，采用图 7-17a 所示的沿直纹母线进给的方式，刀位计算简单，程序段少，加工过程符合直纹面造型规律，保证了母线的直线度。若采

用图 7-17b 所示的加工方案，其刀位计算复杂，计算工作量大，数控程序段多。

3. 刀具及夹具的选择

（1）刀具的选择　刀具的选择要充分考虑零件的材料特性、机床的类型和加工条件等影响因素。应选择经济性好的常用数控加工刀具。

数控车床最常用的刀具是车刀，按加工表面特征可分为外圆车刀、端面车刀、切断车刀、螺纹车刀和内孔车刀等。按照车刀的装夹结构特征可分为整体式、焊接式、机夹

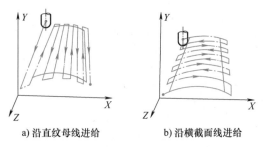

a) 沿直纹母线进给　　　　b) 沿横截面线进给

图 7-17　某发动机叶片加工的进给路线

式和可转位式。目前应用最为广泛的是可转位式车刀，它具有刀片转位更换快捷方便、断屑稳定可靠等特点。大型车刀常采用机夹式结构。整体式车刀一般由高速钢制造，在小型车刀和加工非金属场合应用较多。焊接式车刀的优势在于结构紧凑、制造方便。

数控铣床和加工中心上常用的刀具分为铣削用刀具和孔加工用刀具两大类。铣削用刀具中常用的有面铣刀、立铣刀、模具铣刀、键槽铣刀、鼓形铣刀、成形铣刀及锯片铣刀等。其中，面铣刀主要用于面积较大的平面铣削和部分立体轮廓的加工，立铣刀主要用于立体轮廓的加工。孔加工用刀具中常用的有数控钻头、数控铰刀、镗刀、丝锥、扩（锪）孔刀和组合孔加工数控刀具等。其中数控钻头有整体式和机架式两类，整体式钻头与普通机床上使用的钻头结构相似。机架式钻头的切削刃由可转位刀片组成，钻削振动小、寿命长，可提高孔的加工精度。

（2）夹具的选择　数控机床常用的夹具有三类：通用夹具、组合夹具和专用夹具。数控加工通常使用通用夹具。当零件加工形状复杂、定位夹紧困难时可使用组合夹具。组合夹具的使用可缩减零件加工的准备时间，夹具零件可反复使用，经济性好。专用夹具的制造周期长、费用较高，并且在更换零件后不能重复使用，对于批量小的生产情况会使成本增加过多，故数控加工中尽量不使用专用夹具。

数控车床常用的夹具主要有自定心卡盘、单动卡盘和花盘等。数控铣床常用的夹具有平口钳、液压平口钳和卡盘等。

4. 切削用量的选择

切削用量主要包括背吃刀量、主轴转速和进给速度等。对于不同的加工方法，需要选择不同的切削用量，并编入到程序中。

（1）背吃刀量（mm）　在机床、夹具、刀具和零件等的刚度允许条件下，尽可能选较大的背吃刀量，以减少走刀次数，提高生产率。当零件的精度要求较高时，要留有足够的精加工余量。车削和镗削时，常取精加工余量为 0.1~0.5mm；铣削时，常取精加工余量为 0.2~0.8mm。

（2）主轴转速 $n(\text{r/min})$　除车削螺纹外，主轴转速可用下列公式进行计算：

$$n = \frac{1000v}{\pi D}$$

式中　D——工件或刀具的直径（mm）；

　　　v——切削速度（m/min），由刀具和加工对象决定。

在确定主轴转速时，需要按零件和刀具的材料及加工性质（如粗、精加工）等条件确定其允许的切削速度，其常用的切削速度可以查阅有关技术手册。

（3）进给速度（进给量）f（mm/min 或 mm/r）　进给速度主要根据零件的加工精度和表面粗糙度要求以及刀具和零件的材料性质来选择。一般在粗加工时，为了提高生产率，可选择较高的进给速度。当加工精度和表面粗糙度要求高时，进给速度数值应该选小些，一般选取 20~50mm/min。此外，在切削过程中，进给速度应与主轴转速和背吃刀量相适应，不能顾此失彼。

7.4.2　数控加工刀具轨迹的生成

数控加工刀具轨迹生成是 CAD/CAM 系统数控编程的核心任务。例如：使用 Mastercam 进行铣削加工时，可以分为平面铣、型腔铣、外形铣等多种类型；使用 Mastercam 进行车削加工时，可以分为外圆粗车加工、外圆精车加工、车端面加工、沟槽加工及螺纹加工等多种类型。不管选用哪种加工模式，其刀具轨迹都是由 CAD/CAM 系统自动生成的，编程人员需要利用软件完成零件几何体的创建、刀具的创建、加工方法以及各类加工参数的设置和创建。

（1）几何体的创建　使用 CAD/CAM 软件创建需要加工的几何体，并定义待加工工件的加工区域、加工边界、毛坯形状及加工检验面。加工区域可在加工件三维实体模型上通过选取体、面（曲面）、曲线进行定义，也可以选择加工边界以限制刀具的切削范围。

（2）刀具的创建　以 Mastercam 软件为例，软件提供了不同的刀具类型和刀柄结构，设计人员可以根据零件的加工工艺要求进行刀具的选择。如果需要创建新刀具，可以设置新刀具的各项参数，并将创建好的新刀具存入系统刀具库，用于后续的调取和使用。

（3）加工方法的创建　加工方法创建主要是为粗加工、半精加工和精加工进行切削参数的设置，如加工方式、加工余量、进刀方式、加工几何体的内外轮廓公差、切削步距和进给量等参数。

（4）程序组的创建　使用 CAD/CAM 软件根据零件加工工艺要求，合理设置程序组，确定不同工序的加工顺序，在后置处理过程中，可以一次输出多个加工操作的 NC 程序。

图 7-18 所示为轴类零件加工刀位点运动轨迹。利用 Mastercam 软件完成该轴类零件的数控车削编程，该零件的加工分为外圆粗车加工、外圆精车加工、沟槽加工和外螺纹加工。加工过程首先利用软件创建该轴类零件的几何体，并确定加工范围，选择合适的外圆车刀、切槽刀和螺纹车刀，并根据零件工艺要求创建加工方式，最后软件会自动生成该轴类零件的加工刀位点运动轨迹。

7.4.3　数控程序的加工过程仿真

加工仿真是指利用计算机来仿真模拟数控加工的过程，以检验加工过程中的干涉与碰撞。目前数控程序常用的加工仿真方法是利用 CAD/CAM 软件开展刀具轨迹仿真和三维动态切削仿真等。

1. 刀具轨迹仿真

刀具轨迹仿真是利用计算机图形显示功能，将刀具轨迹用线条图的方法显示出来。刀具轨迹仿真可通过读取刀位数据文件来检查刀具位置的计算是否正确，加工过程中是否发生了

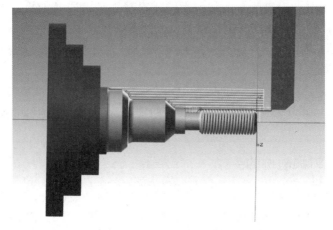

图 7-18　轴类零件加工刀位点运动轨迹

过切，所选刀具、进给路线、进退刀的方式是否合理，刀具轨迹是否正确，刀具与约束面是否发生了干涉或碰撞等。图 7-19 展示了数控铣床加工过程中刀位点的仿真效果。

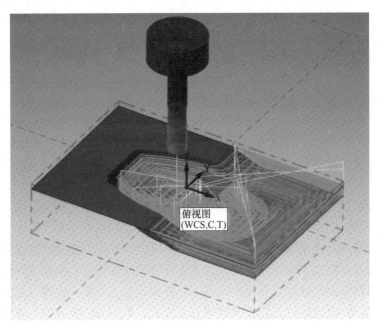

图 7-19　数控铣床加工过程中刀位点的仿真效果

2. 三维动态切削仿真

由于工艺系统是由刀具、机床、工件和夹具组成的，在加工中心上加工，有换刀和转位等运动，因此在加工时，应检查它们之间的干涉或碰撞。采用三维动态切削仿真验证，可建立加工零件的毛坯、夹具和刀具在加工过程中的实体几何模型，并采用真实感的图形显示技术把加工过程中的零件模型、机床模型、夹具模型和刀具模型动态显示出来，模拟零件的实际加工过程。三维动态切削仿真可以验证刀具轨迹的正确性，检验机床部件、刀具、夹具和零件之间相互运动关系以及相互间的碰撞可能，降低机床、夹具和工件损坏的风险。

三维动态切削仿真验证有两种典型的方法：一种是只显示刀具模型和零件模型的加工过程动态仿真，如图 7-20 所示；另一种是同时动态显示刀具模型、零件模型、夹具模型和机床模型的机床仿真系统，如图 7-21 所示。从仿真检验的内容看，可以仿真刀位文件，也可以仿真 NC 代码。

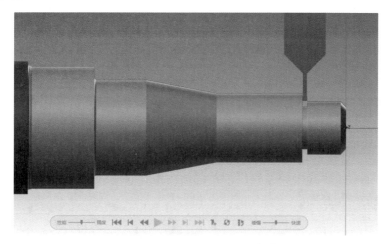

图 7-20　零件加工过程动态仿真

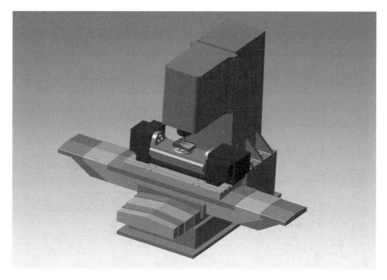

图 7-21　利用机床仿真系统开展零件加工过程仿真

7.4.4　数控程序的后置处理

1. 前置处理

前置处理是对用数控语言所编制的源程序进行编译、运算、刀具中心轨迹计算，并输出刀位数据，即运动轨迹。前置处理的工作主要分为输入与编译、运算单元、刀位偏置计算和输出刀位数据几个部分。

2. 后置处理

后置处理按数控机床控制系统的要求来设计，它把刀位数据、刀具命令及各种功能转换成该数控机床控制系统能够接收的指令字集，并以该数控机床的信息载体形式输出。后置处理的工作有以下几个部分，在控制系统的控制下进行。

（1）输入刀位数据 输入刀具移动点的坐标值和运动方向、数控机床的各种功能、数控系统的技术性能参数等。

（2）功能信息处理 功能信息处理主要指处理有关数控机床的准备功能、辅助功能等信息，如准备功能中的点定位、直线插补、圆弧插补和刀具半径补偿等，进给量、主运动速度选择，刀具选择及换刀，辅助功能中的主轴启停、主轴转向，切削液启停等。

（3）运动信息处理 它的工作包括从零件坐标系到机床坐标系的转换、行程极限校验、超程与欠程、线性化处理、插补处理、数据单位变换、绝对尺寸与相对尺寸、进给速度的自动控制、工作时间计算等。

（4）输出数控程序 将功能、运动信息处理的结果转换为符合数控机床控制系统所要求的程序格式，通过编辑输出数控程序，并记录在相应的信息载体上。图 7-22 展示了前置处理和后置处理的结构框图。

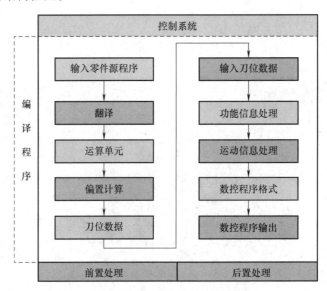

图 7-22 前置处理和后置处理的结构框图

3. 通用后置处理模块

通用后置处理模块是将后置处理程序的功能通用化，可针对不同类型的数控系统对刀位文件进行后置处理，输出相关的 NC 指令。图 7-23 展示了通用后置处理模块的工作原理。通用后置处理模块通常需要以下三种软件资料：

1）机床数据文件（Machine Data File，MDF）可以由 CAM 系统提供的机床数据文件生成器（Machine Data File Generator，MDFG）生成。MDF 描述所使用机床的控制器类型、指令定义、输出格式等机床特征。

2）刀位源文件（Cutter Location Source File，CLSF）描述刀具的位置、刀具运动、控制、进给速度等与数控加工有关的信息。

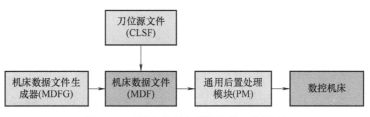

图 7-23　通用后置处理模块的工作原理

3）后置处理模块（Postprocessor Module，PM）是一个可执行程序，用以将刀位源文件转换成机床数控代码的软件程序。

4. 专用后置处理模块

专用后置处理模块针对不同的数控系统提供不同的后置处理程序，通常直接读取刀位源文件（CLSF）中的刀位数据，根据特定的数控机床指令集及代码格式将其转换成数控程序输出。Mastercam 的后置处理便属于这种类型，这类系统的后置处理需要一个庞大的后置处理模块库，刀位源文件经过一个个专用后置处理模块后，才能为各自的机床提供服务，图 7-24 所示为专用后置处理模块的工作原理。

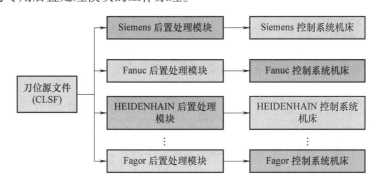

图 7-24　专用后置处理模块的工作原理

后置处理软件随数控机床控制系统的不同而不同，例如常用的数控系统（西门子、发那科、海德汉等），它们之间的程序代码有所区别，特别是海德汉系统，其编程指令与国际通用的 G 代码差别较大。Mastercam 软件可以实现数控程序的后置处理和 NC 程序的输出，同时提供了多种后置处理模块供用户选择，下面简单介绍 Mastercam 2021 软件的后置处理及程序输出操作。

（1）程序编辑器的设置　在"系统配置"对话框的"启动/退出"选项中，单击"编辑器"按钮，在下拉列表中可看到多个选项，第一项是 Mastercam，这是系统安装时的默认选项，其激活的是系统自带的 Code Expert 编辑器，这是大部分 Mastercam 用户常用的编辑器。

（2）后置处理与程序输出　单击"刀路"操作管理器上的"执行选择的操作进行后处理"操作按钮 G1 或"机床"功能选项卡中"后处理"选项区的"生成"按钮，会弹出"后处理程序"对话框，如图 7-25 所示，默认灰色显示的后处理器是 MPFAN. PST，按图示设置，单击"确认"按钮，弹出"另存为"对话框，选择保存路径，输入程序名，单击"保存"按钮保存，在保存路径处会生成一个 NC 文件，如图 7-26 所示，同时激活 Code

Expert 程序编辑器，输出 NC 程序，如图 7-27 所示。

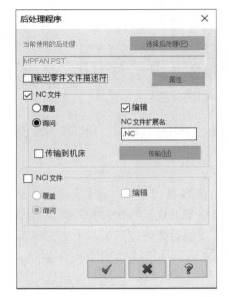

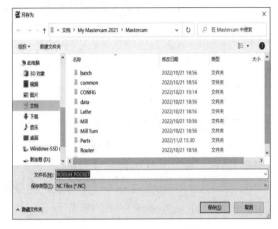

图 7-25 "后处理程序"对话框　　　　　图 7-26　另存为 NC 文件

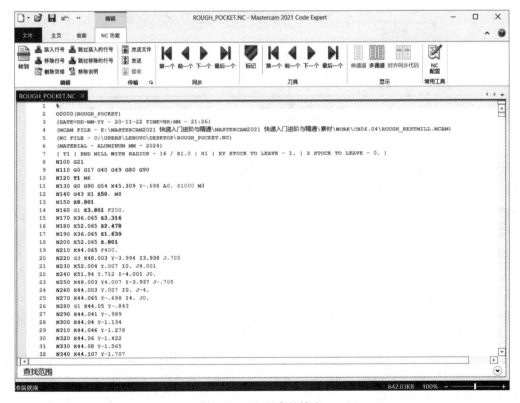

图 7-27　NC 程序的输出

7.4.5　计算机直接数控（DNC）系统简介

1. DNC 系统的定义

计算机直接数控（Direct Numerical Control，DNC）系统，是指使用一台通用计算机直接控制和管理一群数控机床进行零件加工或装配的系统，也称为计算机群控系统，是实现车间自动化的重要手段。

20 世纪 60 年代，为了降低成本，将若干台数控设备直接连接在一台计算机上，由中央计算机负责数控程序的管理和传送，这就是最早的直接数字控制（DNC）。到了 20 世纪 70 年代，DNC 的基本功能发生了一些变化，数控程序不再以实时的方式传给数控设备，而是一次完成全部传输，保存在数控机床的程序存储器中，在需要时可以启动运行，这就是分布式数字控制（Distributed Numerical Control，DNC）。

当前，随着信息技术和先进制造技术的发展，DNC 的功能和内涵也在不断增加。现代的 DNC 系统，各台数控机床的数控装置全部保留，并与 DNC 系统的中央计算机组成计算机网络，实现分级控制管理。从通信功能角度，可将 DNC 分为基本 DNC、狭义 DNC 和广义 DNC 三种不同类型，三者的区别见表 7-7。

表 7-7　DNC 的类型和比较

类型	基本 DNC	狭义 DNC	广义 DNC
功能	下传数控程序	下传数控程序，上传数控程序	下传数控程序，上传数控程序系统状态采集，远程控制
复杂程度	简单	中等	复杂
价格	低	中等	高

2. DNC 系统的主要功能

从传输的内容和实现的功能上来看，DNC 系统传输的不仅包括 NC 程序，而且包括执行特定生产任务所需的制造数据，如刀具数据、作业计划、机床配置信息等。部分 DNC 系统还具有机床状态采集和远程控制等功能。从车间的地位及其所发挥的作用上来看，利用 DNC 的通信网络可以把车间内的数控机床通过调度和运转控制联系在一起，从而掌握整个车间的加工情况，便于实现加工物件的传送和自动化检测设备的连接。图 7-28 所示为 DNC 系统的示意图。

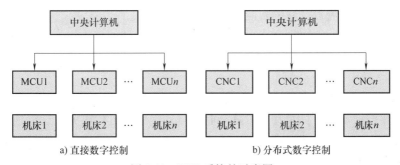

a) 直接数字控制　　　　　　　　b) 分布式数字控制

图 7-28　DNC 系统的示意图

由图 7-28 可以看出，DNC 系统能够对车间的加工设备进行有效的整合，提高了设备的利用率，缩短了机床的辅助时间，还能使车间的资源与信息透明化，降低了管理成本及管理难度。在现代企业中，采用 DNC 系统可实现 NC 程序的集中管理与集中传输，车间现场不再需要大量的台式计算机，取而代之的是一些工业触摸屏，使得整个生产车间更加整洁，更加符合车间精益生产管理的要求。

3. 常用的 DNC 系统

目前，国内已开发出了多种 DNC 系统，并广泛应用于各大制造企业。国外主流的 DNC 系统有美国 Automation Intelligence 公司开发的 SHOPNET DNC 系统、CRYSTAC 公司的 DNC 系统、CIMCO 公司的 DNC-MAX、ASCENDANT TECHNOLOGIES 公司的 eX-tremeDNC 等。国内主要的 DNC 系统有北京机床研究所的 JCSDNC、CAXA（数码大方）的 DNC、成都飞机公司的 FDNC1 系统等。

4. DNC 系统的发展趋势

目前，随着计算机技术、网络技术、通信技术的快速发展，DNC 系统的功能也越来越丰富，高兼容性、高可靠性、网络化、智能化成为 DNC 系统在未来发展的必然趋势。

1）高兼容性。随着最近几年科学技术的不断提高，CNC 技术、通信技术、网络接口技术也在高质量的迅速发展，机床制造企业开始将很多模块集成到 CNC 机床设备上，如数据通信模块、标准化的数据接口模块等。在引进新型 CNC 加工设备后，制造企业必然会在同一车间存在新型机床与现有旧机床需要同时连接 DNC 系统的情况，所以要求 DNC 系统必须具有非常高的兼容性，可以在多种类型加工设备之间同时实现集成管控。

2）高可靠性。高可靠性在 DNC 系统中主要体现在数据传输可靠性与数据管理可靠性方面。随着 DNC 系统的不断提升，其功能也日益丰富，需要管理和传输的数据内容也随之增大，特别是在品种繁多、批量化生产产品的一些企业中，DNC 系统需要管理的数据非常庞大，为了使机床保证准确、高效的加工，对 DNC 系统的可靠性也就有了更高的要求。

3）网络化。网络化在 DNC 系统中是不可缺少的一部分，DNC 系统同时是产品数字化设计与网络化制造的重要手段。DNC 系统的网络化是指其加工设备通过 Internet/Intranet 等网络与 DNC 控制主机相互连接，并通过网络传输相关数据，如 NC 加工程序、加工数据、设备状态信息以及任务分配信息等，目的是达到更高效自动化和更高效率产品加工的目标。

4）智能化。智能 DNC 系统是随着人工智能技术的发展及其在制造领域的应用而出现的，目的是克服基于知识的人工智能的缺点，人工智能的最新研究已经向着计算智能方向发展。计算智能主要包括模糊技术、人工神经网络和遗传算法等。这些智能技术的运用，必将促进智能制造技术的发展以及新的智能 DNC 的出现。

7.5 Mastercam 2021 软件的应用

Mastercam 2021 是美国 CNC Software 公司开发的一套基于 PC 平台的 CAD/CAM 软件，它具有很强的数控加工功能，尤其在对复杂曲面自动生成加工代码方面具有独到的优势。该软件主要针对数控加工，且功能齐全、操作灵活、易学易用，已成为国内外制造业最受欢迎的 CAD/CAM 集成软件之一。该软件主要用于机械、汽车、电子、航空航天等行业，特别是在模具制造业中应用尤为广泛。

Mastercam 2021 软件包含 CAD 和 CAM 模块，但 CAM 是其核心，大部分用户主要使用 CAM 模块进行自动编程。本节主要基于其 CAM 模块功能进行介绍。

7.5.1　Mastercam 数控加工编程的一般流程

Mastercam 数控加工编程的一般流程如图 7-29 所示。

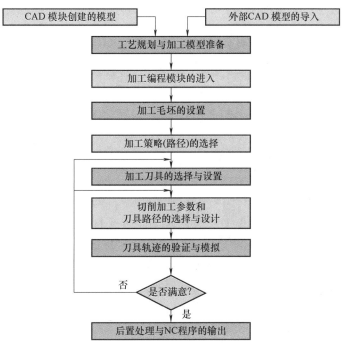

图 7-29　Mastercam 数控加工编程的一般流程

7.5.2　Mastercam 2021 的用户界面

Mastercam 2021 的用户界面包括标题栏、快速访问工具栏、菜单栏、选择工具栏、操作管理器、绘图及图形显示区、快速选择栏、信息提示栏和状态栏，如图 7-30 所示。

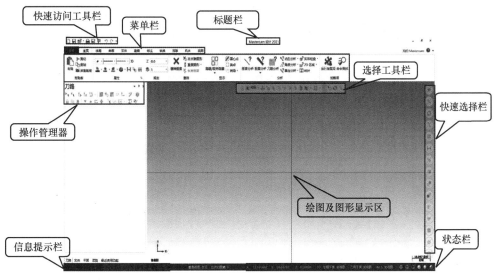

图 7-30　Mastercam 2021 的用户界面

7.5.3 Mastercam 2021 操作管理器

Mastercam 2021 操作管理器包括七个切换标签，如图 7-31 所示。操作标签显示在操作管理器下部，可通过"视图"菜单管理功能区中的相应功能按钮调整操作管理器的状态，单击相应标签即可将其激活。本书仅对"层别""平面"和"刀路"管理器进行简单介绍。

（1）"层别"管理器 "层别"管理器是管理零件模型与线框的工具。单击管理器中的"层别"标签可进入"层别"管理器面板，如图 7-32 所示。其中，✚ 按钮可新建图层；↩ 按钮重置所有层别，将层别的可见性设置为文件加载时的状态；▤按钮用于显示或隐藏下部的层别属性控件；层别列表显示了层别的编号、显示或隐藏、名称和图素数量等信息与操作。

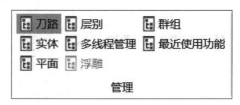

图 7-31 Mastercam 2021 操作管理器标签

（2）"平面"管理器 "平面"管理器主要对世界坐标系、工件坐标系（WCS）、屏幕视图坐标系（G）、构图平面坐标系（C）和刀具平面坐标系（T）进行管理与设置。单击管理器中的"平面"标签可进入"平面"管理器面板，如图 7-33 所示，系统默认的坐标系是俯视图、前视图、后视图、仰视图、右视图、左视图、等视图、反向等视图和不等角视图，它们的原点是世界坐标系原点。

图 7-32 "层别"管理器面板

图 7-33 "平面"管理器面板

（3）"刀路"管理器　进入加工模块后，会出现"刀路"管理器面板，如图 7-34 所示，可以对生成的刀路进行复制、编辑、模拟和管理。

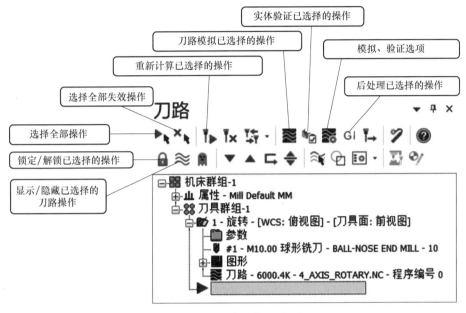

图 7-34　"刀路"管理器面板

7.5.4　Mastercam 2021 铣削加工功能区

进入铣床加工模块后，系统会在自定义功能区新增铣床"刀路"菜单，包含"2D""3D""多轴加工""毛坯""工具"和"分析"功能区，如图 7-35 所示。

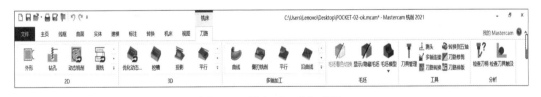

图 7-35　铣床"刀路"菜单

1."2D"功能区

普通 2D 铣削加工是相对动态 3D 铣削（高速铣削）加工而言的，2D 铣削的切削用量多表现为低转速、大切削深度、小进给量的特点，多用于普通型数控铣床加工。普通 2D 铣削在早期的 Mastercam 中就已存在，是经典的加工策略之一。

"2D"功能区如图 7-36 所示，这里以"外形""挖槽"和"木雕"加工为例对 2D 铣削进行介绍。

（1）外形铣削加工　外形铣削加工可沿着选取的串连曲线的左、右侧或中间进行加工，对于封闭的串连曲线，常称作外形（外轮廓）铣削和内侧（凹槽轮廓）铣削，沿着串连曲线正中铣削则属于沟槽加工。外形铣削加工过程中需要设置刀具的半径补偿，刀具与工件的实际偏置距离取决于输入数控机床刀具半径补偿存储器的补偿值，这种方法可以精确地控制

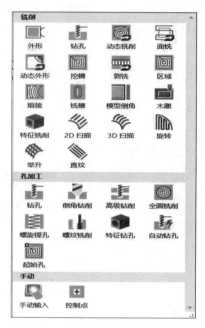

图 7-36 "2D"功能区

2D 铣削加工件的轮廓精度。

1）单击"外形"图标 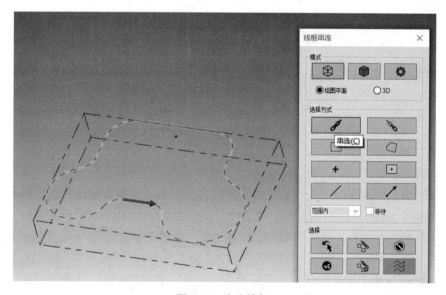，弹出"线框串连"对话框，单击选择线框，如图 7-37 所示。串连曲线拾取的起点确定了刀具切入与切出的位置，串连曲线的方向决定了刀具切削移动的方向。

图 7-37 串连线框

2）"刀路类型"选项默认是外形铣削，不需修改，右侧的"串连图形"可重新选择串连对象或取消串连，如图 7-38 所示。

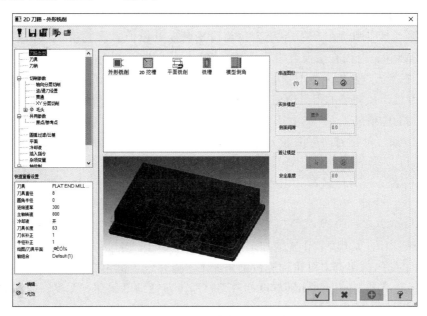

图 7-38　"刀路类型"选项

3）"切削参数"选项如图 7-39 所示。外形铣削加工可沿着选取的串连曲线的左、右侧或中间进行加工。

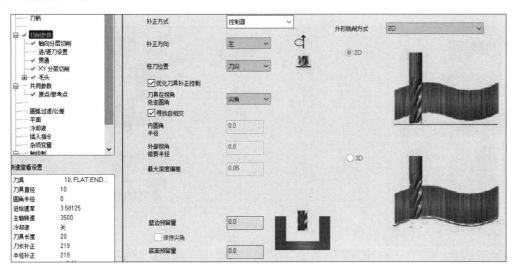

图 7-39　"切削参数"选项

① 补正方式。补正在数控加工中称之为补偿或偏置。系统提供了五种补正方式。

电脑：由计算机按所选刀具直接计算出补正后的刀具轨迹，程序输出时无 G41/G42 指令。

控制器：在 CNC 系统上设置半径补偿值，程序轨迹按零件轮廓编程，程序输出时有 G41/G42 指令和补偿号等。该选项在 CNC 系统设置时，几何补偿设置为刀具半径值，磨损补偿设置为刀具磨损值。

磨损：刀具轨迹同"电脑"补正，但程序输出时与"控制器"补正一样有 G41/G42 指令和补偿号等。其应用时在 CNC 系统上仅需设置磨损补偿值。该选项在 CNC 系统设置时，几何补偿设置为 0，磨损补偿设置为刀具磨损值。

反向磨损：与"磨损"补正基本相同，仅输出程序时的 G41/G42 指令相反。

关：无刀具半径补偿的刀具轨迹，且程序输出时无 G41/G42 指令等。该选项适合于刀具沿串连曲线的沟槽加工。

② 补正方向。补正方向指沿着刀具前进的方向，刀具在线路的左侧是左刀补；沿着刀具前进的方向，刀具在线路的右侧是右刀补。

③ 校刀位置。校刀位置即刀具的刀位点，有"中心"与"刀尖"两个选项，默认为刀尖。

④ 外形铣削方式。包括"2D""2D 倒角""斜插""残料""摆线式"五个选项。

2D：默认选项，常规的 2D 铣削加工。

2D 倒角：利用倒角铣刀对轮廓进行倒角加工，需要设置倒角宽度及刀尖偏移值。

斜插：指轮廓铣削的同时伴随深度的进刀移动，包括角度斜插、深度斜插和垂直进刀三项，对应有不同的斜插参数。

残料和摆线式：可根据软件中的图示显示，进行相关的参数设置。

⑤ 壁边预留量与底面预留量。预留量是铣削加工后相应位置留下的加工余量。

4）"轴向分层切削"选项如图 7-40 所示。勾选"轴向分层切削"，可对最大粗切步进量、精修次数和精修量进行设置。

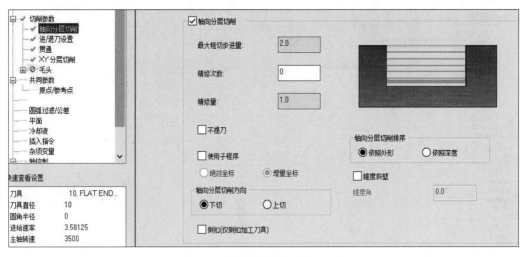

图 7-40 "轴向分层切削"选项

5）"进/退刀设置"选项如图 7-41 所示。该选项可对外形铣削的切入/切出刀路的长度和形状进行设置，合理的参数设置直接影响加工质量。右上角的"重叠量"是精铣轮廓的必填选项。

6）"贯通"选项如图 7-42 所示。设置贯通距离可将刀具在切削深度以下延伸一段距离，以确保外轮廓侧壁的完整切削。若深度设置考虑了贯通超出量，则该选项可不设置。

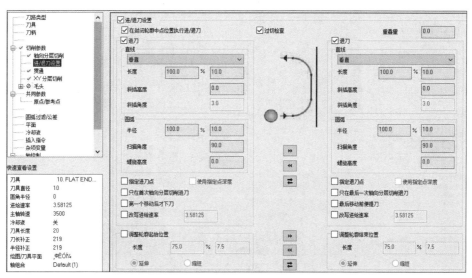

图 7-41　"进/退刀设置"选项

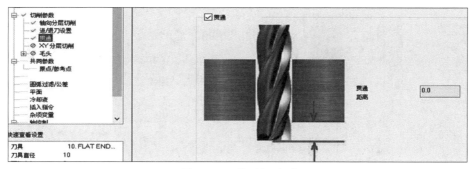

图 7-42　"贯通"选项

7）"XY 分层切削"选项如图 7-43 所示。该选项设置用于横向加工余量较大的场合，可控制设置 X、Y 方向粗切、精修加工的次数和间距。

8）"毛头"选项。毛头指封闭轮廓切削时内部零件与外部夹紧部分之间的连接部分，该选项设置用于加工轨迹封闭、内部材料无装夹的场合。

9）"共同参数"选项如图 7-44 所示。该选项主要用于设置"安全高度""参考高度""下刀位置""工件表面"和"深度"五个参数。各参数可以直接在文本框中输入，也可以分别单击"参考高度"等按钮，返回操作窗口中选择点来确定。

10）"原点/参考点"选项如图 7-45 所示。一般设置参考点即可，参考点是加工程序的起始点/结束点，其可以重合。参考点的选择应该合理，并能提高加工效率，结束点的选择也应方便工件装夹、测量等操作。

（2）挖槽加工　2D 挖槽加工是指将工件上指定串连曲线内部一定深度的材料挖去，适用于凹槽外形铣削（即轮廓铣削）之前的凹槽粗加工。2D 挖槽允许同时选择两条嵌套的封闭串连曲线，其中内曲线围绕区域的材料称为"岛屿"，挖槽过程中会给予保留。

1）单击"挖槽"图标 $\overline{\underset{挖槽}{回}}$，弹出"线框串连"对话框，单击选择串连曲线线框。

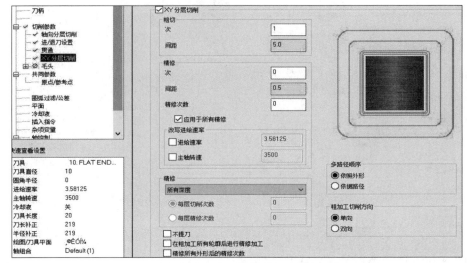

图 7-43 "XY 分层切削"选项

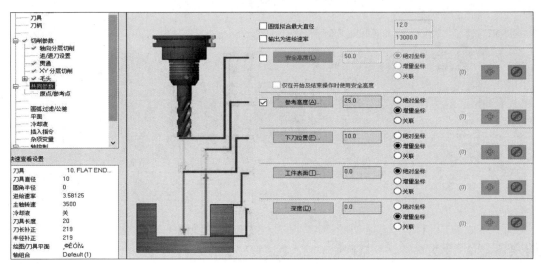

图 7-44 "共同参数"选项

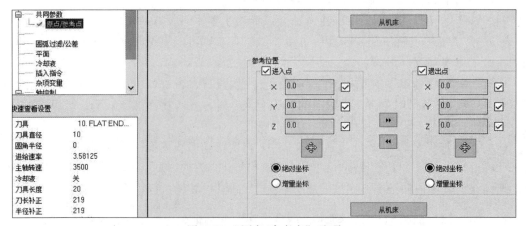

图 7-45 "原点/参考点"选项

2）"刀路类型"选项使用默认的"2D 挖槽"即可，如图 7-46 所示。

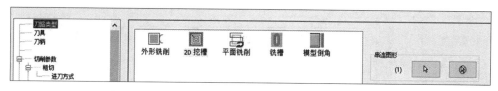

图 7-46　"刀路类型"选项

3）"切削参数"选项。如图 7-47 所示，挖槽加工方式有以下五种：

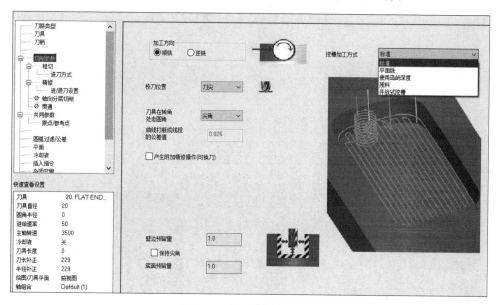

图 7-47　"切削参数"选项

① 标准。系统默认的方式，其加工串连通常为一条封闭曲线，铣削串连曲线内部区域。

② 平面铣。适用于 2D 凸台外轮廓粗铣加工，加工时需选择两条串连曲线，其外边的串连曲线是毛坯边界曲线。

③ 使用岛屿深度。适用于槽内部具有岛屿的挖槽加工。

④ 残料。可对之前加工留下的残料进行加工。

⑤ 开放式挖槽。适用于轮廓串连没有封闭、部分开放的槽形零件的加工。需要设置超出量，以确保开放式凹槽符合要求。

4）"粗切"选项。如图 7-48 所示，"粗切"选项主要用于设置各种切削方式，包括"双向""等距环切""平行环切""平行环切清角""依外形环切""高速切削""单向"和"螺旋切削"。可根据零件加工工艺要求选择合适的切削方式。"切削间距（直径%）"与"切削间距（距离）"是对应的，仅需设置一个值即可。

5）"进刀方式"选项。如图 7-49 所示，有"关""斜插"和"螺旋"三种方式，每种方式的参数选择时，对应的样例会显示参数的含义。以螺旋方式为例，说明各参数含义。

① 最小半径、最大半径：下刀螺旋线的最小半径和最大半径。

② Z 间距：螺旋斜线的深度。

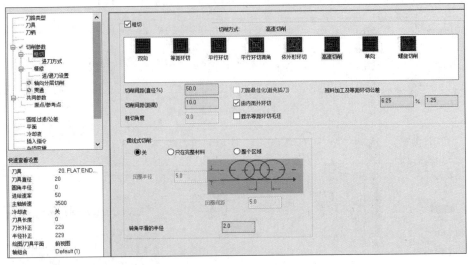

图7-48 "粗切"选项

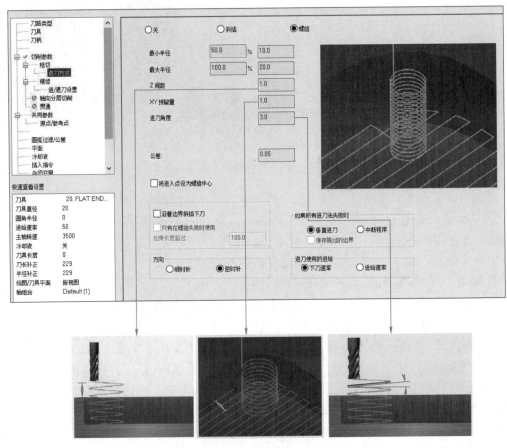

图7-49 "进刀方式"选项

③ XY 预留量：刀具和最后精切挖槽加工的预留间隙。

④ 进刀角度：螺旋式下刀刀具的下刀角度。

6）"精修"选项。如图 7-50 所示，刀具补正方式常选用"电脑"补正或"控制器"补正。"电脑"补正适用于挖槽的粗铣加工，"控制器"补正进行精加工效果较好。在该选项中，可以设置精修的次数和间距、精修执行的时机，也可勾选"薄壁精修"，并设置相关参数。

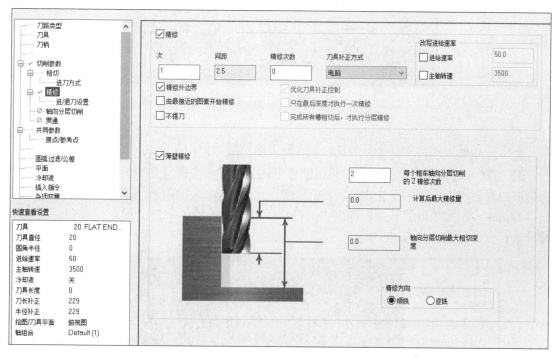

图 7-50　"精修"选项

此外，"进/退刀设置""轴向分层切削""贯通"及"共同参数"等选项设置，与外形铣削基本相同，这里不再重复介绍。

（3）木雕加工　木雕加工其实质属于数控铣削加工，但其加工工艺却有自身特点，主要表现在以小直径锥度刀加工，受数控雕刻机结构、刀具与加工材料等因素的影响，其切削参数表现高转速、大进给量、小切削深度，一般主轴转速 n 在 10000r/min 以上，背吃刀量 a_p 不大于 1mm，进给速度随加工材料变化较大，从 200~300mm/min 到 3000~5000mm/min 变化不等。木雕加工常用专用的数控雕铣机实现，但对于单件小批量的雕刻件而言，采用数控机床加工也具有一定的优势。

1）木雕加工模型设置。在"线框"菜单中单击 ▣矩形，绘制一个矩形作为文字的边界线；然后单 0 击 A文字，在弹出的对话框中设置文字的字体、字形和样式。在"字母"项中输入需要雕刻的内容，在"尺寸"项中输入文字的高度和间距，然后将需要雕刻的内容放置在矩形中合适的位置，如图 7-51 所示。

2）在"机床"菜单中单击 ⛏木雕 选项，在"木雕刀路"功能选项卡的"2D 刀路"列表

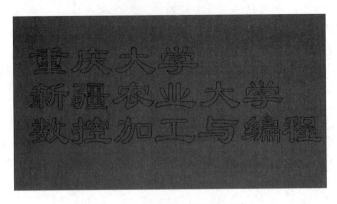

图 7-51　木雕加工模型的设计

中，单击"木雕"功能按钮 ，弹出"线框串连"对话框。

3）加工串连曲线的选择。一般采用窗选方式，也可单击选择加工内容，选择时是否包含边框曲线会产生不同的加工效果。若窗选的仅仅是字体，则加工的是凹字；若同时选择了字体与边框，则加工出的是边框范围内的凸字。设置完成后，单击"确定"按钮，进入木雕参数设置，如图 7-52 所示。

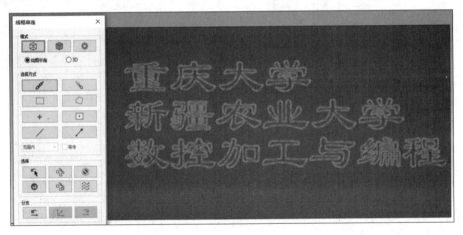

图 7-52　曲线的串连选择

4）木雕参数的设置。木雕参数设置前，在"刀具参数"选项卡中创建刀具 ，设置相应参数。木雕参数设置时，在"木雕参数"选项卡中填写"参考高度""下刀位置""工件表面""深度"等参数，通常雕刻深度不大于1mm，另外"XY预留量"一般设置为"0"，如图 7-53 所示。

5）粗切/精修参数的设置。"粗切/精修参数"选项卡中提供了粗切的"双向""单向""平行环切"和"环切并清角"四种走刀方式，如图 7-54 所示，也可根据工艺要求选择"先粗切后精修"方式。若勾选"平滑外形"，则是沿字符串连轮廓偏置一个刀具半径进行走刀。

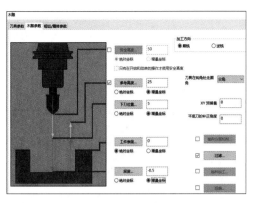

图 7-53 木雕参数的设置

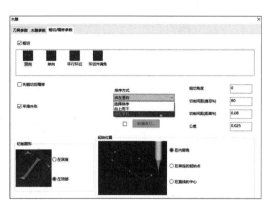

图 7-54 粗切/精修参数的设置

2. "3D"功能区

3D 铣削加工主要用于三维复杂型面的加工，常分为粗铣与精铣两类工序。粗铣主要用于高效率、低成本的快速去除材料，其刀具尽可能选择直径稍大的圆柱平底铣刀。精铣主要为了保证加工精度与表面质量，一般选用球面半径小于加工模型最小圆角半径的球头铣刀。近年来，高速铣削切削用量多采用高转速、小切削深度、大进给量的原则选取。高速铣削加工要求切削力不能有太大的突变，包括刀具轨迹不能有尖角转折。在 Mastercam 2021 软件中，"3D"功能区如图 7-55 所示，本书主要对挖槽粗切加工和平行精切加工进行介绍。

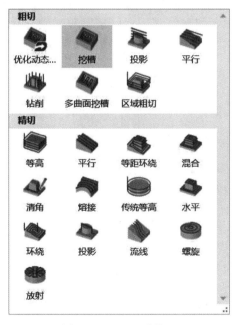

图 7-55 "3D"功能区

（1）挖槽粗切加工

1）加工曲面与切削范围的选择。单击"挖槽"图标，按操作提示选择需要加工的曲面，如图 7-56 所示。选择完成后，单击"结束选择"选项，弹出"刀具曲面选择"对话框，可以看到加工面选择的个数，确定无误后，单击"确认" ✔ 按钮，进入"曲面粗切挖槽"对话框。

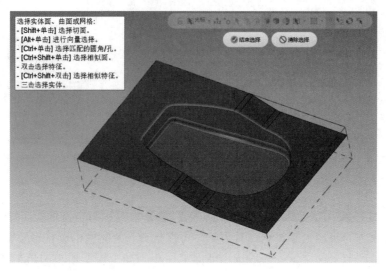

图7-56 挖槽粗切加工曲面与切削范围的选择

2）"曲面参数"选项卡如图7-57所示，类似于2D挖槽中的"共同参数"的设置。"加工面预留量"是粗切后为后续精加工留的加工余量，这是必须设置的，一般根据实际情况留0.5~1mm。"干涉面预留量"根据实际情况和生成刀路的需求进行设置。"切削范围"中的"刀具位置"可选择"内""中心"和"外"选项来控制刀具在曲面上的加工边界范围。

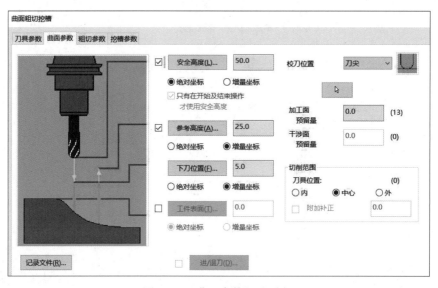

图7-57 "曲面参数"选项卡

3）"粗切参数"选项卡如图7-58所示，主要用于设置粗切加工的参数。其中，"Z最大步进量"是主要参数，其数值决定了每一次的切削深度，其余参数按照要求设置即可。

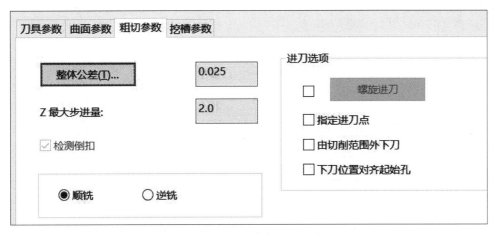

图 7-58 "粗切参数"选项卡

4）"挖槽参数"选项卡如图 7-59 所示，主要用于设置粗切加工切削方式和对应的"切削间距（直径%）"。普通铣削时切削间距可取得稍大些，但不超过 75%，高速铣削时一般取 20%~40% 即可。勾选"精修"选项后，可实现对零件沟槽的精加工。

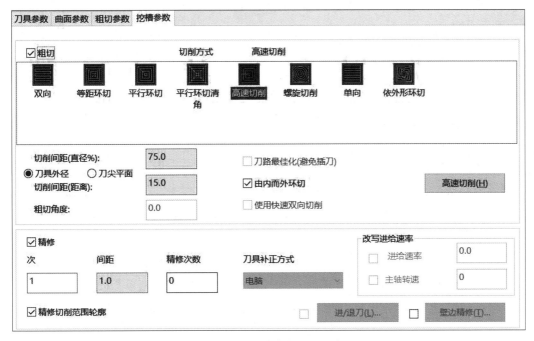

图 7-59 "挖槽参数"选项卡

（2）平行精切加工 平行精切加工是在一系列间距相等的平行平面中生成一层逼近加工模型轮廓的切削刀轨的加工方法，这些平行平面垂直于 XY 平面且与 X 轴的夹角可设置。平行精切加工参数在"高速曲面刀路-平行"对话框中进行设置。

1）在"刀路"菜单的"3D"功能区中，单击"精切"选项下的"平行"图标

后，弹出"刀路曲面选择"对话框，选择加工曲面与干涉曲面及切削范围后，弹出"高速曲面刀路-平行"对话框，如图 7-60 所示。

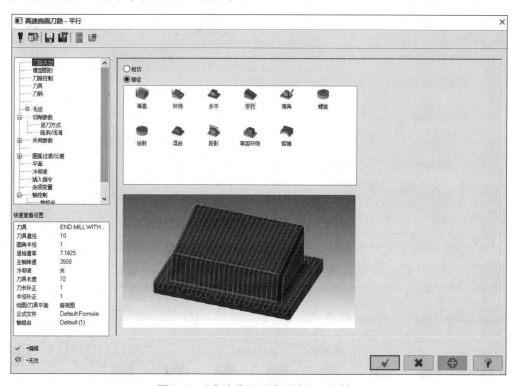

图 7-60 "高速曲面刀路-平行"对话框

2）"切削参数"选项。如图 7-61 所示，该选项是平行精切加工设置的主要部分。其设置较为简单，主要是"切削间距"与"加工角度"（与 X 轴的夹角）的设置。其中，"残脊高度"是指用球头铣刀切削时，在两条相近的路径之间，因刀形关系而留下的凸起未切削掉的部分的高度，一般取值在 0.5mm 以内。

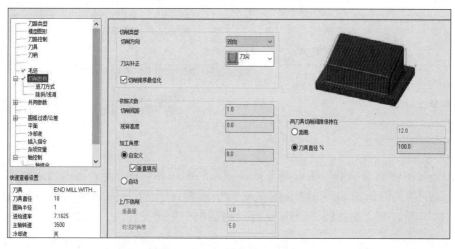

图 7-61 "切削参数"选项

3）"刀路控制"选项。如图7-62所示，其控制方式一般选"刀尖"，"补正"根据实际情况进行选择，常选择"中心"选项。

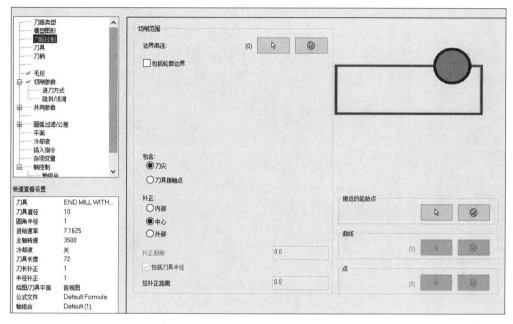

图7-62 "刀路控制"选项

4）"进刀方式"选项。如图7-63所示，其规定了相邻两条刀路之间的过渡方式，一般选择"平滑"，可确保加工较为平稳。

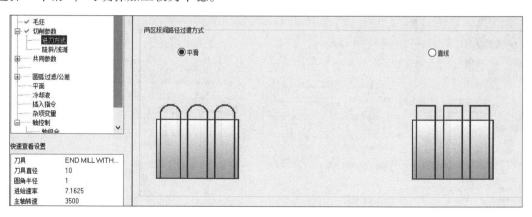

图7-63 "进刀方式"选项

5）"陡斜/浅滩"选项。如图7-64所示，"角度"可设置角度参数，使系统在陡斜部位增加刀路层数。"Z深度"可通过设置"最高位置"和"最低位置"参数来控制深度方向的切削范围。

6）"共同参数"选项。如图7-65所示，该选项比2D加工中的"共同参数"选项内容更加丰富，可对提刀高度、进/退刀方式等进行设置，避免加工中的撞刀、过切，保证加工的平顺性和安全性。

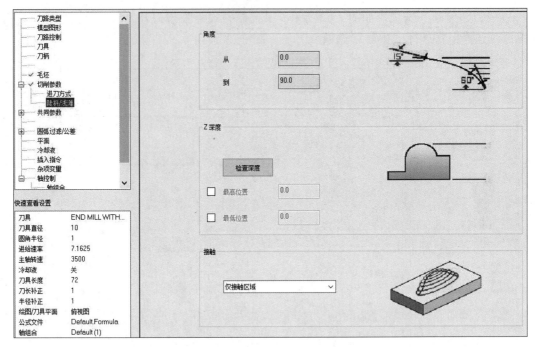

图 7-64 "陡斜/浅滩"选项

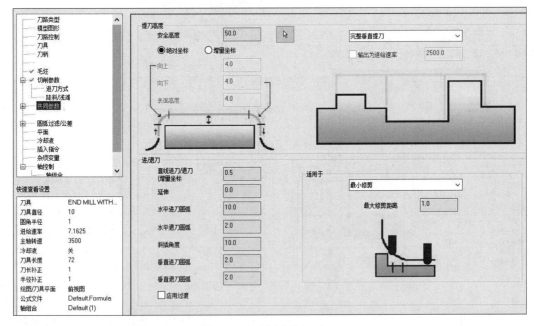

图 7-65 "共同参数"选项

7.5.5 Mastercam 2021 车削加工功能区

单击"机床"菜单中"机床类型"功能区的"车床"下拉列表，选择相应的数控车床系统，就可以进入数控车削操作环境。进入车削模块后，系统会自动地在功能区加载"车削"

菜单，默认包含"标准""C 轴""零件处理""毛坯"和"工具"五个功能区，如图 7-66 所示。其中，"标准"功能区提供了数控车削编程常见的加工刀路，包括 12 种标准刀路、2 种手动操作和 4 种固定循环刀路，如图 7-67 所示。

图 7-66　"车削"菜单

图 7-67　"标准"功能区

（1）粗车加工　粗车加工主要用于快速去除工件余量，为精加工留下较为均匀的加工余量，其应用广泛。切削用量选择原则是低转速、大切削深度、大进给量，与精车相比，其转速低于精车，切削深度和进给量大于精车，以恒转速切削为主。

1）加工轮廓的串连。单击"粗车"图标，如果是第一次操作，会弹出"输入新 NC 名称"对话框，确定后弹出"线框串连"对话框，拾取加工轮廓，必须确保串连加工的起点和方向与预走刀路线方向一致，完成轮廓的串连选择后，单击"确定"按钮，弹出"粗车"对话框，默认为"刀具参数"选项卡。

2）"刀具参数"选项卡如图 7-68 所示，从中可选择刀具，设置刀具号、刀补号、切削用量（注意单位的选择）和参考点等。

3）"粗车参数"选项卡如图 7-69 所示，这是粗车加工参数设置的主要区域。"补正方式"一般选"电脑"，系统会自动偏置刀尖圆弧半径，如果是精车加工，建议选择"控制器"补正。补正方向是指沿着刀具前进的方向，刀具在加工线路的左侧是左刀补，刀具在加工线路的右侧是右刀补。所以车外圆一般选择右刀补，车内孔和端面一般选择左刀补。"切削深度""X 预留量"和"Z 预留量"应根据加工工艺要求设置，可控制为精加工预留余量的大小。

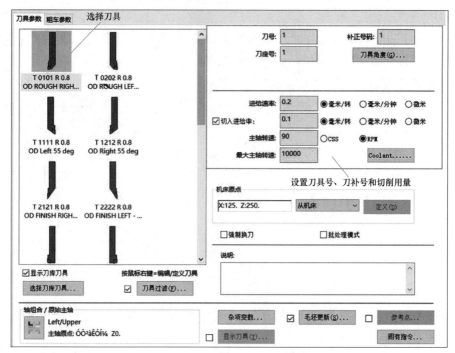

图 7-68 "刀具参数"选项卡

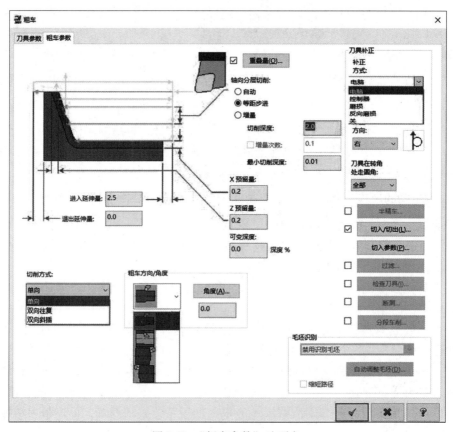

图 7-69 "粗车参数"选项卡

　　"切入/切出"参数是粗车中规划刀路的常用选项，勾选并单击"切入/切出"按钮，进入"切入/切出设置"对话框。在"调整外形线"选项组中，勾选"延长/缩短起始外形线"后输入数值，可使加工轮廓线的切入与切出外形线段延长或缩短相应的数值距离，这样可确保刀具轨迹能够在切入和切出时都在零件轮廓外延伸点。在"进入向量"选项组中，可选择"固定方向"的类型并设置相应的"角度"和"长度"，可控制刀具从工件外侧进入切削起始点的方向和距离。通过以上选项的设置，可控制刀具切入与切出的方式，避免产生撞刀和过切削等现象，如图 7-70 和图 7-71 所示。

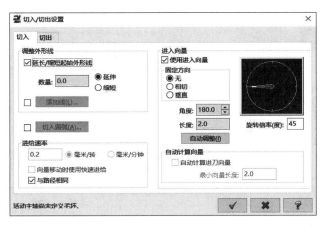

图 7-70　"切入"选项卡

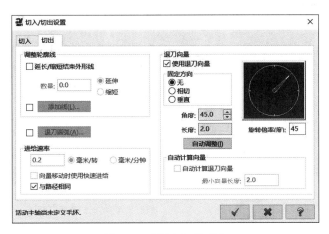

图 7-71　"切出"选项卡

　　（2）精车加工　精车加工是在粗车之后，用于获得最终加工尺寸和精度等的加工。精车加工一般仅车削一刀。切削用量选择原则一般是高转速、小切削深度、小进给量，必要时选用恒线速度切削。

　　1）加工轮廓的选择。单击"精车"图标　，弹出"线框串连"对话框，选择精车轮廓的方法与粗车相同。

　　2）"刀具参数"选项卡如图 7-72 所示，精车加工一般选精车刀具，与粗车刀具相比，其具有更大的主偏角和更小的刀尖圆弧半径。进给速度、主轴转速按照精车加工工艺要求进

行设置，一般采用高转速、小进给量，以提高精加工的表面质量。

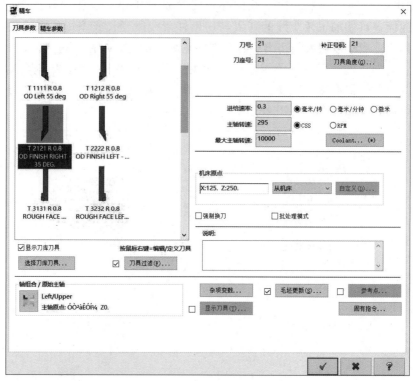

图 7-72　"刀具参数"选项卡

3）"精车参数"选项卡如图 7-73 所示。"精车次数"一般设置为 1 次，这时"精车步进量"设置无意义；如果"精车次数"设置为 2 次以上，则"精车步进量"要设置为小于粗车预留量的数值。若后续不加工，则"X 预留量"和"Z 预留量"均设置为 0。"补正方式"选择"控制器"补正，可避免锥面与圆弧面的欠切削问题，并能提高加工精度。切入/切出设置方法同粗车加工。

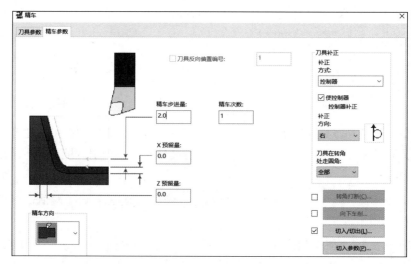

图 7-73　"精车参数"选项卡

（3）车端面加工　车端面多用于粗加工前毛坯的端面修整，是车削加工中常见的加工工步，根据余量的多少，可一刀或多刀完成。Mastercam 软件车端面加工不需要选择"线框串连"，端面位置默认为 Z0 位置，也可设置为非 Z0 位置。单击"车端面"图标 ，弹出"车端面"对话框，包含"刀具参数"和"车端面参数"两个选项卡。

1）"刀具参数"选项卡如图 7-74 所示，从中可选用相应车刀。通常单件小批量加工时选用外圆粗车车刀，大批量加工时选用专用的端面车刀。其余设置同精车加工。

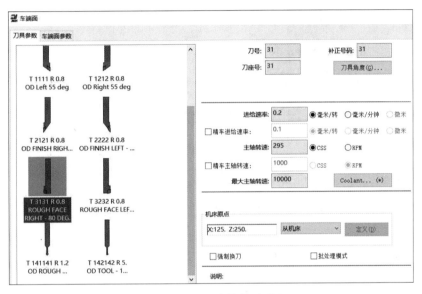

图 7-74　"刀具参数"选项卡

2）"车端面参数"选项卡如图 7-75 所示，使用"选择点"或"使用毛坯"可设置端面余量，此端面余量设置要和实际的加工余量相符，否则会产生空走刀的状况，影响加工效率。如果不勾选"粗车步进量"，则一刀完成端面加工；如果勾选并设置"粗车步进量"，则系统会根据余量自动计算加工次数，实现多次加工完成车端面。如果勾选并设置"精车步进量"，则粗车完后还会生成精加工端面刀路。另外，默认不勾选"圆角"按钮，若勾选并设置后可在车端面的同时倒圆角或倒角，因此其适合于已加工外圆的车端面加工。

（4）沟槽加工　这里的沟槽加工指以径向车削为主的沟槽加工，其沟槽的宽度不大，主要以轴类零件上的退刀槽为主。Mastercam 软件的沟槽加工是将粗、精加工放在一起连续完成的。

1）沟槽的加工方法。单击"沟槽"图标 ，首先弹出的是"沟槽选项"对话框，其提供了五种定义沟槽的方式，如图 7-76 所示。

①"1 点"方式。选择一个点（外圆为右上角）定义沟槽的位置。沟槽宽度、深度、侧壁斜度、过渡圆角等形状参数均在"沟槽形状参数"选项卡中设定。"1 点"方式能激活右侧的"选择点"选项，允许窗口选择多点，每个点确定一个槽。

②"2 点"方式。选择沟槽的右上角和左下角两个点定义沟槽的位置、宽度和深度。其他参数如侧壁斜度、过渡圆角等则在"沟槽形状参数"选项卡中设定。

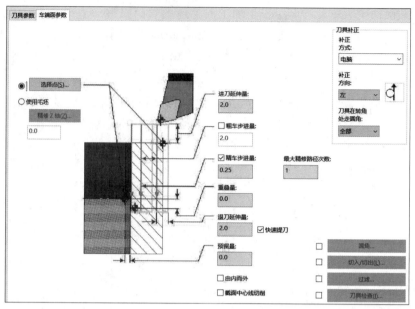

图 7-75 "车端面参数"选项卡

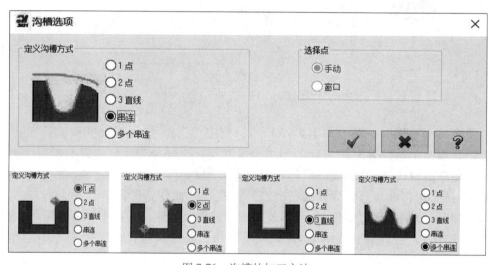

图 7-76 沟槽的加工方法

③"3 直线"方式。选择 3 根直线定义沟槽的位置、宽度和深度。其他形状参数在"沟槽形状参数"选项卡中设定。3 条直线中第 1 条与第 3 条直线必须平行且等长。

④"串连"方式。选择一条串连曲线构造沟槽。这种沟槽的位置与形状参数均由串连曲线定义，该方式可定义前三种方式形状之外的沟槽。

⑤"多个串连"方式。部分串连方式连续选择多条串连曲线构造多个沟槽一次性加工。"多个串连"方式适合于形状相同或相似，切槽参数相同的多个串连沟槽的加工。

2）"沟槽形状参数"选项卡如图 7-77 所示。沟槽定义完成后，弹出"沟槽粗车"对话框，"刀具参数"选项卡的设置与前述操作基本相同，主要是选择的刀具不同。在"沟槽形状参数"选项卡中，输入沟槽相应的尺寸信息。如果是采用"2 点"或"3 直线"定义的沟槽，则不需要输入沟槽的高度和宽度信息。

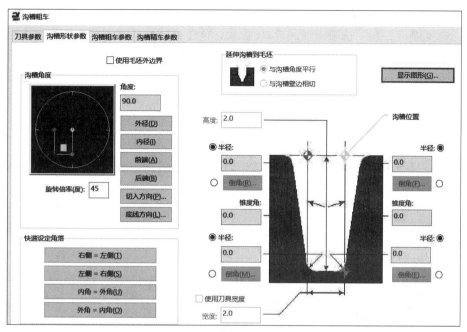

图 7-77　"沟槽形状参数"选项卡

3）"沟槽粗车参数"和"沟槽精车参数"根据实际情况设置即可，如图 7-78 和图 7-79 所示。在"沟槽粗车参数"选项卡中，当勾选并单击"多次切入"按钮时，可设置刀具切削方向、刀具切入进给率和刀具切入主轴转速等参数。当勾选并单击"啄车参数"按钮时，可使径向进给具有断屑功能，适合较窄较深沟槽的加工。当勾选并单击"轴向分层切削"按钮时，可设置每次切削深度、切削次数以及深度之间的移动方式，适合稍宽沟槽的加工。

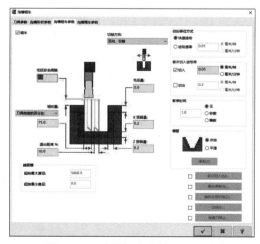

图 7-78　"沟槽粗车参数"选项卡

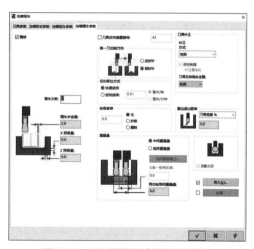

图 7-79　"沟槽精车参数"选项卡

（5）车螺纹加工　车螺纹加工是数控车削中常用的加工方法之一，可加工外螺纹、内螺纹以及端面螺纹槽等。以加工轴类零件外螺纹为例，单击"车螺纹"图标，弹出"车螺纹"对话框，其包含三个选项卡。"刀具参数"选项卡的设置与前述相同，主要是选择的刀具不同。

1）"螺纹外形参数"选项卡如图 7-80 所示。导程、牙型角度、牙型半角、大径和小径等螺纹外形参数一般由表单或公式计算设置，不需单独填写。单击"由表单计算"按钮，弹出"螺纹表单"对话框（图 7-81），然后选取确定。或单击"运用公式计算"按钮，弹出"运用公式计算螺纹"对话框（图 7-82），操作者只需输入螺纹的基础大径和导程，然后按<Enter>键，系统会自动计算螺纹的大径和小径值。

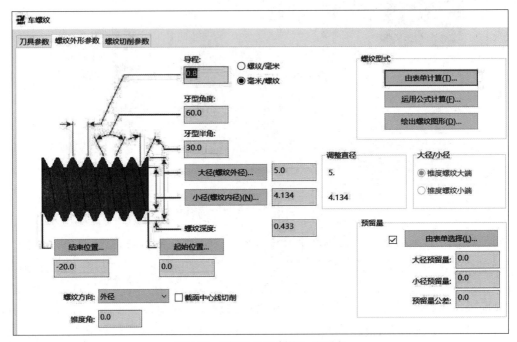

图 7-80 "螺纹外形参数"选项卡

图 7-81 "螺纹表单"对话框

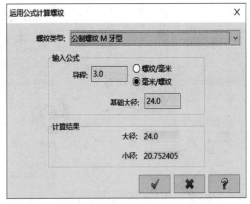

图 7-82 "运用公式计算螺纹"对话框

2）"螺纹切削参数"选项卡如图 7-83 所示。NC 代码格式（即螺纹加工指令）根据需要选用，包括螺纹车削（G32）、螺纹复合循环（G76）、螺纹固定循环（G92）和交替（G32），其余参数按照图示设置即可。注意，螺纹复合循环指令 G76 后置处理生成的指令格式与实际使用的机床格式可能存在差异，因此，要对输出程序对比研究，为后续使用输出程序的快速修改提供基础。

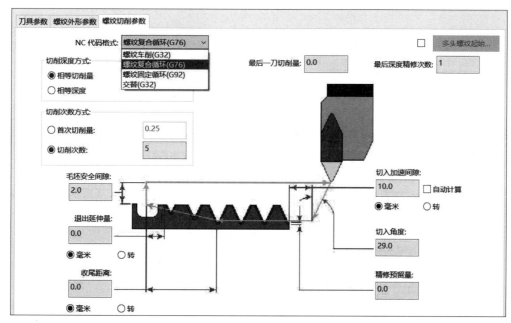

图 7-83　"螺纹切削参数"选项卡

习　　题

1. 什么是 CAM？广义的 CAM 和狭义的 CAM 分别指什么？
2. CAM 的硬件系统和软件系统主要由哪些内容组成？
3. 数控编程的步骤和内容主要有什么？
4. 什么是机床坐标系？什么是工件坐标系？两者之间的关系是什么？
5. 简述图形交互式自动编程的原理和特点。
6. 数控加工工艺设计有哪些内容？
7. 什么是前置处理？什么是后置处理？简述专用后置处理模块和通用后置处理模块的工作原理和作业过程。
8. 什么是 DNC 系统？DNC 系统的发展趋势是什么？
9. 轴类零件图如图 7-84 所示，利用西门子数控加工系统代码手工编制该轴类零件的加工程序。加工顺序为：从右至左切削轮廓面→切 $\phi16mm\times4mm$ 的槽→加工 M20×2 的螺纹。选用三把刀具，1 号刀为外圆车刀，2 号刀为切槽刀，3 号刀为螺纹车刀。

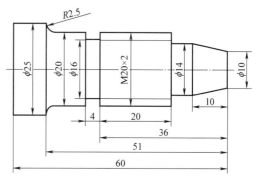

图 7-84　轴类零件图

10. 应用 Mastercam 2021 软件，完成图 7-84 所示轴类零件的自动编程作业，生成刀路操作，并进行仿真切削加工。

参 考 文 献

[1] 边培莹. 机械 CAD/CAM 原理及应用 [M]. 北京：机械工业出版社，2020.

[2] 王素艳，向承翔，庄顺凯. 机械 CAD/CAM [M]. 北京：电子工业出版社，2018.

[3] 杜静，何玉林. 机械 CAD/CAE 应用技术基础 [M]. 北京：机械工业出版社，2008.

[4] 王隆太. 机械 CAD/CAM 技术 [M]. 4 版. 北京：机械工业出版社，2017.

[5] 康兰. CAD/CAM 原理与应用：英文版 [M]. 北京：机械工业出版社，2016.

[6] 张建成，方新. 机械 CAD/CAM 技术 [M]. 3 版. 西安：西安电子科技大学出版社，2017.

[7] 葛友华. 机械 CAD/CAM [M]. 2 版. 西安：西安电子科技大学出版社，2012.

[8] 何雪明，吴晓光，王宗才. 机械 CAD/CAM 基础 [M]. 2 版. 武汉：华中科技大学出版社，2015.

[9] 薛九天，沈建新，崔祚. CAD/CAM 技术基础及应用 [M]. 北京：北京航空航天大学出版社，2018.

[10] 范淇元，覃羡烘. 机械 CAD/CAM 技术与应用 [M]. 武汉：华中科技大学出版社，2019.

[11] 李杨，王大康. 计算机辅助设计及制造技术 [M]. 3 版. 北京：机械工业出版社，2020.

[12] 祝勇仁. CAPP 技术与实施 [M]. 北京：机械工业出版社，2011.

[13] 焦爱胜. 计算机辅助工艺过程设计（CAPP）[M]. 西安：西安电子科技大学出版社，2016.

[14] 朱晓春. 数控技术 [M]. 3 版. 北京：机械工业出版社，2019.

[15] 马宏伟. 数控技术 [M]. 北京：电子工业出版社，2010.

[16] 易红. 数控技术 [M]. 北京：机械工业出版社，2005.

[17] 裴炳文. 数控加工工艺与编程 [M]. 北京：机械工业出版社，2005.

[18] 陈为国，陈昊. 图解 Mastercam 2017 数控加工编程基础教程 [M]. 北京：机械工业出版社，2018.

[19] 陈为国，陈昊，严思堃. 图解 Mastercam 2017 数控加工编程高级教程 [M]. 北京：机械工业出版社，2019.